普通高等院校土木工程专业“十三五”规划教材
国家应用型创新人才培养系列精品教材

荷载与结构设计方法

主　编　白晓红
副主编　李云龙　郭　磊

中国建材工业出版社

图书在版编目（CIP）数据

荷载与结构设计方法/白晓红主编．--北京：中国建材工业出版社，2017.11（2024.8 重印）
普通高等院校土木工程专业“十三五”规划教材 国家应用型创新人才培养系列精品教材
ISBN 978－7－5160－2093－7

Ⅰ.①荷… Ⅱ.①白… Ⅲ.①建筑结构—结构载荷—结构设计—高等学校—教材 Ⅳ.①TU312

中国版本图书馆 CIP 数据核字（2017）第 275387 号

内容简介

本书包括以下内容：荷载与作用、重力、侧压力、风荷载、地震作用、其他作用、荷载统计分析、结构抗力统计分析、工程结构可靠度计算方法、概率极限状态设计法、附录。

本书凝聚了作者十余年的教学经验，在内容上有的放矢，重点、难点配有习题，同时书中涉及的各类荷载的计算以及工程结构设计原理和方法严格遵循最新规范和标准。

本书可作为高等院校土木工程专业及相关专业的教材，也可作为相关技术人员的参考用书。

荷载与结构设计方法
主　编　白晓红
副主编　李云龙　郭　磊

出版发行：中国建材工业出版社
地　　址：北京市西城区白纸坊东街 2 号院 6 号楼
邮　　编：100054
经　　销：全国各地新华书店
印　　刷：北京雁林吉兆印刷有限公司
开　　本：787mm×1092mm　1/16
印　　张：16
字　　数：400 千字
版　　次：2017 年 11 月第 1 版
印　　次：2024 年 8 月第 4 次
定　　价：**49.80 元**

本社网址：www.jccbs.com，微信公众号：zgjcgycbs

前　言

荷载是指使结构或构件产生内力和变形的外力及其他因素，是在建筑中对结构的承载力、变形、裂缝、稳定性等进行验算的依据。因此，《荷载与结构设计方法》是土木工程专业的核心课程。

本书凝聚了作者十余年的教学经验。首先，在相关内容的编写上有的放矢，对于将来从事一般建筑结构工程设计及施工的人员在实践中经常遇到的荷载类型进行详细介绍，如风荷载、地震荷载等，而对于较少遇到的荷载类型则简单介绍或不介绍，如波浪荷载等；其次，对重要的内容，通过对应例题加深记忆，同时在对重点、难点内容逐字逐句反复斟酌的基础上，争取以言简意赅的语言使读者真正理解；再次，本书中引用的一些标准和规范都是目前使用的最新版本，书中涉及的各类荷载的计算以及工程结构设计原理和方法都严格遵循相应最新规范和标准。

全书共分 10 章，由河南科技大学白晓红统稿。第 1～5 章、第 8～10 章由白晓红编写，第 6 章以及附录由河南科技大学李云龙编写，第 7 章由华北水利水电大学郭磊编写。

希望本书能为读者提供帮助。由于编者水平有限，书中不妥和疏漏之处，敬请读者批评指正。

编者

2017 年 11 月

目　　录

第1章　荷载与作用

1.1　作　　用

土木工程的范围非常广泛，它与人们的衣食住行和各种行业发展密切相关，是一个涉及行业多、影响范围广的学科。土木工程是建造各类工程设施的科学技术的总称，它既指工程建设的对象，即建在地上、地下、水中的各类工程设施，也指所应用的材料、设备和所进行的勘测设计、施工、保养、维修等技术。

土木工程结构必须具有抵御自然和人为作用的能力，因此了解作用在结构上的荷载种类、性质，以及如何确定其大小尤为重要。同时，随着社会经济及技术水平的提高，土木工程结构形式和工作环境更趋复杂化，结构承受的荷载形式和荷载强度也趋于多样化。因此，为了保证工程结构整体质量，就必须重视结构设计，这就需要对工程结构荷载及其相关内容有所了解。

1.1.1　荷载和作用的概念

荷载是指直接施加于结构上，使其产生内力、发生变形的力。例如：结构自重，作用于楼面上的人群、家具、设备的重力，作用于桥面的车辆、人群的重力，施加于结构物上的风压力、水压力、土压力、雪压力、冻胀力、积灰荷载等。

施加在结构上的集中或分布荷载，以及引起结构外加变形或约束变形的原因，均称为结构上的作用，它是结构能产生效应（内力、变形、应力、应变和裂缝等）的各种原因的总称。简单来说，作用即是结构产生各种效应的原因。

由地面运动、地基不均匀变形等引起的结构或构件的变形称为外加变形。例如，地震是由于地震造成地面运动致使结构产生惯性力引起的作用效应，基础沉降导致结构外加变形引起的内力效应。

由温度变化、材料胀缩等引起的受约束结构或构件中潜在的变形称为约束变形，温度变化、材料收缩和徐变等都会引起结构约束变形从而产生内力效应。

由于常见的能使结构产生效应的原因，多数可归结为直接作用在结构上的力集（包括集中力和分布力），因此习惯上将结构上的各种作用统称为荷载（又称载荷或负荷）。但“荷载”这个术语，对于另外一些也能使结构产生效应的原因并不恰当。例如：温度变化、材料的收缩和徐变、地基变形和地面运动等现象，这类作用不是直接以力集的形式出现的，用“荷载”一词来概括，势必会混淆两种不同性质的作用。按照国际标准和我国现行标准中的术语，将这两类作用分别称为直接作用和间接作用，其中，荷载等同于直接作用。

直接作用与结构本身性能无关，而间接作用与结构本身性能有关。例如，风水平作用于建筑物和水平地震作用于建筑物，其结果都是使建筑结构产生内力和侧向位移等效应，但前者是一个与结构无关的外力直接施加在结构上，而后者是建筑物自身由静止到运动的惯性产生的，它的大小与结构自身的性质（如刚度）有关。

1.1.2 作用效应

由于直接作用或间接作用于结构构件上，在结构上产生的内力（如轴力、弯矩、剪力、扭矩等）和变形（如挠度、转角、裂缝等）称为作用效应。当作用为直接作用（荷载）时，其效应也称为荷载效应，即由荷载引起的结构或构件的反应。当作用为间接作用时，其效应称为间接作用效应，如地震作用效应、温度变化作用效应、地基变形作用效应。

如果用 S 表示荷载效应，用 Q 表示荷载，则荷载与荷载效应之间，一般近似按线性关系考虑：

$$S=CQ \tag{1-1}$$

式中：C——荷载效应系数，为一常数。

例如：均布荷载 q 作用在 $l/2$ 处的简支梁的最大弯矩为 $M=ql^2/8$，M 是荷载效应，$l^2/8$ 就是荷载效应系数，l 是梁的计算跨度。

结构上的作用，除永久作用外，都是不确定的随机变量，有时还与时间变量甚至空间参数有关，所以作用效应一般来说也是随机变量或随机过程。

1.2 作用的分类

结构上的作用的分类方法有多种，同一种作用在不同情况下选取不同的分类方法，反映了这种作用的基本性质或作用效应不同的重要性。在工程中，对结构承受的各种作用可以按照下列原则进行分类。

1.2.1 按作用形式分类

1. 直接作用

当以力的形式作用于结构上时，称为直接作用，习惯上称为荷载。

2. 间接作用

当以变形的形式作用于结构上时，称为间接作用。

1.2.2 按随时间的变异分类

结构上的作用按随时间的变异分类是对作用的基本分类。它直接关系到概率模型的选择及荷载代表值与效应组合形式的选择。

1. 永久作用（也称永久荷载或恒载）

在结构设计基准期间，其值不随时间变化，或其变化与平均值相比可以忽略不计，或其变化是单调的并能趋于限值的荷载。其统计规律与时间无关，可采用随机变量概率模型

来描述，如结构自重、土压力、预应力、水位不变的水压力、钢材焊接应力、混凝土收缩和徐变等。

土压力和预应力作为永久荷载，是因为它们都是随时间单调变化而趋于限值的荷载，其标准值都是依据可能出现的最大值来确定的。需要指出的是，在建筑结构设计中，遇有水压力作用时，水位不变的水压力按永久荷载考虑，而水位变化的水压力按可变荷载考虑。混凝土收缩和徐变、基础不均匀沉降，在若干年内基本完成，它们均随时间单调变化而趋于限值，按永久作用考虑。固定隔墙的自重可按永久作用考虑，位置可灵活布置的隔墙自重应按可变作用考虑。

2. 可变作用（也称可变荷载或活荷载）

在结构设计基准期间，其值随时间变化，且其变化与平均值相比不可忽略不计的荷载，其统计规律与时间有关，可选用随机过程概率模型来描述。

活荷载（可变荷载）按荷载作用时间的长短又可分为长期作用活荷载（即持久性活荷载）与短期作用活荷载（即临时性活荷载）。例如楼面、屋面活荷载、积灰荷载、风荷载、雪荷载、吊车荷载、温度作用等。

持久性活荷载：即在设计基准期内经常出现的荷载。例如，固定设备重量；仓库、粮库、书库及类似房屋和房间的楼面活荷载；居住和公共建筑中房间楼面活荷载，主要为设备和材料的重量；没有除尘措施而产生的积灰重量。

临时性活荷载：即暂时出现的活荷载。例如，设备操作和修理区的人群重量及修理材料的重量；建筑结构制作、运输和施工中产生的荷载；工地临时堆放材料重量产生的荷载；启动、停止、试验工作情况下产生的设备荷载；房屋施工和使用期间使用起吊设备产生的移动荷载；雪荷载、风荷载；居住和公共建筑中房间楼面活荷载。

3. 偶然作用（也称偶然荷载、特殊荷载）

在结构使用期间不一定出现，一旦出现，其值很大且持续时间很短的荷载，一般依据各专业本身特点按经验采用。因此，设计值的确定一般不采用分项系数方法，直接取用荷载标准值。

例如爆炸力、撞击力、雪崩、严重腐蚀、强烈的特大地震、龙卷风，还包括工艺过程突然破坏、设备临时故障或损坏引起的荷载，船只或漂流物撞击力等。

偶然荷载出现时，结构一般还同时承担其他荷载，考虑到偶然荷载出现概率很小，其他荷载分项系数一般取1.0。

由图1-1可以明显看出三种作用的区别。

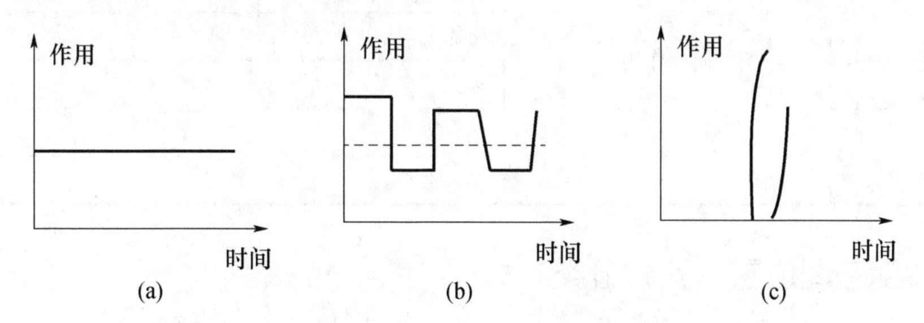

图1-1　作用按随时间变异分类图示

（a）永久作用；（b）可变作用；（c）偶然作用

考虑到“荷载”与“作用”两者的联系和区别，除了温度作用、地震作用称为“作用”，其他作用都可称为“荷载”。当偶然荷载作为结构设计的控制荷载时，在允许出现局部构件破坏的情况下，应保证结构不致因为偶然荷载引起连续倒塌。

将工程中常遇的荷载按随时间变异分类见表 1-1。

表 1-1　作用分类表

编号	作用分类	作用名称
1	永久作用	结构重力（包括结构附加重力）
2		预应力
3		土的重力
4		土的侧压力
5		水位不变的水压力
6		混凝土收缩及徐变作用
7		水的浮力
8		焊接应力
9		基础沉降
10	可变作用	屋面与楼面活荷载
11		吊车荷载
12		安装荷载
13		积灰荷载
14		人群荷载
15		汽车荷载
16		风荷载
17		雪荷载
18		水位变化的水压力
19		中小地震
20		温度变化
21		波浪荷载
22		冰荷载
23	偶然作用	罕遇地震
24		船舶或漂流物的撞击力、汽车撞击力
25		爆炸力
26		火灾
27		龙卷风
28		罕遇洪水

1.2.3　按随空间位置的变异分类

结构上的作用按随空间位置的变异分类是由于进行荷载组合时，必须考虑荷载在空间的位置及其所占面积的大小。

1. 固定作用

在结构空间位置上具有固定不变的分布，但其量值可能具有随机性的作用。例如结构自重、工业与民用建筑楼面上的固定设备荷载等。

2. 自由作用

在结构空间位置上的一定范围内可以任意分布，出现的位置和量值可能是随机的作用。例如工业与民用建筑楼面上的人群荷载、吊车荷载和车辆荷载等。

由于自由作用在结构空间上是可以任意分布的，在结构设计时，应考虑其位置变化在结构上引起的最不利效应组合。

1.2.4 按结构的反应特点分类

结构上的作用按照结构的反映特点分类主要是为了在结构分析时，对某些出现在结构上的作用，需要考虑其动力效应（加速度反应）。

1. 静态作用（也称静荷载）

静态作用是逐渐地、缓慢地施加在结构上，作用过程中不使结构或构件产生加速度或所产生的加速度可以忽略不计。例如结构自重，住宅与办公楼的楼面活荷载、雪荷载、土压力等。

2. 动态作用（也称动荷载）

动态作用使结构或结构构件产生不可忽略的加速度。例如地震作用、吊车荷载、大型设备振动、阵风脉动等。

动荷载可以看作是活荷载的突然作用或突然移走，它必然会对结构产生动力效应，动荷载对结构产生的荷载效应（例如内力）要比同样大小的静荷载大，对结构是不利的。

静态作用与动态作用的区别，主要不是看作用本身是否具有动力特性，而是看结构本身是否出现不可忽略的加速度。例如大多数活荷载（楼面人群荷载），可能具有一定的动力特性，但结构的反应加速度很小，因此可以把这种荷载视为静态作用。对于动态作用，在结构分析时，应考虑其动力效应。例如，吊车荷载，可采用乘以动力系数的方法增大其值，而后按静力学理论计算。但对于地震作用、大型动力设备的作用，由于结构的特性不同，自振周期不同，其作用的大小也会相应变化，所以应按结构动力学相关理论进行计算分析。

风荷载对于层数较少、刚度较大的建筑（如砌体结构）来说可视为静态作用，但对高耸建筑或大跨度桥梁来说，风荷载引起的振动很大，故属于动态作用。

作用按其作用形式、按随时间变异、按随空间位置变异和结构反应特点进行分类，各有其不同的用途。例如，吊车荷载，按随时间变异分类为可变作用，按随空间位置变异分类为自由作用，按结构反应特点分类为动态作用。每种作用按上述何种分类方法分类，需依据作用的性质具体确定。

作用（荷载）分类的目的主要是为了在进行结构设计时，进行荷载组合。

思考题

1. 荷载与作用的联系和区别是什么？
2. 结构上的作用有哪几种分类，如何进行分类？
3. 什么是荷载效应？

第2章　重　　力

2.1　结构自重

作用按照随时间的变异分为永久作用、可变作用和偶然作用，其中永久作用包含结构构件、围护构件、面层及装饰、固定设备、长期储物的自重，土压力、水压力，以及其他需要按永久荷载考虑的荷载。其中，结构自重及非承重构件的自重是建筑结构中主要的永久作用。

结构自重是由地球引力引起的，组成结构的材料自身重量所产生的重力。结构自重的标准值可按结构构件的设计尺寸与材料单位体积的自重计算确定。结构自重一般按照均匀分布的原则计算。结构基本构件的重量为：

$$G=\gamma V \tag{2-1}$$

式中：G——构件的自重，kN；

γ——构件的材料重度，kN/m^3；

V——构件的体积，m^3。

常见材料和构件单位体积的自重参见本书附录。在实际工程结构中，各构件的材料不同导致重度不同，因而在计算结构自重时，应将结构人为划分为多种容易计算的基本构件，先计算每个构件的自重，然后通过叠加原理计算结构总自重：

$$G=\sum_{i=1}^{n}\gamma_i V_i \tag{2-2}$$

式中：G——结构总自重，kN；

n——组成结构的基本构件数；

γ_i——第 i 个基本构件的重度，kN/m^3；

V_i——第 i 个基本构件的体积，m^3。

土木工程结构自身重量主要包括板、梁、墙体等构件的自重。根据计算荷载效应的需要，结构自重可以用面荷载、线荷载或集中荷载表示，其中以前两种运用较多。结构自重以面荷载或线荷载的形式分布如图 2-1 所示。

当计算楼板的荷载效应时，楼面板自重、面层材料自重可用板的厚度、面层材料厚度分别乘以各自材料的单位体积自重得到，楼板自重以分布面荷载的形式作用，单位为 kN/m^2；当计算楼板的荷载对梁或墙体产生的效应时，以小的板单位面积自重与板短边长度一半的乘积得到，楼板自重以分布线荷载的形式作用在梁或墙上，单位为 kN/m；当计算梁的荷载效应时，一般将梁的自重表示为线荷载，即以梁材料单位体积的自重乘以梁截面面积，单位为 kN/m；当计算承重墙体荷载效应时，一般取其单位长度计算自重，即

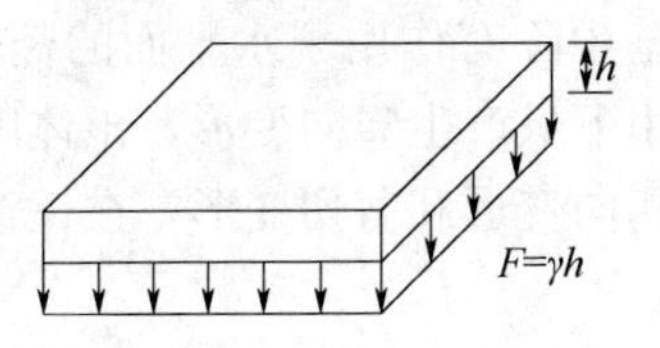

面荷载：$F=\gamma h$ (h为构件厚度)　　线荷载：$f=\gamma A$ (A为构件截面面积)

图 2-1　面荷载与线荷载计算自重的区别

以墙体材料单位体积自重乘以墙体单位长度、厚度、高度；柱子自重一般以柱材料单位体积自重乘以柱体积，单位为 kN。

一般材料和构件的单位自重可取其平均值，对于自重变异较大的材料和构件，如现场制作的保温材料、混凝土薄壁构件等，尤其是制作屋面的轻质材料，考虑到结构的可靠性，在进行结构构件自重计算时，自重的标准值应根据对结构的不利或有利状态，分别取上限值或下限值。

特殊情况是，在施工阶段，构件在吊装运输或悬臂施工时引起的结构内力，有可能大于正常设计荷载产生的内力，因此在施工阶段验算构件的强度和稳定性时，构件重力应乘以适当的动力系数。

【例 2-1】 计算 20mm 厚双面水泥粉刷厚 220 普通砖墙（机制）的自重标准值 g。

解： 由公式（2-2）可知，自重标准值：$g=0.22\text{m}\times19\text{kN/m}^3+2\times0.36\text{kN/m}^2=4.90\text{kN/m}^2$

【例 2-2】 某现浇楼面结构，楼面做法为：20mm 厚水泥砂浆面层，80mm 厚现浇钢筋混凝土板，12mm 厚稻草石灰泥粉刷板底。试计算此楼面结构自重标准值 g。

解： 20mm 厚水泥砂浆面层：$0.02\text{m}\times20\text{kN/m}^3=0.4\text{kN/m}^2$

80mm 厚现浇钢筋混凝土板：$0.08\text{m}\times25\text{kN/m}^3=2.0\text{kN/m}^2$

12mm 厚稻草石灰泥粉底：$0.012\text{m}\times16\text{kN/m}^3=0.192\text{kN/m}^2$

合计：$g=\sum g_i=2.592\text{kN/m}^2$

在建筑物所承受的总荷载中，结构自重占很大比例，一般占总荷载的 50%～80%，如果建筑物本身自重减轻，将会降低建筑工程造价。在建筑结构初步设计阶段，为应用方便起见，把建筑物看成是一个整体，将建筑结构自重简化为平均楼面恒载来估算建筑物的总重。

2.2　土的自重应力

在修建建筑物之前，地基中由土体本身的有效重量而产生的应力称为自重应力，它使土体密实并具有一定强度和刚度。研究自重应力的目的就是确定土体的初始应力状态。在实际工程中土体的应力主要包括土体本身自重产生的自重应力及由外荷载引起的附加应力。地基中由于自重应力形成的变形，一般已在地质历史过程中完成，对已经固结稳定的土层，自重应力不再引起地基变形，在建筑物沉降计算中不必考虑，而对未固结土层或人工填土，自重应力是引起地基变形的原因之一。附加应力是在建筑物修建以后，建筑物自重或其他外荷载在地基中引起的应力。所谓的“附加”就是指在原来自重应力的基础上增加的压力。附加应力是引起地基变形和破坏的主要原因。本节主要介绍土的自重应力。

土是由固体颗粒、水和气组成的三相非连续介质。假设天然地面是一个无限大的水平面，将土体看作是均质的线性变形半空间，地基中除有作用于水平面的竖向自重应力外，在竖直面上还有侧向自重应力。土体在自重作用下只产生竖向变形，土体竖向自重应力可以看作是沿任一水平面均匀无限分布，所以无侧向变形和剪切变形，在任意竖直面和水平面均无剪应力存在。

土体任意截面的面积都是由土体骨架面积和空隙面积组成的。通常把土体简化为均质连续的弹性介质来计算土中应力。因而，土中应力取为单位面积（包括空隙面积在内）上的平均应力。实际上，只有通过颗粒接触点传递的粒间应力才能使土粒彼此挤紧，引起土体变形，因此粒间应力是影响土体强度的重要因素，粒间应力又被称为有效应力。因此，土中自重应力可定义为土自身有效重力在土体中引起的应力。若土体天然重度为 γ，在深度 z 处 $\alpha-\alpha$ 水平面上[图 2-2（a）]，土体因为自身重量产生的竖向应力可取该截面上单位面积的土柱体的重力，即：

$$\sigma_{cz}=\gamma z \tag{2-3}$$

式中：γ——土的天然重度，kN/m³；

z——计算深度，m。

这是由于无剪应力存在时，任一底面积为 s 的土柱体在 $\alpha-\alpha$ 水平面上产生的竖向应力为：

$$\sigma_{cz}=\frac{\text{土柱重}}{\text{土柱体底面积}}=\frac{\gamma z\cdot s}{s}=\gamma z \tag{2-4}$$

可见自重应力 σ_{cz} 沿水平面均匀分布，且与 z 成正比，即随深度按直线规律增加，如图 2-2（b）所示。

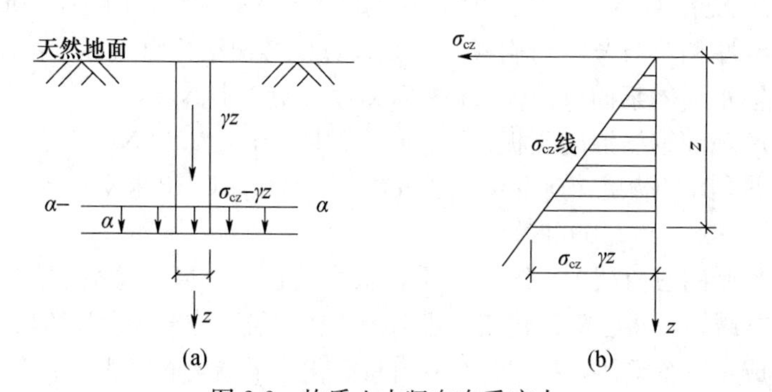

图 2-2 均质土中竖向自重应力

（a）任意深度水平截面上的土自重应力；（b）自重应力呈线性增加

一般情况下，地基土由不同重度的土层组成。如图 2-3 所示，天然地面下深度 z 范围内各层土的厚度自上而下分别为 h_1，h_2……h_n，则多层土深度 z 处的竖向有效自重应力为：

$$\sigma_{cz}=\gamma_1 h_1+\gamma_2 h_2+\cdots+\gamma_n h_n=\sum_{i=1}^{n}\gamma_i h_i \tag{2-5}$$

式中：n——从天然地面起到深度 z 处的土层数；

h_i——第 i 层土的厚度，m；

γ_i——第 i 层土的天然重度，kN/m³。

若土层位于地下水位以下，由于受到水的浮力作用，单位体积中，土颗粒所受的重力扣除浮力后称为土的有效重力，则土的有效重度为：

$$\gamma'_i = \gamma_i - \gamma_w \tag{2-6}$$

γ_w 为水的重度，一般取值 10kN/m³，这时计算土的自重应力应取土的有效重度 γ'_i 代替天然重度 γ_i。

非均质土中自重应力沿深度呈折线分布。若非均质土层中含有地下水，地下水位以下埋藏有不透水的岩层或不透水的坚硬黏土层，由于不透水层中不存在水的浮力，所以不透水层界面以下应考虑静水压力作用，自重应力应按覆土层的水、土总量计算，在上覆土层与不透水层界面处自重应力有突变。土中自重应力分布情况如图 2-3 所示。

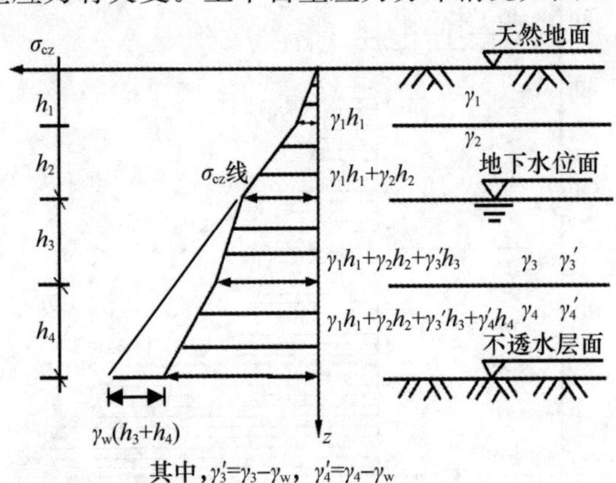

图 2-3　成层土中竖向自重应力沿深度的分布

土的自重应力变化规律如下：

① 土的竖向自重应力沿深度方向呈折线分布，拐点在土层交界处和地下水位处；

② 同一层土的竖向自重应力按直线变化；

③ 竖向自重应力随深度的增加而增大；

④ 不透水层界面下，土的竖向自重应力为上层土的竖向有效应力和水位下的水的应力之和；

⑤ 不透水层界面处有两个自重应力值。

【例 2-3】 某场地地质条件及相应各土层指标如图 2-4 所示，其中各层土重度分别为 $\gamma_1=17.5\text{kN/m}^3$，$\gamma_2=19\text{kN/m}^3$，$\gamma_3=20\text{kN/m}^3$，$\gamma_4=22\text{kN/m}^3$，各层土深度 $h_1=5\text{m}$，$h_2=6\text{m}$，$h_3=4\text{m}$，$h_4=4\text{m}$，地下水位距离地面 2m，计算各土层交界面处的自重应力并绘制自重应力分布图。

解： 天然地面：$\sigma_{cz0}=0$

第一层土地下水位面：$\sigma_{cz1}=\gamma_1\times 2=17.5\times 2=35(\text{kPa})$

第一层土底面：$\sigma_{cz2}=\gamma_1\times 2+(\gamma_1-\gamma_0)\times(h_1-2)=\gamma_1\times 2+\gamma'_1\times(h_1-2)$
$=35+(17.5-10)\times 3=57.5(\text{kPa})$

第二层土底面：$\sigma_{cz3}=\gamma_1\times 2+(\gamma_1-\gamma_0)\times(h_1-2)+(\gamma_2-\gamma_0)\times h_2$
$=\gamma_1\times 2+\gamma'_1\times(h_1-2)+\gamma'_2\times h_2=57.5+(19-10)\times 6$
$=111.5(\text{kPa})$

第三层土底面：$\sigma_{cz4}=\gamma_1\times 2+(\gamma_1-\gamma_0)\times(h_1-2)+(\gamma_2-\gamma_0)\times h_2+(\gamma_3-\gamma_0)\times h_3$
$=\gamma_1\times 2+\gamma'_1\times(h_1-2)+\gamma'_2\times h_2+\gamma'_3\times h_3=111.5+(20-10)\times 4$
$=151.5(\text{kPa})$

第四层土顶面：$\sigma_{cz5}=\gamma_1\times 2+\gamma'_1\times(h_1-2)+\gamma'_2\times h_2+\gamma'_3\times h_3+\gamma_w\times[(h_1-2)+h_2+h_3]$

$$=\gamma_1\times2+\gamma_1\times(h_1-2)+\gamma_2\times h_2+\gamma_3\times h_3$$
$$=35+17.5\times3+19\times6+20\times4=281.5\text{kPa}$$

第四层土底面：$\sigma_{cz6}=\gamma_1\times2+\gamma'_1\times(h_1-2)+\gamma'_2\times h_2+\gamma'_3\times h_3+\gamma_w\times[(h_1-2)+h_2+h_3]+\gamma_4\times h_4$
$$=281.5+22\times4=369.5\text{kPa}$$

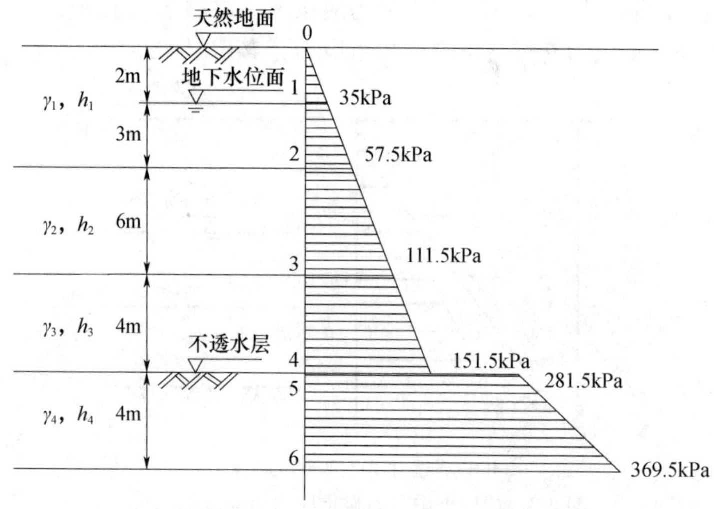

图 2-4　各层土指标及土中自重应力分布图

地下水位的升降会引起土中自重应力的变化，并导致地基变形，因而应引起重视。

【例 2-4】 如图 2-5 所示。(a) 在软土地区，常因大量抽取地下水，以致地下水位长期大幅度下降，使地基中原水位以下土中有效自重应力增加，地基土的压缩量增加，从而造成地表大面积下沉的严重后果；(b) 地下水位的长期上升，如下雨或人工抬高蓄水水位地区（如筑坝蓄水）或工业用水大量渗入地下的地区，将使土中有效自重应力减小，抗剪强度降低，如遇湿陷性黄土，地基承载力下降，将引起地面下沉。坡地土体内地下水位长期上升，会使土湿化，抗剪强度降低，最终会导致土坡失去稳定，造成危险事故。

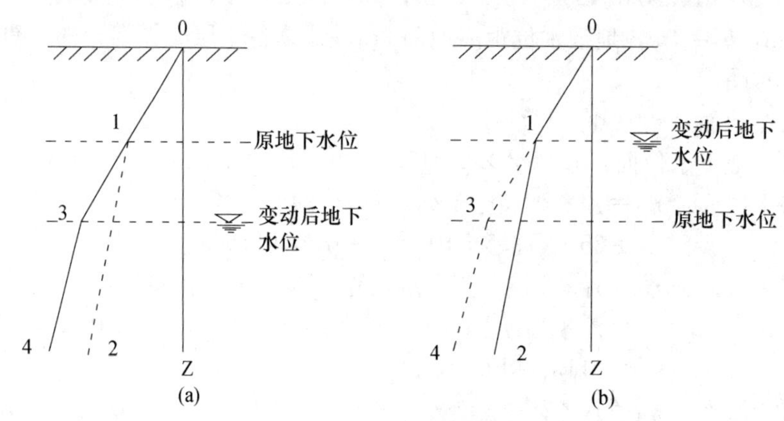

图 2-5　地下水位升降对土中自重应力的影响

(a) 地下水位下降对土的自重应力的影响；(b) 地下水位上升对土的自重应力的影响

2.3 雪荷载

雪荷载是房屋屋面的主要荷载之一，属于结构上的可变荷载。目前，雪载值一般占整个屋盖结构自重的10%～30%。在严寒多雪地区，大雪之后，屋盖结构不仅产生较大的残余变形，有时还导致结构破坏，而在屋面低凹处更为严重，由于雪的堆积而形成局部很大的超载，且一般屋盖结构安全度偏低，特别是大跨度及轻钢屋盖对雪荷载更为敏感，因此在进行结构设计时，应慎重对待，正确处理雪荷载取值。图2-6～图2-9为不同屋盖形式建筑结构及构筑物受雪荷载影响的照片。

图2-6 某体育场屋顶被大雪压塌

图2-7 莫斯科鲍曼市场屋顶被大雪压塌

图2-8 某工业厂房被大雪压塌

图2-9 某高压线铁塔整体垮塌

2.3.1 雪压和基本雪压

所谓雪压是指单位水平面积上积雪的自重。雪荷载是建筑设计时必须考虑的重要荷载之一。决定雪压值大小的是积雪密度和积雪深度，雪压可按下式计算：

$$s=\rho gh \tag{2-7}$$

式中：s——雪压，kN/m^2；

ρ——积雪密度，t/m^3；

g——重力加速度，取9.8m/s^2；

h——年积雪深度，指从积雪表面到地面的垂直深度，m；由每年7月份至次年6月份的最大积雪深度确定。

由于我国大部分气象台（站）收集的资料是每年最大雪深的数据，缺乏相应的积雪密度数据，当缺乏同时、同地平行观测到的积雪密度时，均以当地的平均积雪密度取值。

基本雪压是指根据气象记录资料经统计得到的当地一般空旷平坦地面上在结构使用期间（重现期为 50 年）可能出现的最大雪压值。对雪荷载敏感的大跨、轻质屋盖结构，雪荷载经常是控制荷载，极端雪荷载作用下更容易造成结构的整体破坏，后果特别严重，因此基本雪压要适当提高，采用 100 年重现期的雪压值。全国主要城市重现期为 10 年、50 年和 100 年的雪压值见附录。

在实际工程中某些情况下需要的不是重现期为 50 年的雪压数据要求，当已知重现期为 10 年及 100 年的雪压时，求当重现期为 R 年时的相应雪压值公式如下：

$$X_R = X_{10} + (X_{100} - X_{10})(\ln R/\ln 10 - 1) \tag{2-8}$$

式中：X_R——重现期为 R 年的雪压值，kN/m^2；

X_{10}——重现期为 10 年的雪压值，kN/m^2；

X_{100}——重现期为 100 年的雪压值，kN/m^2。

当气象台（站）缺少相关资料时，基本雪压的确定应遵循以下原则：

① 当地的年最大雪压资料不足 10 年，可通过与有长期资料或有基本雪压的附近地区进行比较分析，确定其基本雪压。

② 当地没有雪压资料时，可通过对气象和地形条件的分析，并参照全国基本雪压分布图（参见荷载规范）上的等压线用插入法确定其基本雪压。

③ 山区的基本雪压应通过设计调查后确定，无实测资料时，可按当地空旷平坦地面的基本雪压值乘以系数 1.2 采用。但对于积雪局部变异特别大的地区，以及高原地形的地区，应予以专门调查和特殊处理。

④ 对雪敏感的结构，基本雪压适当提高，并应由有关结构设计规范具体规定。

2.3.2 屋面雪荷载标准值

基本雪压是在空旷平坦的地面上积雪均匀分布的情况下定义的，屋面的雪荷载由于受到屋面坡度与形式以及风向等因素的影响，往往与地面雪荷载不同。

屋面水平投影面上的雪荷载标准值为：

$$s_k = \mu_r s_0 \tag{2-9}$$

式中：s_k——雪荷载标准值，kN/m^2；

μ_r——屋面积雪分布系数；

s_0——地面基本雪压，kN/m^2。

屋面积雪分布系数就是屋面水平投影面积上的雪荷载与基本雪压的比值，实际也就是地面基本雪压换算为屋面雪荷载的换算系数。屋面积雪分布系数与屋面形式、朝向及风力大小等因素有关。

荷载规范规定，设计建筑结构及屋面的承重构件时，应按下列规定选用积雪分布系数：屋面板和檩条按积雪不均匀分布的最不利情况采用；屋架或拱、壳可分别按积雪全跨均匀分布情况、不均匀分布情况和半跨的均匀分布情况采用；框架和柱可按积雪全跨均匀分布情况采用。

2.3.3 屋面雪荷载影响因素

影响屋面雪荷载的因素有风、屋面形式、屋面散热等。

1. 风对屋面积雪的影响

下雪过程中，风会把部分将要飘落或者已经飘落在屋面上的雪吹移到附近地面或临近较低的物体上，这种影响称为风对雪的飘积作用。风速越大，房屋周围挡风的障碍物越小，漂积作用越明显。

对于高低跨屋面或带天窗屋面，由于风对雪的飘积作用，会将较高屋面上的雪吹落在较低屋面上，在低屋面处形成局部较大的飘积雪荷载。有时这种积雪非常严重，最大可出现 3 倍于地面积雪的情况。低屋面上这种飘积雪荷载的大小及其分布情况与高低屋面的高差有关。由于高低跨屋面交接处存在风涡作用，积雪多按曲线分布堆积（图 2-10）。

对于多跨屋面及曲线形屋面，屋谷附近区域的积雪比屋脊区大，其原因之一是风作用下的雪飘积，屋脊处的部分积雪被风吹落到屋谷附近，飘积雪在屋谷处堆积较厚（图 2-11），造成局部堆雪及局部滑雪。有时这种堆积可能造成很大的局部堆积雪荷载，从而导致房屋倒塌破坏，破坏时往往是从屋谷处先发生，屋谷属于结构中的薄弱部位，因此在结构设计时应高度重视屋谷处的安全性问题。对于多跨坡屋面及曲线型屋面，风作用除了使总的屋面积雪减小外，还会引起屋面的不平衡积雪荷载。

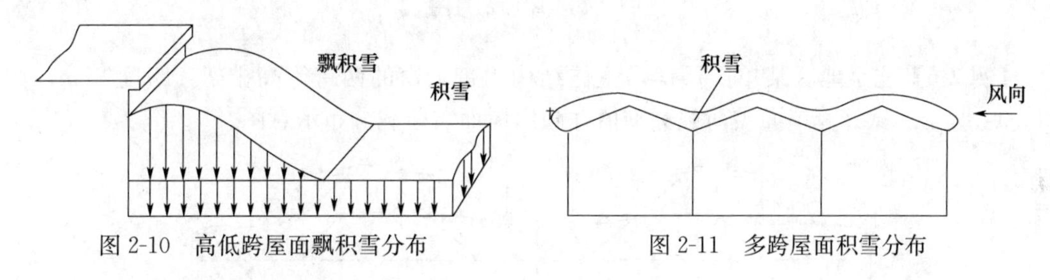

图 2-10　高低跨屋面飘积雪分布　　　　图 2-11　多跨屋面积雪分布

2. 屋面坡度对积雪的影响

当屋面坡度大于 10°时，积雪就会在屋面上产生滑移或滑落（图 2-12），屋面雪荷载随屋面坡度的增加而减小，主要原因是风的作用和雪滑移。双坡屋面可能形成一坡有雪另一坡完全滑落的不平衡雪荷载情况，由于雪滑移导致雪堆积在与坡屋面邻接的较低屋面上，因而可能出现很大的局部堆积雪荷载情况，应在结构设计中予以考虑。

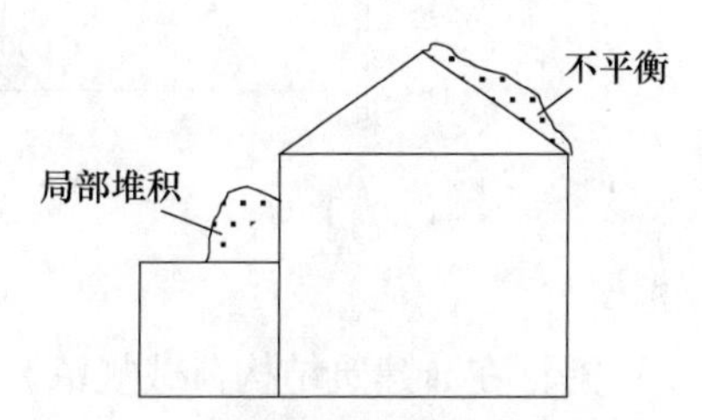

图 2-12　雪滑移给结构带来的影响

当屋面坡度大于等于 60°时，屋面积雪很少，雪荷载可以忽略不计，屋面积雪分布系数为零。建筑结构的屋面应采用大坡度坡屋顶形式，可有效降低屋面积雪程度，减小雪荷载。

3. 屋面温度对积雪的影响

屋面散发的热量使部分积雪融化，同时也使雪滑移更易发生，故采暖房屋的积雪一般比非采暖房屋小。这是因为采暖房屋屋面散发的热量使部分积雪融化，同时也使雪产生滑移。

不连续加热屋面，加热期间融化的雪在不加热期间可能重新冻结，冻结的冰渣可能堵塞屋面排水，以致在屋面较低处结成较厚的冰层，从而产生附加荷载。

采暖的坡屋面房屋，其檐口处通常是不加热的，融化的雪常会在檐口处冻结为冰凌及冰坝，一方面会堵塞屋面排水，出现渗漏，另一方面会对结构产生不利荷载效应。设计时应予以重视。

我国新修订的建筑荷载规范给出了 10 种典型屋面积雪分布系数，列出了积雪均匀分布和不均匀分布两种情况，后一种主要考虑雪的滑移和堆积后的效应，使得计算的积雪分布更接近于实际，参见附录。

【例 2-5】某单跨双坡屋面形式的建筑物剖面如图 2-13 所示，屋面坡度为 35°，该地区基本雪压值为 $0.4\mathrm{kN/m^2}$，试求此屋面的雪荷载标准值。

解：参看荷载规范中的屋面积雪分布系数表中第 2 类屋面，可采用不均匀分布情况，$\alpha=35°$，查表得 $\mu_r=0.7$，则 $S_k=\mu_r\times S_0=0.7\times1.25\times0.4=0.35\mathrm{kN/m^2}$。

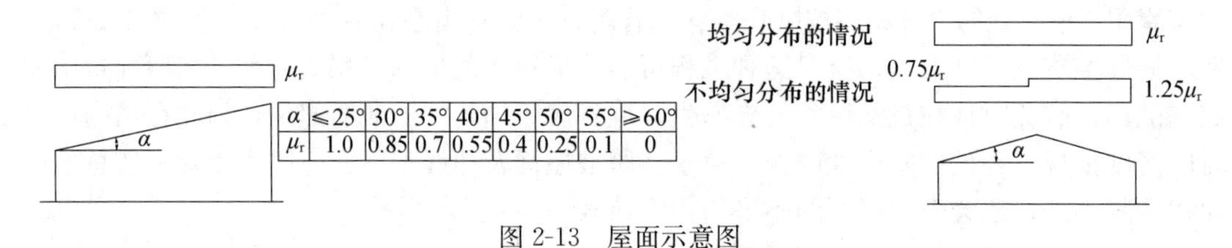

α	≤25°	30°	35°	40°	45°	50°	55°	≥60°
μr	1.0	0.85	0.7	0.55	0.4	0.25	0.1	0

图 2-13　屋面示意图

【例 2-6】北京地区某单层厂房，主体结构为带天窗的两跨等高排架，跨度 22m，如图 2-14 所示。试计算屋面雪荷载标准值并画出屋面雪荷载分布示意图。

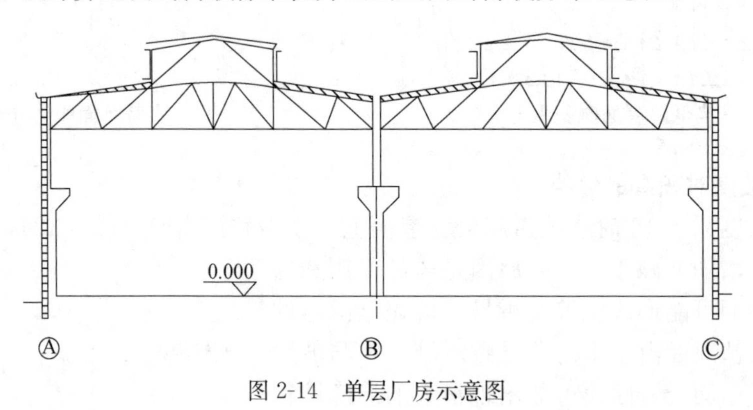

图 2-14　单层厂房示意图

解：在《建筑结构荷载规范》中查表，北京市基本雪压值 $S_0=0.4\mathrm{kN/m^2}$，积雪分布系数按规范表中第 4 项和第 7 项采用，如图 2-15 所示。

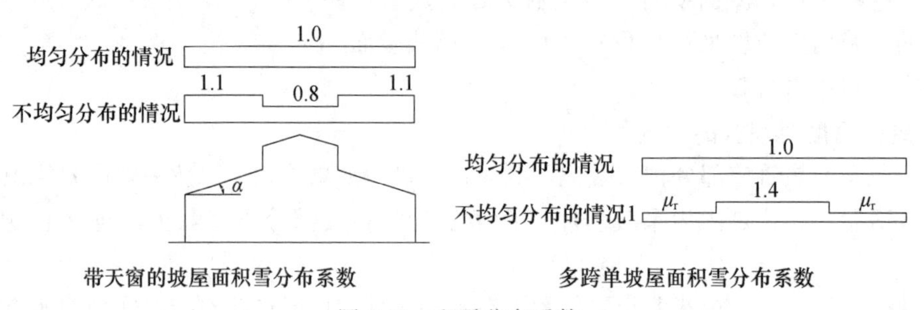

图 2-15　积雪分布系数

积雪均匀分布时：$S_k=\mu_r S_0=1.0\times0.4=0.4(kN/m^2)$

积雪不均匀分布时，屋面不同部位的雪荷载值不同。

天窗上：$S_k=\mu_r S_0=0.8\times0.4=0.32(kN/m^2)$

天窗外：$S_k=\mu_r S_0=1.1\times0.4=0.44(kN/m^2)$

两跨排架相连处屋面（两天窗之间）：$S_k=\mu_r S_0=1.4\times0.4=0.56(kN/m^2)$

屋面雪荷载标准值分布示意图如图 2-16 所示。

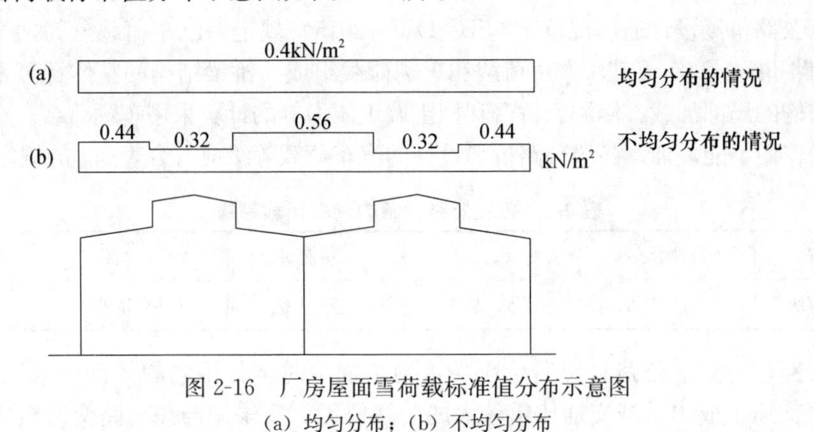

图 2-16 厂房屋面雪荷载标准值分布示意图

(a) 均匀分布；(b) 不均匀分布

2.4 车辆荷载

桥梁设计计算工作中的三个主要内容是确定结构计算模式、选定荷载和结构分析。其中荷载种类、形式和大小的确定将直接关系到桥梁结构的安全性和经济性。桥梁可能承受的荷载分为主力荷载、附加力荷载和特殊荷载三类。主力荷载指经常发生的荷载，分为恒载和活载。恒载对桥梁经常起作用，其作用点固定不变。恒载包括结构自重、预加应力、混凝土收缩和徐变的影响、压力、静水压力及浮力。活载指车辆荷载，包括汽车活载、列车活载，由列车行驶引起的离心力、冲击力、土压力，人行道荷载等。附加力荷载又称为其他可变荷载，指发生次数较少的荷载，包括制动力、牵引力、风力、列车横向摇摆力等。特殊荷载也称为偶然荷载，指发生次数更少，往往带有破坏性的荷载，包括地震力、施工荷载、船只撞击力等。

车辆（重力）荷载是桥梁结构设计中最重要的活荷载之一。桥梁上行驶的车辆荷载种类繁多，同一类车辆又有许多不同的型号和载重等级，设计时不可能对每种情况都进行计算。因此，为了进行桥梁结构设计，我们需要一种统一的荷载标准，既能合理地反映目前的车辆情况，又能兼顾未来交通运输业发展所带来的影响。

桥梁按用途可进行不同种类的划分，其中公路桥梁和铁路桥梁最为常见。目前世界范围内车辆重力荷载标准有两种形式：车辆荷载和车道荷载。对于公路桥梁，车辆荷载指汽车、平板挂车、履带车和压路机等。对于铁路桥梁，车辆荷载指列车。车道荷载是由均布荷载和一个集中荷载组成的车辆重力荷载。车辆荷载需要考虑车的尺寸及车的排列方式，以集中荷载的形式作用于车轴位置，车辆荷载的尺寸和排列规定严格，等级差别明显；而车道荷载则不需要考虑车的尺寸和车的排列方式，将车辆荷载等效为均布荷载和一个可作用于任意位置的集中荷载形式，车道荷载较为灵活，便于构件内力加载计算。由于车辆的型号和等级不同，施加在桥梁上的荷载也不同，设计时要选择最有代表性和控制性的车辆重力荷载。

2.4.1 公路桥梁车辆荷载

1. 荷载等级

我国《公路桥涵设计通用规范》（JTG D60—2015）规定，汽车荷载分为两个等级：公路-Ⅰ级和公路-Ⅱ级。汽车荷载由车道荷载和车辆荷载组成。桥梁结构的整体计算采用车道荷载；桥梁结构的局部加载、涵洞、桥台和挡土墙土压力等的计算采用车辆荷载。车道荷载与车辆荷载的作用不能叠加。各级公路桥涵设计的汽车荷载等级应符合表 2-1 的规定。

表 2-1 各级公路桥涵的汽车荷载等级

公路等级	高速公路	一级公路	二级公路	三级公路	四级公路
汽车荷载等级	公路-Ⅰ级	公路-Ⅰ级	公路-Ⅰ级	公路-Ⅱ级	公路-Ⅱ级

二级公路作为集散公路且交通量小、重型车辆少时，其桥涵的设计可采用公路-Ⅱ级汽车荷载。交通组成中重载交通比重较大的公路桥涵，宜采用与该公路交通组成相适应的汽车荷载模式进行结构整体和局部验算。

2. 车道荷载

车道荷载的计算简图如图 2-17 所示。

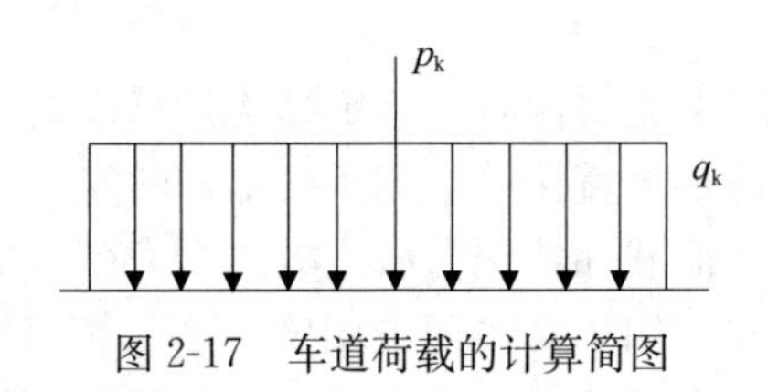

图 2-17 车道荷载的计算简图

公路-Ⅰ级车道荷载均布荷载标准值为 $q_k=10.5$kN/m，集中荷载标准值 p_k 按表 2-2 取值。计算剪力效应时，上述集中荷载标准值应乘以系数 1.2。公路-Ⅱ级车道荷载的均布荷载标准值 q_k 和集中荷载标准值 p_k 按公路-Ⅰ级车道荷载的 0.75 倍采用。车道荷载的均布荷载标准值应满布于使结构产生最不利效应的同号影响线上；集中荷载标准值只作用于相应影响线中一个影响线峰值处。

表 2-2 集中荷载 p_k 取值

计算跨径 l_0（m）	$l_0 \leqslant 5$	$5 < l_0 < 50$	$l_0 \geqslant 50$
p_k（kN）	270	$2(l_0+130)$	360

注：l_0 为桥涵计算跨径。

3. 车辆荷载

车辆荷载的平面、立面尺寸如图 2-18 所示，主要技术指标规定见表 2-3。车辆荷载的横向布置应符合图 2-19 的规定。公路-Ⅰ级和公路-Ⅱ级汽车荷载采用相同的车辆荷载标准值。

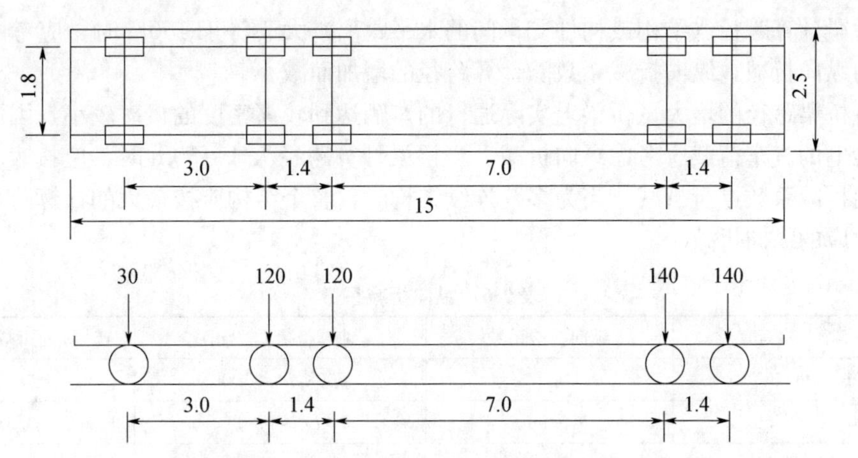

图 2-18　车辆荷载的平面、立面尺寸（尺寸单位：m；荷载单位：kN）

表 2-3　车辆荷载的主要技术指标

项目	单位	技术指标	项目	单位	技术指标
车辆重力标准值	kN	550	轮距	m	1.8
前轴重力标准值	kN	30	前轮着地宽度及长度	m	0.3×0.2
中轴重力标准值	kN	2×120	中、后轮着地宽度及长度	m	0.6×0.2
后轴重力标准值	kN	2×140	车辆外形尺寸（长×宽）	m	15×2.5
轴距	m	3+1.4+7+1.4	—	—	—

4. 车道荷载的折减

桥涵设计车道数应符合表 2-4 的规定。当桥涵横向布置车队数大于 2 时，由于 3 行或 4 行车队单向并行通过的概率较小，应考虑计算荷载效应的横向折减；布置一条车道汽车荷载时，应考虑汽车荷载的提高。横向车道布置系数应符合表 2-5 中的规定，多车道布置时，横向折减系数随横向布置车队数的增加而减小，但折减后的效应不得小于两行车队布载的计算结果。

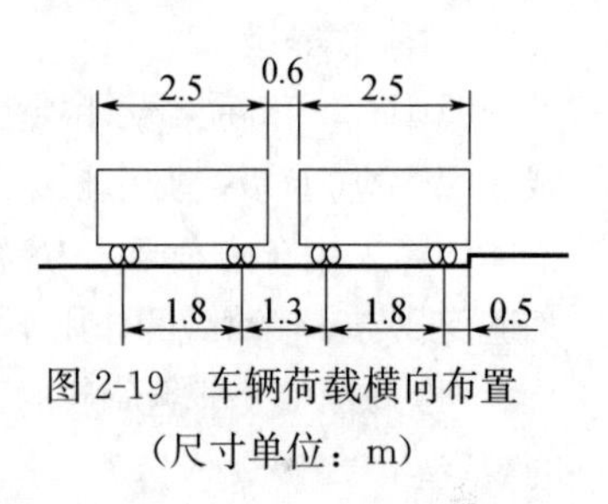

图 2-19　车辆荷载横向布置（尺寸单位：m）

表 2-4　桥涵设计车道数

桥面宽度 W（m）		桥涵设计车道数	桥面宽度 W（m）		桥涵设计车道数
车辆单向行驶时	车辆双向行驶时		车辆单向行驶时	车辆双向行驶时	
$W<7.0$	—	1	$17.5\leqslant W<21.0$	—	5
$7.0\leqslant W<10.5$	$6.0\leqslant W<14.0$	2	$21.0\leqslant W<24.5$	$21.0\leqslant W<28.0$	6
$10.5\leqslant W<14.0$	—	3	$24.5\leqslant W<28.0$	—	7
$14.0\leqslant W<17.5$	$14.0\leqslant W<21.0$	4	$28.0\leqslant W<31.5$	$28.0\leqslant W<35.0$	8

表 2-5　横向车道布置系数

横向布置设计车道数（条）	1	2	3	4	5	6	7	8
横向折减系数	1.20	1.00	0.78	0.67	0.60	0.55	0.52	0.50

当桥梁计算跨径（结构或构件支承间的水平距离）大于等于150m时，应考虑计算荷载效应的纵向折减，纵向折减系数随计算跨径的增加而减小。

随着桥梁跨径的增大，桥梁上实际通行的车辆达到较高密度的概率较小，因而对于大跨径桥梁上的汽车荷载应考虑纵向折减。当桥梁计算跨径大于150m时，应按表2-6中规定的纵向折减系数进行折减。当为多跨连续结构时，整个结构应按最大的计算跨径考虑汽车荷载效应的纵向折减。

表2-6　纵向折减系数

计算跨径 L_0（m）	纵向折减系数	计算跨径 L_0（m）	纵向折减系数
$150<L_0<400$	0.97	$800\leqslant L_0<1000$	0.94
$400\leqslant L_0<600$	0.96	$L_0>1000$	0.93
$600\leqslant L_0<800$	0.95	—	—

2.4.2　城市桥梁汽车荷载

最初，我国城市桥梁都是按照公路桥梁荷载标准进行设计的，1998年由住房城乡建设部城市建设研究院主编的《城市桥梁设计荷载标准》（CJJ 77—1998）自同年12月1日起施行。由于城市桥梁的车辆密集程度比公路桥梁高，车辆间距小，发生车辆拥堵的概率大，且城市桥梁的车辆通行速度较慢，因而原有的设计标准不适应我国城市桥梁的特点及发展，由住房城乡建设部于2011年制定了《城市桥梁设计规范》（CJJ 11—2011），用于城市道路上新建永久性桥梁的荷载设计。

1. 荷载等级

我国《城市桥梁设计规范》（CJJ 11—2011）规定，城市桥梁的汽车荷载分为两个等级：城-A级和城-B级。城市桥梁设计中的汽车荷载也由车道荷载和车辆荷载组成。桥梁结构的整体计算采用车道荷载；桥梁结构的局部加载、桥台和挡土墙压力等的计算采用车辆荷载。车道荷载与车辆荷载的作用不能叠加。车辆荷载的立面、平面布置及标准值应符合下列规定：

（1）城-A级车辆荷载的立面、平面、横桥向布置如图2-20所示，标准值应符合表2-7的规定。

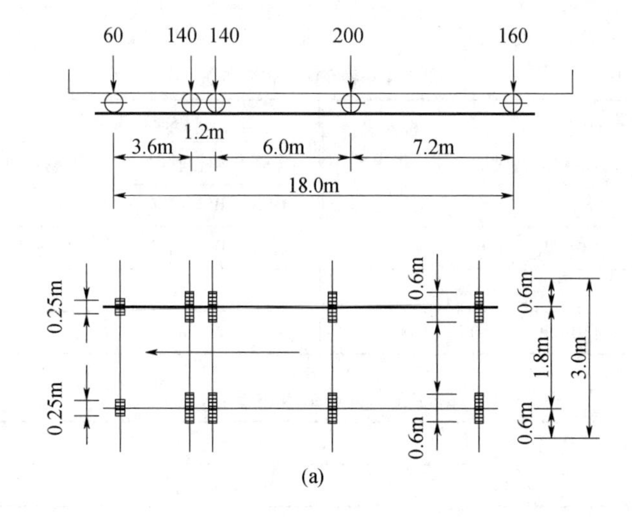

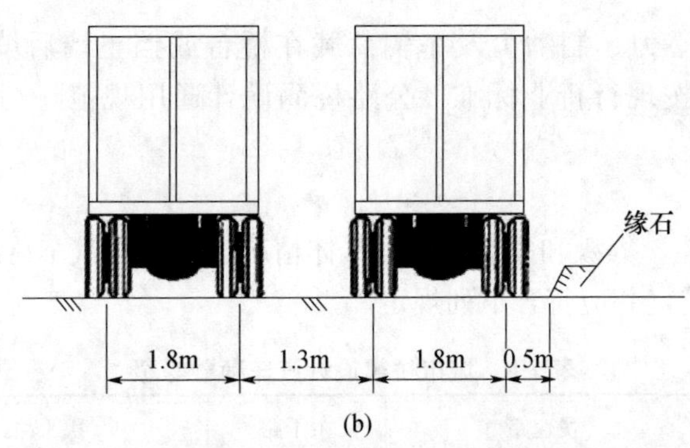

(b)

图 2-20 城-A 级车辆荷载立面、平面、横桥向布置

(a) 立面、平面图；(b) 横桥向布置

表 2-7 城-A 级车辆荷载

车轴编号	单位	1	2	3	4	5
轴重	kN	60	140	140	200	160
轮重	kN	30	70	70	100	80
纵向轴距	m	3.6	1.2	6	7.2	
每组车轮的横向中距	m	1.8	1.8	1.8	1.8	1.8
车轮着地宽度×长度	m	0.25×0.25	0.6×0.25	0.6×0.25	0.6×0.25	0.6×0.25

(2) 城-B级车辆荷载的立面、平面布置及标准值应采用现行行业标准《公路桥涵设计通用规范》(JTG D60—2015) 中车辆荷载的规定值。立面、平面布置如图 2-21 所示。

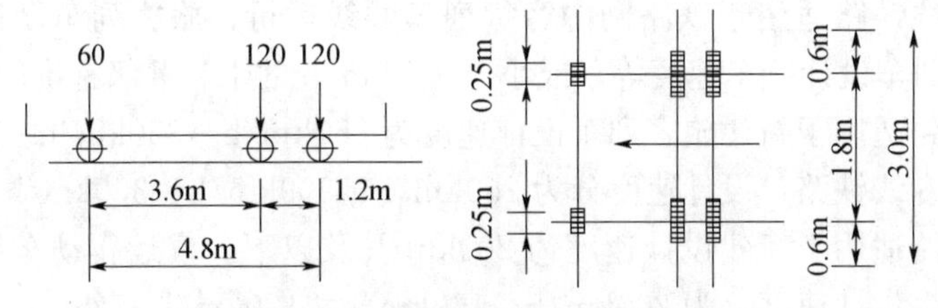

图 2-21 城-B 级车辆荷载立面、平面布置

2. 车道荷载

车道荷载的计算简图如图 2-17 所示，且应符合下列规定：

(1) 城-A 级车道荷载的均布荷载标准值 (q_k) 应为 10.5kN/m。集中荷载标准值 (p_k) 的选取：当桥梁计算跨径小于或等于 5m 时，p_k=180kN；当桥梁计算跨径等于或大于 50m 时，p_k=360kN；当桥梁计算跨径为 5～50m 时，p_k 值应采用直线内插求得。当计算剪力效应时，集中荷载标准值 (p_k) 应乘以 1.2 的系数。

(2) 城-B 级车道荷载的均布荷载标准值 (q_k) 和集中荷载标准值 (p_k) 应按城-A 级车道荷载的 75%采用。

(3) 车道荷载的均布荷载标准值应满布于使结构产生最不利效应的同号影响线上；集中荷载标准值只作用于相应影响线中一个最大影响线峰值处。

车道荷载横向分布系数、多车道的横向折减系数、大跨径桥梁的纵向折减系数、汽

车荷载的冲击力、离心力、制动力及车辆荷载在桥台或挡土墙后填土的破坏棱体上引起的土侧压力等均应按现行行业标准《公路桥涵设计通用规范》（JTG D60—2015）的规定计算。

3. 汽车荷载

应根据道路的功能、等级和发展要求等具体情况选用设计汽车荷载。桥梁的设计汽车荷载应根据表 2-8 选用，并应符合下列规定。

表 2-8　城市桥梁设计汽车荷载等级

城市道路等级	快速路	主干路	次干路	支路
设计汽车荷载等级	城-A 级或城-B 级	城-A 级	城-A 级或城-B 级	城-B 级

（1）快速路、次干路上如重型车辆行驶频繁，设计汽车荷载应选用城-A 级汽车荷载。

（2）小城市中的支路上如重型车辆较少，设计汽车荷载采用城-B 级车道荷载的效应乘以 0.8 的折减系数，车辆荷载的效应应乘以 0.7 的折减系数。

（3）小型车专用道路，设计汽车荷载可采用城-B 级车道荷载的效应乘以 0.6 的折减系数，车辆荷载的效应乘以 0.5 的折减系数。

2.4.3　铁路桥梁列车荷载

桥梁、涵洞是铁路线路的重要组成部分，其构造复杂，造价较高，一旦遭到损坏，修复和加固很困难。因此，桥涵结构设计要求在制造、运送、安装和运营过程中，应具有规定的强度、稳定性、刚度和耐久性，以保证施工和运营安全、使用耐久。我国《铁路桥涵设计规范》（TB 10002—2017）适用的各设计标准铁路应符合以下要求：

（1）客货共线铁路适用于铁路网中客货列车共线运行、旅客列车设计速度小于等于 200km/h，货物列车设计行车速度等于或小于 160km/h 的Ⅰ、Ⅱ级标准轨距铁路。

（2）高速铁路适用于新建旅客列车设计速度为 250km/h～350km/h、运行动车组列车的标准轨距客运专线铁路，设计速度分为 250km/h、300km/h、350km/h 三级。

（3）城际铁路适用于新建设计速度为 200km/h 及以下、仅运行动车组列车的标准轨距客运专线铁路，设计速度分为 200km/h、160km/h、120km/h 三级。

（4）重载铁路适用于铁路网中货物列车机车车辆轴重大于等于 250kN 和牵引质量大于等于 10000t、设计速度不大于 100km/h 的标准轨距铁路。设计速度分为 80km/h、100km/h 两级。兼顾普通货物列车和旅客列车运输的重载铁路设计尚应执行相关规范。

1. 铁路列车荷载图示

铁路桥涵结构设计采用的列车荷载标准应符合现行《铁路列车荷载图示》的规定。列车荷载图示是铁路列车对线路基础设施静态作用的概化表达形式，根据不同类型铁路运输移动装备情况，并考虑一定的储备和发展系数综合制定。由中国铁道科学研究院编制的首版铁道行业技术标准《铁路列车荷载图示》TB/T 3466—2016（以下简称《荷载图示》）也完成了编制工作，并由国家铁路局发布，自 2017 年 7 月 1 日起实施，见表 2-9 所示。

表 2-9　铁路列车荷载图示

线路类型	图式名称	荷载图式	
		普通荷载	特种荷载
高速铁路	ZK	64（kN/m）　200 200 200 200（kN）　64（kN/m） 任意长度 0.8m 1.6m 1.6m 1.6m 0.8m 任意长度	250 250 250 250（kN） 1.6m 1.6m 1.6m
城际铁路	ZK	48（kN/m）　150 150 150 150（kN）　48（kN/m） 任意长度 0.8m 1.6m 1.6m 1.6m 0.8m 任意长度	190 190 190 190（kN） 1.6m 1.6m 1.6m
客货共线铁路	ZK	85（kN/m）　250 250 250 250（kN）　85（kN/m） 任意长度 0.8m 1.6m 1.6m 1.6m 0.8m 任意长度	250 250 250 250（kN） 1.4m 1.4m 1.4m
重载铁路	ZK	85z（kN/m）　250z 250z 250z 250z（kN）　85z（kN/m） 任意长度 0.8m 1.6m 1.6m 1.6m 0.8m 任意长度 （荷载系数$z \geqslant 1.0$）	280z 280z 280z 280z（kN） 1.4m 1.4m 1.4m （荷载系数$z \geqslant 1.0$）

列车荷载图示代表了铁路移动装备对线路作用特征和作用量值，是一组由不同轴重和轴距、按一定规律排列、具有可变速度的移动作用力学模型。《铁路列车荷载图示》中的高速铁路、城际铁路、客货共线铁路、货运铁路列车荷载图示均由普通荷载图示和特种荷载图示组成。特种荷载图示根据我国路情特点制定，由集中荷载组成。

2. 列车竖向静活载加载方式

同时承受多线列车荷载的桥梁，其列车竖向静活载计算应符合下列规定：

（1）采用 ZKH 或 ZH 活载时，双线桥梁结构活载按两条线路在最不利位置承受 90%计算；三线、四线桥梁结构活载按所有线路在最不利位置承受 80%计算；四线以上桥梁结构活载按所有线路在最不利位置承受 75%计算。

（2）采用 ZK 或 ZC 活载时，双线桥梁结构按两条线路在最不利位置承受 100%的 ZK 或 ZC 活载计算。多于两线的桥梁结构应按以下两种情况最不利者考虑：按两条线路在最不利位置承受 100%的 ZK 或 ZC 活载，其余线路不承受列车活载；所有线路在最不利位置承受 75%的 ZK 或 ZC 活载。

（3）桥上所有线路不能同时运转时，应按可能同时运转的线路计算列车竖向力、离心力。

（4）对承受局部活载的杆件均按该列车竖向活载的 100%计算。

（5）对于货物运输方向固定的多线重载铁路桥梁结构，列车竖向活载计算时可根据实际情况考虑相应折减。

对于ZKH或ZH的加载方式是考虑到同时承受多线荷载的桥梁，各条线路上同时出现最不利活载的可能性极小，故组合时对于主要杆件进行了折减。对于受局部活载的杆件，主要是承受一线荷载，故不折减；在此情况下，多线列车竖向动力作用、离心力、横向摇摆力的计算也应采用相同办法考虑折减。车站范围内的多线桥梁，实际上并不是各线同时运转，有些可能处于停车状态，虽然竖向活载仍按多线桥的规定折减，但对列车竖向动力作用、离心力及横向摇摆力在组合计算折减时，应考虑可能同时运转的实际线数计算。

对于ZK加载方式，考虑到目前高速铁路桥梁比例高，越占线路总长的50%，列车在桥上的交会频率高，其双线列车活载不应该折减。

3. 列车荷载图示的截取

设计加载时列车荷载图式可以任意截取。加载的结构（影响线）长度应符合下列规定：

（1）需要加载的结构（影响线）长度超过运营列车最大编组长度或车站到发线长度时，加载长度可采用列车最大编组长度；对于一般桥跨，按桥长全部加载。

（2）对于多符号影响线，可在同符号影响线各区段进行加载，异符号影响线区段长度不大于15m时可不加活载；异符号影响线区段长度大于15m时，可按空车活载10kN/m加载。

（3）用空车检算桥梁各部分构件时，竖向活载应按10kN/m计算。

（4）疲劳验算时异符号影响线区段长度内均应按活载图式中的均布荷载加载。

铁路列车竖向荷载应根据不同的铁路设计标准，采用《荷载图示》提供的标准荷载图示进行设计。设计加载时，标准荷载计算图示可任意截取，或采用特种活载。桥跨结构和桥台尚应按其所使用的架桥机加以检算。计算承受多线荷载的桥跨结构和墩台，其竖向静活载应按各线（均假定采用同样情况的最不利位置）静活载的总和乘以规定的折减系数。对受局部活载的杆件，则均应为该活载的100%。如果桥上所有线路不能同时运转时，只计算可能同时运转的线路上的冲击力、离心力、制动力或牵引力及横向摇摆力。

2.5 楼（屋）面活荷载

楼面活荷载是指房屋中生活和工作的人群、家具、设施等产生的重力荷载。楼面活荷载按其随时间变异的特点分为：持久性活荷载和临时性活荷载。持久性活荷载是指楼面上在某个时段内基本保持不变的荷载，例如住宅内的家具，工业房屋内的机器、设备和堆料，还包括常住人员自重，这些荷载，除非发生一次搬迁，一般变化不大。临时性活荷载是指楼面上偶尔出现的短期荷载，例如聚会的人群、维修时工具和材料的堆积等。楼面活荷载的数值大小随时间变化，位置也可移动。

楼面活荷载是通过一系列集中荷载施加在楼面上的，荷载类型多，作用位置多变，统计起来较为复杂。为了工程设计的方便，根据典型房间中家具、设备、人员所处的最不利位置，按照弯矩等效的原则，将实际的楼面活荷载换算为等效的楼面均布荷载，再经过统计分析确定活荷载的标准值。

2.5.1 民用建筑楼面活荷载

我国《建筑结构荷载规范》（GB 50009—2012）中给出了不同建筑功能的民用建筑楼面均布活荷载的标准值及其组合值系数、频遇值系数和准永久值系数的取值，见表 2-9。其中，住宅、宿舍、旅馆、办公楼、医院病房、托儿所、幼儿园的建筑楼面均布活荷载的标准值为 2.0kN/m^2，且表 2-9 中各项荷载不包括隔墙自重和二次装修荷载。

表 2-9 民用建筑楼面均布活荷载的标准值及其组合值系数、频遇值系数和准永久值系数

项次	类型			标准值（kN/m^2）	组合值系数 Ψ_c	频遇值系数 Ψ_f	准永久值系数 Ψ_q
1	(1) 住宅、宿舍、旅馆、办公楼、医院病房、托儿所、幼儿园			2.0	0.7	0.5	0.4
1	(2) 试验室、阅览室、会议室、医院门诊室			2.0	0.7	0.6	0.5
2	教室、食堂、餐厅、一般资料档案室			2.5	0.7	0.6	0.5
3	(1) 礼堂、剧场、影院、有固定座位的看台			3.0	0.7	0.5	0.3
3	(2) 公共洗衣房			3.0	0.7	0.6	0.5
4	(1) 商店、展览厅、车站、港口、机场大厅及其旅客等候室			3.5	0.7	0.6	0.5
4	(2) 无固定座位的看台			3.5	0.7	0.5	0.3
5	(1) 健身房、演出舞台			4.0	0.7	0.6	0.5
5	(2) 运动场、舞厅			4.0	0.7	0.6	0.3
6	(1) 书库、档案库、贮藏室			5.0	0.9	0.9	0.8
6	(2) 密集柜书库			12.0	0.9	0.9	0.8
7	通风机房、电梯机房			7.0	0.9	0.9	0.8
8	汽车通道及客车停车库	(1) 单向板楼盖（板跨不小于 2m）和双向板楼盖（板跨不小于 3m×3m）	客车	4.0	0.7	0.7	0.6
8	汽车通道及客车停车库	(1) 单向板楼盖（板跨不小于 2m）和双向板楼盖（板跨不小于 3m×3m）	消防车	35.0	0.7	0.5	0.0
8	汽车通道及客车停车库	(2) 双向板楼盖（板跨不小于 6m×6m）和无梁楼盖（柱网不小于 6m×6m）	客车	2.5	0.7	0.7	0.6
8	汽车通道及客车停车库	(2) 双向板楼盖（板跨不小于 6m×6m）和无梁楼盖（柱网不小于 6m×6m）	消防车	20.0	0.7	0.5	0.0
9	厨房	(1) 餐厅		4.0	0.7	0.7	0.7
9	厨房	(2) 其他		2.0	0.7	0.6	0.5
10	浴室、卫生间、盥洗室			2.5	0.7	0.6	0.5
11	走廊、门厅	(1) 宿舍、旅馆、医院病房、托儿所、幼儿园、住宅		2.0	0.7	0.5	0.4
11	走廊、门厅	(2) 办公室、餐厅、医院门诊部		2.5	0.7	0.6	0.5
11	走廊、门厅	(3) 教学楼及其他可能出现人员密集的情况		3.5	0.7	0.5	0.3
12	楼梯	(1) 多层住宅		2.0	0.7	0.5	0.4
12	楼梯	(2) 其他		3.5	0.7	0.5	0.3
13	阳台	(1) 可能出现人员密集的情况		3.5	0.7	0.6	0.5
13	阳台	(2) 其他		2.5	0.7	0.6	0.5

民用建筑楼面均布活荷载标准值是建筑在正常使用期间可能出现的最大值，如果建筑楼面面积较大，作用在楼面上的活荷载不可能以标准值的大小同时布满所有楼面，而且对于多高层建筑，每层楼面的活荷载都同时达到最大值的可能性也很小，因而在设计梁、墙、柱及基础时，需要考虑实际荷载沿楼面分布的变异情况，即在确定梁、墙、柱及基础的荷载标准值时，应在楼面活荷载标准值的基础上乘以折减系数。折减系数的确定较为复杂，目前大多数国家均采用半经验的传统方法，我国规范是通过从属面积来考虑荷载折减系数的。对于水平构件，根据荷载从属面积的大小来考虑折减系数，从属面积越大，满布的可能性越小，荷载面积折减系数越小；对于竖向构件，按照所计算截面以上的楼层数来考虑折减系数，结构楼层数越多，每层楼面荷载满布的可能性越小，荷载楼层折减系数越小。

设计楼面梁、墙、柱及基础时，表 2-9 中楼面活荷载标准值的折减系数取值不应小于下列规定。

1. 设计楼面梁

（1）第 1（1）项当楼面梁从属面积超过 25m² 时，应取 0.9。

（2）第 1（2）～7 项当楼面梁从属面积超过 50m² 时，应取 0.9。

（3）第 8 项对单向板楼盖的次梁和槽形板的纵肋应取 0.8，对单向板楼盖的主梁应取 0.6，对双向板楼盖的梁应取 0.8。

（4）第 9～13 项应采用与所属房屋类别相同的折减系数。

2. 设计墙、柱和基础

（1）第 1（1）项应按表 2-10 规定采用。

（2）第 1（2）～7 项应采用与其楼面梁相同的折减系数。

（3）第 8 项的客车，对单向板楼盖应取 0.5，对双向板楼盖和无梁楼盖应取 0.8。

（4）第 9～13 项应采用与所属房屋类别相同的折减系数。

表 2-10　活荷载按楼层的折减系数

墙、柱、基础的计算截面以上的层数	1	2～3	4～5	6～8	9～20	>20
计算截面以上各楼层活荷载总和的折减系数	1.00（0.90）	0.85	0.70	0.65	0.60	0.55

注：当楼面梁的从属面积超过 25m² 时，应采用括号内的系数。

楼面梁的从属面积（图 2-23 示意梁的从属面积），指向梁两侧各延伸 1/2 梁间距范围内的实际楼面面积；对于柱，可按柱网轴线间距一半范围内的实际面积来确定从属面积。

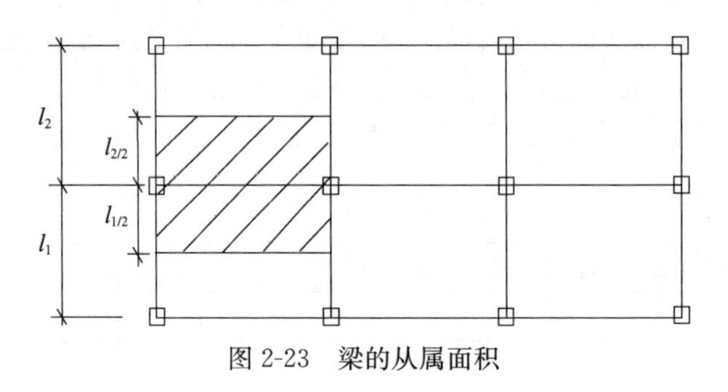

图 2-23　梁的从属面积

2.5.2 民用建筑屋面活荷载

1. 屋面均布活荷载

民用建筑的屋面可分为上人屋面和不上人屋面。当屋面为平屋面，且有楼梯可直达屋面时，有可能出现人群聚集，应按上人屋面考虑均布活荷载；当屋面为斜屋面或设计有上人孔的平屋面时，应按不上人屋面考虑屋面均布活荷载。

房屋建筑的屋面，其水平投影面上的屋面均布荷载的标准值及其组合值系数、频遇值系数和准永久值系数的取值不应小于表 2-11 的规定。

表 2-11 屋面均布荷载的标准值及其组合值系数、频遇值系数和准永久值系数

项次	类别	标准值（kN/m^2）	组合值系数 Ψ_c	频遇值系数 Ψ_f	准永久值系数 Ψ_q
1	不上人的屋面	0.5	0.7	0.5	0.0
2	上人的屋面	2.0	0.7	0.5	0.4
3	屋顶花园	3.0	0.7	0.6	0.5
4	屋顶运动场地	3.0	0.7	0.6	0.4

规范 5.3.3 条规定“不上人屋面的均布活荷载，可不与雪荷载和风荷载同时组合。”这是由于：不上人屋面的均布活荷载是针对检修或维修而规定的，该条文的具体含义是指不上人屋面（主要是指那些轻型屋面和大跨屋盖结构）的均布活荷载，可以不与雪荷载或者风荷载同时考虑，只要选择活荷载和雪荷载中的较大值，再分别考虑与风荷载组合进行设计；对于上人屋面，由于我国大多数地区的雪荷载标准值小于屋面均布荷载标准值，因此在屋面结构和构件计算时，往往是屋面均布活荷载对设计起控制作用，所以可以不用考虑雪荷载，但对特种大跨结构由于局部雪荷载较大，需慎重考虑。

高档宾馆、大型医院等建筑的屋面有时还设有直升机停机坪，直升机总重引起的局部荷载可按直升机的实际最大起飞重量并考虑动力系数确定，同时其等效均布荷载不低于 5.0kN/m^2。当没有机型技术资料时，一般可依据轻、中、重三种类型的不同要求，按规范规定选用局部荷载标准值及作用面积。

2. 屋面积灰荷载

冶金、铸造、机械、水泥等行业在生产过程中会产生大量灰尘，易于在厂房及其临近建筑的屋面堆积，形成积灰荷载。确定积灰荷载只有在考虑工厂设有一般的除尘装置，且能坚持正常的清灰制度（一般厂房 3～6 个月清灰一次）的前提下才有意义。

当设计生产中有大量排灰的厂房及其邻近建筑时，对于具有一定除尘设施和保证清灰制度的机械、冶金、水泥等的厂房屋面，其水平投影面上的屋面积灰荷载标准值及其组合值系数、频遇值系数和准永久值系数，应按规范中的相关规定采用。考虑影响积灰问题的主要因素有：除尘设施的使用维修情况、清灰制度执行情况、风向和风速、烟囱高度、屋面坡度和屋面挡风板等。

对有雪地区，积灰荷载应与雪荷载同时考虑；雨季的积灰吸水后重度增加，可通过不上人屋面的活荷载来补偿。因此，积灰荷载应与雪荷载或不上人的屋面均布活荷载两者中的较大值同时考虑。

2.5.3 工业建筑楼面活荷载

工业建筑由于使用功能的差别，其工艺设备、生产工具、原料及成品产生的重量各不相同，因而造成其楼面活荷载的取值存在较大差别。设计多层工业厂房建筑结构时，楼面活荷载的标准值大多由工艺提供，或由土建设计人员根据相关资料自行确定，计算方法不一且工作量巨大，给工程设计带来困难。我国《建筑结构荷载规范》在实际调查分析的基础上给出了七类不同类型的工业建筑楼面活荷载标准值供参考。

不同使用功能的工业车间楼面活荷载的分布形式不同，工业建筑楼面在生产使用或安装检修时，由设备、管道、运输工具及可能拆除的隔墙产生的局部荷载，均应按实际情况考虑，可采用等效均布活荷载代替。对设备位置固定的情况，可直接按固定位置对结构进行计算，但应考虑因设备安装和维修过程中的位置变化可能出现的最不利效应。工业建筑楼面堆放原料或成品较多、较重的区域，应按实际情况考虑；一般的堆放情况可按均布活荷载或等效均布活荷载考虑。将局部荷载折算为等效均布活荷载时，以按设计的控制截面上，荷载效应相同为等效原则。

工业建筑楼面（包括工作平台）上无设备区域的操作荷载，包括操作人员、一般工具、零星原料和成品的自重，可按均布活荷载 2.0kN/m^2 考虑。

2.5.4 施工和检修荷载及栏杆水平荷载

1. 施工和检修荷载

设计屋面板、檩条、钢筋混凝土挑檐、悬挑雨篷和预制小梁时，除了要考虑屋面均布活荷载外，还要考虑施工、检修时由人和工具自重形成的集中荷载可能正处于最不利位置上。规范规定：

（1）设计屋面板、檩条、钢筋混凝土挑檐、悬挑雨篷和预制小梁时，施工或检修集中荷载标准值不应小于 1.0kN，并应在最不利位置进行验算。

（2）计算挑檐、悬挑雨篷的承载力时，应沿板宽度每隔 1.0m 取一个集中荷载；在验算挑檐、悬挑雨篷的倾覆时，应沿板宽每隔 2.5～3.0m 取一个集中荷载，集中荷载的位置应作用于挑檐、雨篷的端部，如图 2-24 所示。

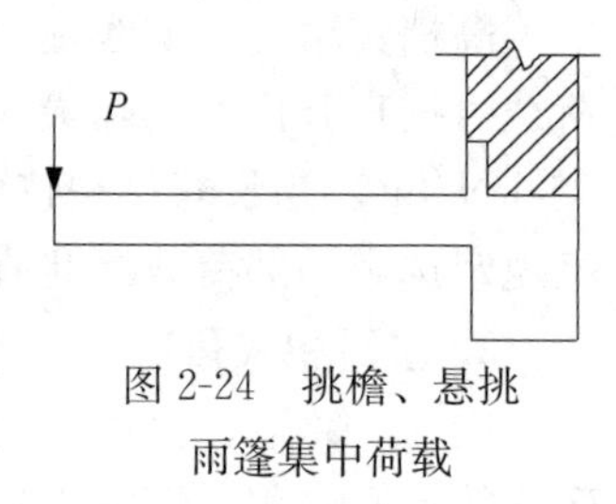

图 2-24 挑檐、悬挑雨篷集中荷载

2. 栏杆活荷载标准值

设计楼梯、看台、阳台和上人屋面等的栏杆时，由于不可避免会发生人群拥挤的现象，可能会对栏杆产生力的作用，因而应对栏杆分别作用水平荷载和竖向荷载进行验算，如图 2-25 所示，且作用在栏杆上的活荷载标准值不应小于下列规定：

（1）住宅、宿舍、办公楼、旅馆、医院、托儿所、幼儿园，栏杆顶部的水平荷载应取 1.0kN/m。

（2）学校、食堂、剧院、电影院、车站、礼堂、展览馆或体育场，栏杆顶部的水平荷载应取 1.0kN/m，竖向荷载应取 1.2kN/m，水平荷载与竖向荷载应分别考虑。

【例 2-7】某砖混结构办公楼办公室如图 2-26 所示，求楼面梁上的活荷载标准值。

解：查表 2-9 知办公楼的楼面活荷载标准值是 2.0kN/m^2，梁的从属面积 $A=3.9\times$

$7.2=28.08m^2>25m^2$，因此楼面活荷载折减系数取0.9，

则楼面活荷载为：$Q_k=2.0\times3.9\times0.9=7.02(kN/m)$

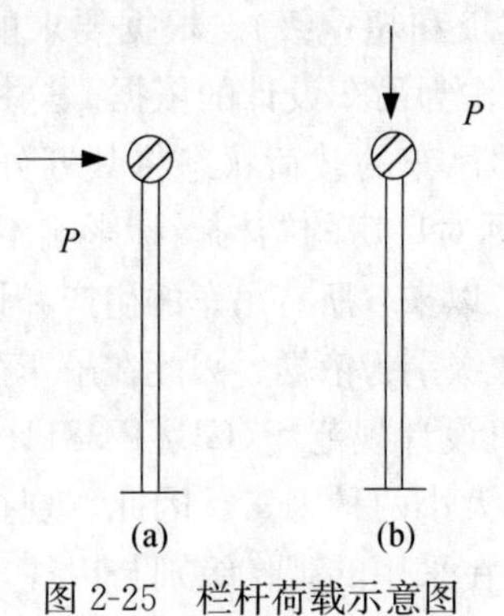

图2-25　栏杆荷载示意图

(a) 水平荷载；(b) 竖向荷载

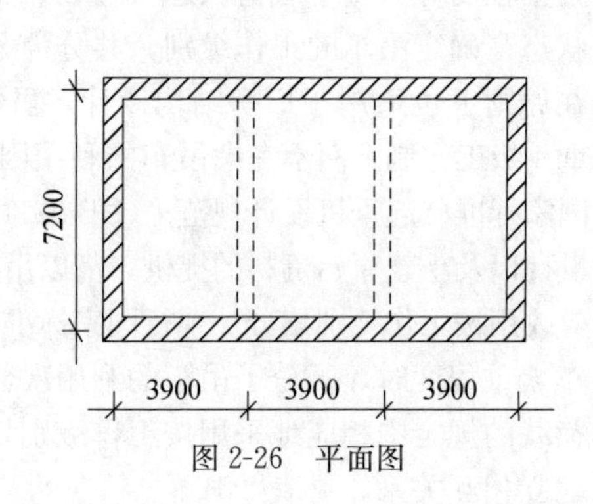

图2-26　平面图

【例2-8】 某钢筋混凝土框架结构办公楼，其结构平面及剖面如图2-27所示。楼盖采用现浇单向板，当楼面活荷载满布时，求边柱P柱在第三层柱顶3—3截面处，由各楼层楼面活荷载标准值所产生的轴向力。

解： 查表2-9知办公楼的楼面活荷载标准值是$2.0kN/m^2$，

由于3—3截面承受上部两层楼面活荷载，所以查表2-10得活荷载折减系数为0.85，

P柱3—3截面处承受的轴向压力标准值为$N_k=2\times2\times0.85\times2.7\times3.6=33.05(kN)$

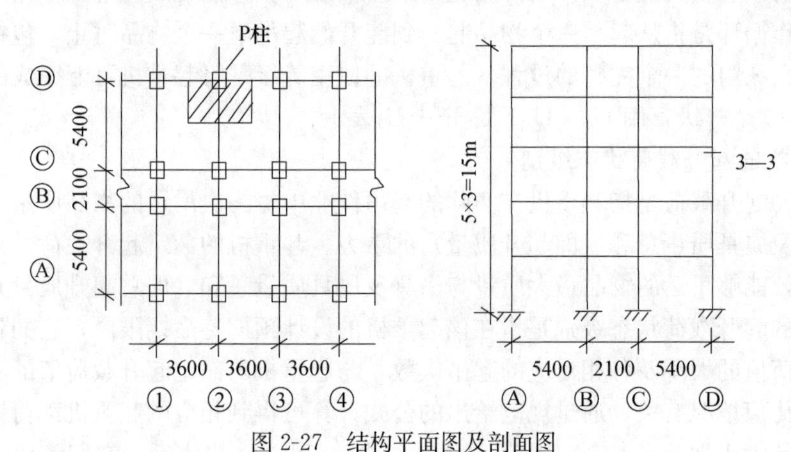

图2-27　结构平面图及剖面图

2.6　吊车荷载

2.6.1　吊车工作制等级与工作级别

吊车有悬挂吊车、手动吊车、电动葫芦、桥式吊车。吊车按生产工艺要求和吊车本身构造特点有多种不同的型号和规格。桥式吊车为厂房中常用的一种吊车形式。

吊车荷载是指材料等垂直或水平运输至建筑处对建筑产生的荷载。工业厂房因工艺要求常设有吊车，吊车荷载是厂房结构中的主要荷载之一。厂房选用的吊车是按其工作的繁

重程度来分级的，这不仅对吊车本身设计有直接的意义，也和厂房结构的设计有关。旧规范按吊车在使用期间要求的总工作循环次数分为10个利用等级，又按吊车荷载达到其额定值的频繁程度分为4个载荷状态（轻级、中级、重级和超重级）。根据要求的利用等级和载荷状态，确定吊车的工作级别，共分为8个级别作为吊车设计的依据。这样的工作级别划分在原则上也适用于厂房结构设计，虽然仅参照吊车的载荷状态将其划分为轻、中、重和超重4级工作制，而不考虑吊车的利用因素，实际对厂房的结构设计影响不大。但是，在执行国家标准《起重机设计规范》(GB 3811—1983）以来，所有吊车的生产和订货，项目的工艺设计以及土建原始资料的提供，都以吊车的工作级别为依据，因此在吊车荷载的规定中也相应改用按工作级别划分。现行国家标准《起重机设计规范》(GB/T 3811—2008）在考虑吊车繁重程度时，区分了吊车的利用次数和荷载大小两种因素。因此，现行荷载规范在吊车荷载的规定中相应地采用按工作级别划分，现在采用的工作级别与以往采用的工作制等级建立相互关系，见表2-12。

表2-12　吊车的工作制等级与工作级别的对应关系

工作制等级	轻级	中级	重级	超重级
工作级别	A1～A3	A4、A5	A6、A7	A8

1. 起重机的使用等级

国家标准《起重机设计规范》(GB/T 3811—2008）指出，起重机的设计预期寿命是指设计预期的该起重机设备从开始使用起到最终报废时止，能完成的总工作循环数。起重机的一个工作循环是指从起吊一个物品起，到能开始起吊下一个物品时止，包括起重机运行及正常停歇在内的一个完整的过程。起重机的使用等级是将起重机可能完成的总工作循环数划分为10个等级，用U_0、U_1、U_2……U_9表示。

2. 起重机的起升载荷状态级别

起重机的起升载荷是指起重机在实际的起吊作业中每一次吊运的物品质量（有效起重量）与吊具及属具质量总和（即起升质量）的重力。起重机的额定起升载荷，是指起重机正常工作时，能够吊运的物品最大质量与吊具及属具质量总和（即总起升质量）的重力。

起重机的起升载荷状态级别是指在该起重机的设计预期寿命期限内，它的各个有代表性的起升载荷值的大小及各相对应的起吊次数，与起重机的额定起升载荷值的大小即总的起吊次数的比值情况有关。通过规范给出的公式计算可得到相应的起重机载荷谱系数，规范按照此系数大小划分了4个范围值，用Q_1、Q_2、Q_3、Q_4来表示，它们各代表了起重机一个相对应的载荷状态级别。

3. 起重机整机的工作级别

现行国家标准根据起重机的10个使用级别和4个载荷状态级别，将起重机整机的工作级别划分为A1～A8共8个级别。详见《起重机设计规范》(GB/T 3811—2008)。

2.6.2　吊车竖向和水平荷载

1. 吊车竖向荷载

桥式吊车由大车（桥架）和小车组成，大车在吊车梁的轨道上沿厂房纵向行驶，小车在大车的轨道上沿厂房横向运行，带有吊钩的起重卷扬机安装在小车上，如图2-28所示。

图 2-28 桥式吊车厂房

吊车竖向荷载是一种通过轮压传给排架柱的移动荷载，由吊车额定起重量、大车自重、小车自重三部分组成。吊车的竖向荷载由大车的车轮传递给轨道，接着传给吊车梁，然后传给相关的排架柱，最后传至基础。吊车竖向荷载是指吊车在满载运行时，可能作用在厂房横向排架柱上的最大压力。当吊车沿厂房纵向运行时，吊车梁传给柱的竖向压力随吊车位置的不同而变化。

当小车吊有额定的最大起重量行驶到大车某一极限位置时，如图 2-29 所示，这一侧的每个大车轮压即为吊车的最大轮压标准值 $p_{\max,k}$，另一侧的每个大车轮压即为吊车的最小轮压标准值 $p_{\min,k}$。$p_{\max,k}$与 $p_{\min,k}$同时发生。由于吊车荷载是移动荷载，每榀排架上作用的吊车竖向荷载组合值需用影响线原理求出。作用在排架上的吊车竖向荷载的组合值与吊车的台数及吊车沿厂房纵向运行所处位置有关。

吊车竖向荷载标准值，应用吊车的最大轮压或最小轮压表示。吊车荷载结构设计时，有关吊车的技术资料（包括吊车的最大或最小轮压）都应由工艺提供。多年实践表明，由各工厂设计的起重机械，其参数和尺寸不太可能完全与该标准保持一致。因此，设计时仍应直接参照制造厂当时的产品规格作为设计依据。

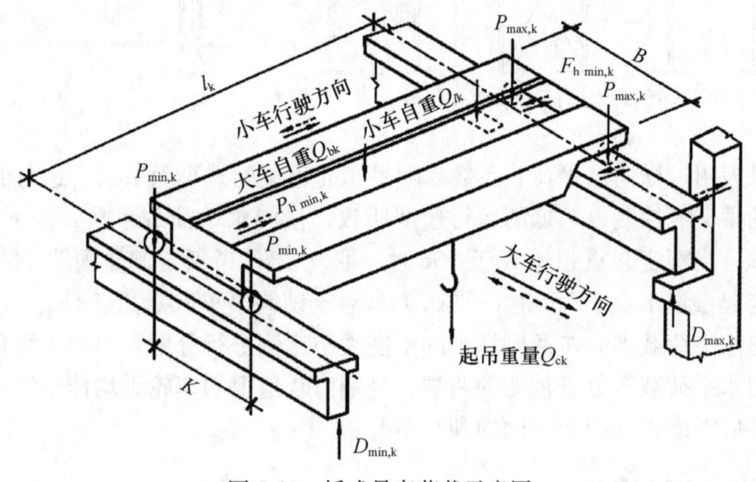

图 2-29 桥式吊车荷载示意图

2. 吊车水平荷载

吊车的水平荷载分为纵向和横向两种，分别由吊车的大车和小车的运行机构在启动或制动时引起的惯性力产生。惯性力为运行重量与运行加速度的乘积，但必须通过制动轮与钢轨间的摩擦传递给厂房结构。因此，吊车的水平荷载取决于制动轮的轮压和它与钢轨间的滑动摩擦系数，摩擦系数一般可取 0.14。

(1) 吊车纵向水平荷载

吊车纵向水平荷载（图 2-30）是由吊车桥架（大车）沿厂房纵向运行时制动引起的

惯性力产生的，其大小受制动轮与轨道间摩擦力的影响，当制动惯性力大于制动轮与轨道间的摩擦力时，吊车轮将在轨道上滑动。经实测，吊车轮与钢轨间的摩擦系数一般小于0.1，所以吊车纵向水平制动力可按一侧轨道上所有刹车轮的最大轮压之和的10%采用。制动力的作用点位于刹车轮与轨道的接触点，方向与车的行驶方向一致。

(2) 吊车横向水平荷载

吊车横向水平荷载（图2-31）是吊车的小车及起吊物沿桥架在厂房横向运行时制动所引起的惯性力。该惯性力与吊钩种类和起吊物重量有关，一般硬钩吊车比软钩吊车的制动加速度大。另外，起吊物越重，运行速度越慢，制动产生的加速度则越小。吊车的横向水平荷载可按下式取值：

$$T=\alpha(Q+Q_1)g \tag{2-10}$$

式中：Q——吊车的额定起重质量，t；

Q_1——横行小车质量，t；

g——重力加速度，m/s^2；

α——横向水平荷载系数（或称小车制动力系数）。

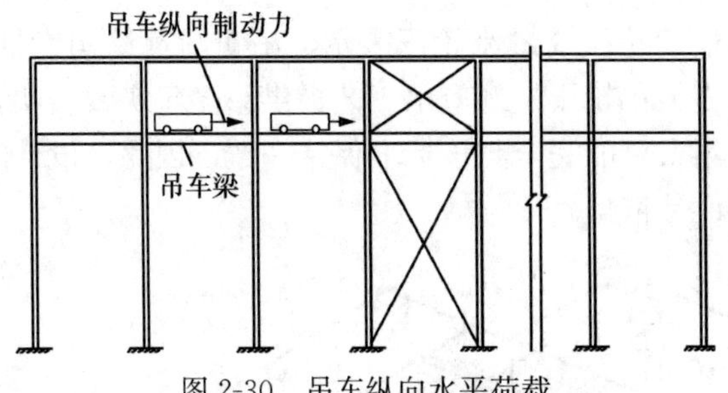

图2-30　吊车纵向水平荷载

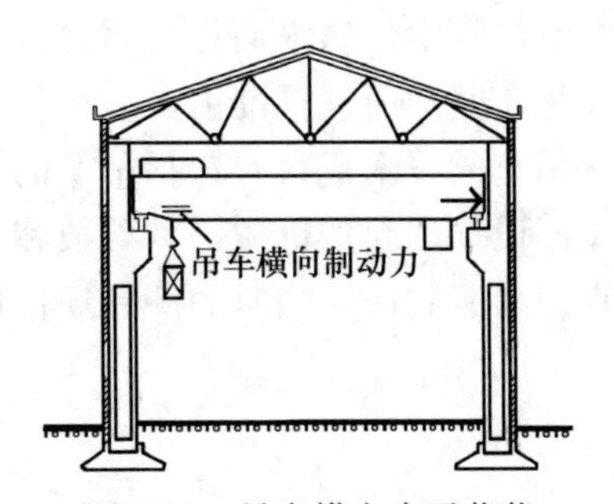

图2-31　吊车横向水平荷载

实测结果表明，横向水平荷载系数α随吊车起重量的减小而增大，这可能是由于司机对起重量大的吊车能控制以较低的运行速度所致。横向水平荷载系数α按下面规则取值：对于软钩吊车，当额定起重量不大于10t时，取0.12；当额定起重量为16～50t时，取0.10；当额定起重量不小于75t时，取0.08；对于硬钩吊车取0.2。

吊车横向水平荷载本应按两侧柱子的刚度大小比例进行分配，但为了简化计算，近似地把吊车横向水平荷载等分于桥架的两端，分别由轨道上的车轮平均传至轨道，其方向与轨道垂直，并应考虑正反两个方向的刹车情况。

2.6.3　多台吊车的组合

当厂房内设有多台吊车时，在设计厂房的吊车梁和排架时，需考虑参与组合的吊车台数，它是根据所计算的结构构件能同时产生效应的吊车台数确定的，主要取决于柱距大小和厂房跨间的数量，其次是各吊车同时聚集在同一柱距范围内的可能性。根据实际观察，在同一跨度内，2台吊车以邻接距离运行的情况还是常见的，但3台吊车相邻运行却很罕见，即使发生，由于柱距所限，能产生影响的也只有2台。因此，对单跨厂房设计时最多考虑2台吊车。

对多跨厂房，在同一柱距内同时出现超过2台吊车的概率会增加。但考虑隔跨吊车对结构的影响减弱，为了计算上的方便，容许在计算吊车竖向荷载时，最多只考虑4台吊车。而在计算吊车水平荷载时，由于同时制动的概率很小，容许最多只考虑2台吊车。

计算排架考虑多台吊车竖向荷载时：对单层吊车的单跨厂房的每个排架，参与组合的吊车台数不宜多于2台；对单层吊车的多跨厂房的每个排架，不宜多于4台，且都按同时满载的情况进行组合；对双层吊车的单跨厂房宜按上层和下层吊车分别不多于2台进行组合；对双层吊车的多跨厂房宜按上层和下层吊车分别不多于4台进行组合，且当下层吊车满载时，上层吊车应按空载计算；上层吊车满载时，下层吊车不应计入；考虑多台吊车水平荷载时，由于同时制动的概率很小，对单跨或多跨厂房的每个排架，参与组合的吊车台数不应多于2台。当情况特殊时，应按实际情况考虑。

计算排架时，多台吊车的竖向荷载和水平荷载的标准值，应乘以表2-13中规定的荷载折减系数，它是以概率论的方法来考虑多台吊车共同作用时的吊车荷载效应相对于最不利效应的折减。

表2-13　多台吊车的荷载折减系数

参与组合的吊车台数	吊车工作级别	
	A1～A5	A6～A8
2	0.90	0.95
3	0.85	0.90
4	0.80	0.85

2.6.4　吊车荷载的动力系数

吊车竖向荷载的动力系数，主要是考虑吊车在运行时对吊车梁及其连接的动力影响。根据调查了解，产生动力的主要因素是吊车轨道接头高低不平和工作翻转时的振动。荷载规范规定：当计算吊车梁及其连接的承载力时，吊车竖向荷载应乘以动力系数。对悬挂吊车（包括电动葫芦）及工作级别为A1～A5的软钩吊车，动力系数可取1.05；对工作级别为A6～A8的软钩吊车、硬钩吊车和其他特种吊车，动力系数可取为1.1。

2.6.5　吊车荷载的组合值、频遇值及准永久值

正在工作中的吊车，一般很少会持续很长时间停在某个位置上，因而在正常情况下，吊车荷载的作用都是短时间的。因而，厂房排架设计时，在荷载准永久组合中可不考虑吊车荷载，但在吊车梁按正常使用极限状态设计时，宜采用吊车荷载的准永久值。

吊车荷载组合值系数、频遇值系数及准永久值系数可按表2-14中规定采用。

表2-14　吊车荷载的组合值系数、频遇值系数及准永久值系数

吊车工作级别		组合值系数 Ψ_c	频遇值系数 Ψ_f	准永久值系数 Ψ_q
软钩吊车	工作级别A1～A3	0.7	0.6	0.5
	工作级别A4、A5	0.7	0.7	0.6
	工作级别A6、A7	0.7	0.7	0.7
硬钩吊车及工作级别A8的软钩吊车		0.95	0.95	0.95

2.7 人群荷载

2.7.1 公路桥梁人群荷载

设计有人行道的公路桥梁时，除了要考虑汽车荷载外还要考虑人群荷载。《公路桥涵设计通用规范》(JTG D60—2015) 中指出人群荷载标准值应按下列规定采用。

(1) 当桥梁计算跨径小于或等于 50m 时，人群荷载标准值为 3.0kN/m²；当桥梁计算跨径等于或大于 150m 时，人群荷载标准值为 2.5kN/m²；当桥梁计算跨径为 50～150m 时，可由线性内插得到人群荷载标准值。对跨径不等的连续结构，以最大计算跨径为准；城镇郊区行人密集地区的公路桥梁，人群荷载标准值取上述规定值的 1.15 倍；专用人行桥梁，人群荷载标准值为 3.5kN/m²。

(2) 人群荷载在横向应布置在人行道的净宽度内，在纵向施加于使结构产生最不利荷载效应的区段内。

(3) 人行道板（局部构件）可以一块板为单元，按标准值 4.0kN/m² 的均布荷载计算。

(4) 计算人行道栏杆时，作用在栏杆立柱顶上的水平推力标准值取 0.75kN/m²；作用在栏杆扶手上的竖向力标准值取 1.0kN/m²。

2.7.2 铁路桥梁人行道人行荷载

铁路桥梁人行道以通行巡道和维修人员为主，一般行人不多。《铁路桥涵设计规范》(TB 10002—2017) 中指出，设计人行道的竖向静活载应按下列规定采用。

(1) 在人行道上，有时需要放置轨枕、钢轨和工具。道碴桥面和明桥面的人行道的静活载取 4kN/m²，此值相当于民用建筑标准中最大的一种均布活载；人工养护的道碴桥面尚应考虑养护时人行道上的堆碴荷载；公铁两用桥的公路路面人行道活载应按《公路桥涵设计通用规范》采用。

(2) 设计主梁时，人行道的竖向静活载不与列车活载同时计算，这是由于列车通过时人行道上不应有行人，至于存放工具仅属偶然现象，且一般不会满布；但在特殊情况下，为了允许城镇居民通行而加宽的人行道部分，其竖向静活载应与列车活载作为主力同时计算，采用的数值可按实际情况确定。

(3) 人行道上除考虑均布荷载外，还应考虑一块步行板承受集中力的情况，人行道板应按竖向集中荷载 1.5kN 检算；桥梁检查维修通道设置于桥面人行道时，还应按动力检查车的荷载检算。

(4) 检算栏杆立柱及扶手时，水平推力应按 0.75kN/m 计算。对于立柱，水平推力作用于立柱顶面处。立柱和扶手还应按 1.0kN 集中荷载检算。

2.7.3 城市桥梁人群荷载

鉴于城市人口稠密，人行交通繁忙，城市桥梁人行道设计人群荷载应符合《城市桥梁设计规范》(CJJ 11—2011) 中的规定。

（1）人行道板的人群荷载按 5kN/m^2 或 1.5kN 的竖向集中力作用在一块构件上，分别计算，取其不利者。

（2）梁、桁架、拱及其他大跨结构的人群荷载（W）可采用下列公式计算，且 W 值在任何情况下不得小于 2.4kN/m^2。

当加载长度 $L<20\text{m}$ 时：

$$W=4.5\times\frac{20-w_p}{20} \tag{2-11}$$

当加载长度 $L\geqslant 20\text{m}$ 时：

$$W=\left(4.5-2\times\frac{L-20}{80}\right)\left(\frac{20-w_p}{20}\right) \tag{2-12}$$

式中：W——单位面积的人群荷载，kN/m^2；

L——加载长度，m；

w_p——单边人行道宽度，在专用非机动车桥上为 1/2 桥宽，大于 4m 时仍按 4m 计。

（3）检修道上设计人群荷载应按 2kN/m^2 或 1.2kN 的竖向集中荷载作用在短跨小构件上，可分别计算，取其不利者。计算与检修道相连构件，当计入车辆荷载或人群荷载时，可不计检修道上的人群荷载。

（4）专用人行桥和人行地道的人群荷载应按现行行业标准《城市人行天桥与人行地道技术规范》（CJJ 69—1995）的有关规定执行。

（5）计算局部构件如栏杆或扶手时，作用在桥上人行道栏杆扶手上的竖向荷载应为 1.2kN/m，水平向外荷载应为 2.5kN/m，两者应分别计算。

思考题

1. 结构自重如何计算？
2. 土的重度与有效重度有何区别？成层土的自重应力如何计算？
3. 地下水对土的自重应力有何影响？
4. 何为基本雪压？影响基本雪压的主要因素有哪些？
5. 屋面设计时应考虑哪些荷载？
6. 积灰荷载的大小和分布与哪些因素有关？结构设计时，如何考虑积灰荷载？
7. 工业厂房吊车纵向和横向水平荷载是如何产生的？如何确定取值？

第3章　侧压力

3.1　土压力

3.1.1　基本概念

挡土墙是用于支撑土体，防止土体坍塌的构筑物，由砖石、素混凝土、钢筋混凝土等材料建成，广泛应用于房屋建筑、水利、铁路以及公路和桥涵工程中，可支撑路堤、隧道洞口、桥梁两端及河岸等，以保持土体的稳定。在挡土墙横断面中，与被支撑土体直接接触的部位称为墙背，与墙背相对的、临空的部位称为墙面。土压力是指挡土墙后的填土因自重或外荷载作用对墙背产生的侧向压力。土压力是挡土墙的主要外荷载，设计挡土墙时首先要确定土压力的性质、大小、方向和作用点。图3-1为挡土墙在桥涵和隧道中的应用。

图3-1　挡土墙的应用

3.1.2　土压力类型

根据挡土墙的移动情况和墙后土体所处的应力状态，土压力可分为静止土压力、主动土压力和被动土压力三种。

（1）静止土压力

挡土墙在土压力作用下，不产生任何位移或转动，墙后土体处于弹性平衡状态，此时墙背所受的土压力称为静止土压力［图3-2（a）］，用 E_0 表示。

（2）主动土压力

挡土墙在墙后土体的作用下，背离墙背方向向前发生移动或转动［图3-2（b）］。作用在墙背上的土压力从静止土压力值逐渐减小，直至墙后土体出现滑动面。滑动面以上的土体将沿这一滑动面向下、向前滑动，墙背上的土压力减小到最小值，滑动楔体内应力处于主动极限平衡状态，此时作用在墙背上的土压力称为主动土压力，用 E_a 表示。

（3）被动土压力

当挡土墙在外力作用下向土体方向移动或转动时［图 3-2（c）］，墙体挤压墙后土体，作用在墙背上的土压力从静止土压力值逐渐增大，墙后土体也会出现滑动面，滑动面以上土体将沿滑动方向向上、向后推出，墙后土体开始隆起，作用在挡土墙上的土压力增大到最大值，滑动楔体内应力处于被动极限平衡状态，此时作用在墙背上的土压力称为被动土压力，用 E_p 表示。

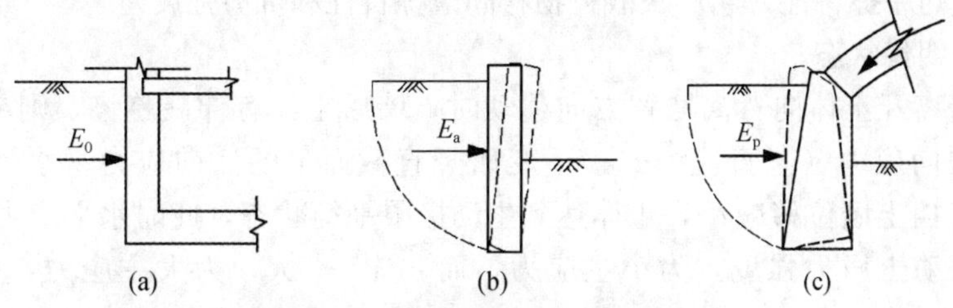

图 3-2　挡土墙的三种土压力

（a）静止土压力；（b）主动土压力；（c）被动土压力

一般情况下，在相同的墙高和填土条件下，主动土压力小于静止土压力，而静止土压力又小于被动土压力，即：

$$E_a < E_0 < E_p \tag{3-1}$$

产生被动土压力所需的位移量 Δ_p 大大超过产生主动土压力所需要的位移量 Δ_a。图 3-3 为墙体位移与土压力的关系。

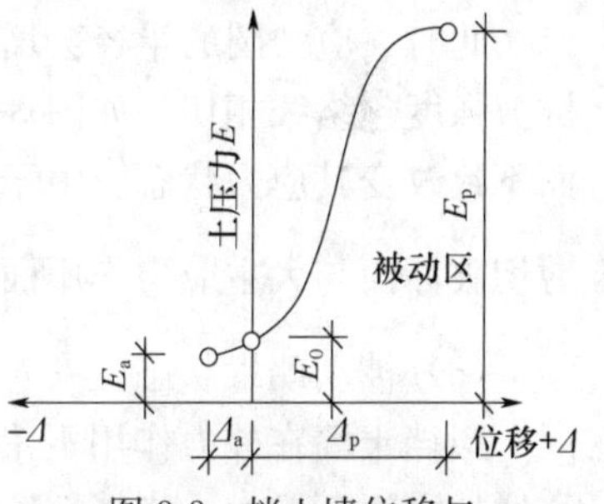

图 3-3　挡土墙位移与三种土压力的关系

3.1.3　土压力的基本原理

土压力的计算是一个比较复杂的问题。实验研究表明，影响土压力大小的因素主要有墙身的位移、填土的性质、墙体的截面刚度、地基的土质等。在设计中通常采用朗肯土压力理论或库仑土压力理论，通过修正、简化来确定土压力。

1. 朗肯土压力理论

朗肯土压力理论是根据半空间的应力状态和土的极限平衡条件而得出的土压力计算方法。其基本假设为：土体为半空间弹性体；不考虑挡土墙及回填土的施工因素；挡土墙墙背竖直（$\alpha=0$）、光滑（$\delta=0$）、填土面水平（$\beta=0$）无超载。根据这些假设，墙背与填土之间无摩擦力，因而无剪应力，即墙背为主应力面。

（1）弹性静止状态

当挡土墙无位移时，墙后土体处于弹性平衡状态，墙背竖直面和水平面均无剪应力的存在，作用在墙背上的应力状态与弹性半空间土体应力状态相同，如图 3-4（b）所示。

距离填土面向下 z 处，取出一单元体，其上作用的应力状态为：

竖向应力：$\sigma_z=\gamma z=\sigma_1$

水平应力：$\sigma_x=K_0\gamma z=\sigma_3$

式中：K_0——静止土压力系数，是土体水平应力与竖向应力的比值；

γ——墙后填土的重度，kN/m^3；

σ_1——最大主应力，kN/m^2；

σ_3——最小主应力，kN/m^2。

用 σ_1 和 σ_3 做成的摩尔应力圆与土的抗剪强度曲线不相交，如图 3-5 中的圆Ⅰ所示。

$K_0=1-\sin\varphi'<1$，φ'为土的有效内摩擦角（内摩擦角——土体中颗粒间相互移动和胶合作用形成的摩擦特性，它反映散粒物料间摩擦特性和抗剪强度）。

（2）主动朗肯状态

当挡土墙离开土体向背离墙背方向移动时，墙后土体有伸展趋势，则单元土体在水平截面上的法向应力（竖直应力）σ_z 不变而竖直截面上的法向应力（水平应力）σ_x 逐渐减小，随着挡土墙位移减小，土体达到主动极限平衡状态，此时水平应力 σ_x 达到最低值 σ_a，称为主动土压力强度，为小主应力，而 σ_z 较 σ_x 大，为大主应力，如图 3-4（a）所示。

竖向应力：$\sigma_z=\gamma z=$常数$=\sigma_1$

水平应力：$\sigma_x=\sigma_a=\sigma_3$

此时，应力圆的半径会增大，直到土体达到极限平衡状态，σ_1 和 σ_3 的摩尔应力圆与抗剪强度包络线相切，如图 3-5 中的圆Ⅱ所示。若土体继续伸展，则只能造成塑性流动，而不致改变其应力状态。由于土体处于主动朗肯状态时大主应力所作用的面是水平面，故剪切破坏面与大主应力作用面的夹角为 $45°+\frac{\varphi}{2}$（φ 为土的内摩擦角）。

（3）被动朗肯状态

当挡土墙在外力作用下沿水平方向挤压土体时，σ_z 仍不发生变化，σ_x 随着挡土墙位移增加而逐渐增大，当挡土墙挤压土体使其达到被动极限平衡状态，此时水平应力 σ_x 超过竖向应力 σ_z 达到最大值 σ_p，σ_p 称为被动土压力强度，为大主应力，而 σ_z 较 σ_x 小，为小主应力，如图 3-4（c）所示。

竖向应力：$\sigma_z=\gamma z=$常数$=\sigma_3$

水平应力：$\sigma_x=\sigma_p=\sigma_1$

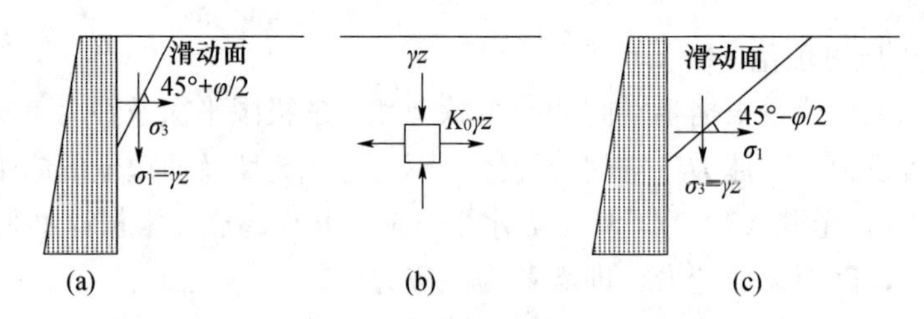

图 3-4　弹性半空间体的极限平衡状态

（a）主动朗肯状态；（b）弹性静止状态；（c）被动朗肯状态

此时，σ_1 和 σ_3 的摩尔应力圆与抗剪强度包络线相切，摩尔圆如图 3-5 中的圆Ⅲ所示。当土体处于被动朗肯状态时，大主应力的作用面是竖直面，故剪切破坏面与小主应力作用面的夹角为 $45°-\dfrac{\varphi}{2}$。

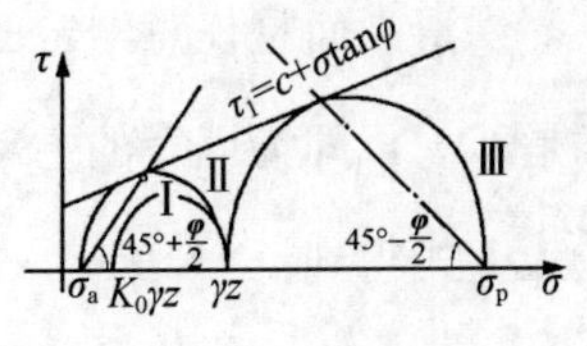

图 3-5　应力摩尔圆表示的朗肯状态

2. 土体极限平衡应力状态

当土体中某点处于极限平衡状态时，由土力学的强度理论可导出大主应力 σ_1 和小主应力 σ_3 应满足的关系式：

黏性土：

$$\begin{aligned}\sigma_1&=\sigma_3\tan^2\left(45°+\frac{\varphi}{2}\right)+2c\cdot\tan\left(45°+\frac{\varphi}{2}\right)\\ \sigma_3&=\sigma_1\tan^2\left(45°-\frac{\varphi}{2}\right)-2c\cdot\tan\left(45°-\frac{\varphi}{2}\right)\end{aligned}\tag{3-2}$$

无黏性土：

$$\begin{aligned}\sigma_1&=\sigma_3\tan^2\left(45°+\frac{\varphi}{2}\right)\\ \sigma_3&=\sigma_1\tan^2\left(45°-\frac{\varphi}{2}\right)\end{aligned}\tag{3-3}$$

3. 库伦土压力理论

库伦土压力理论是根据墙后土体处于极限平衡状态并形成一滑动楔体时，从楔体的静力平衡条件得出的土压力计算理论。其基本假设是：墙后的填土是理想的散粒体（黏聚力 $c=0$）；滑动破坏面为一平面；滑动土楔为一刚性体，本身无变形。库伦土压力理论根据滑动土楔体处于极限平衡状态时，按照静力平衡条件来求解主动土压力和被动土压力。

（1）主动土压力

墙向前移动或转动时，墙后土体沿某一破坏面 BC 破坏，土楔 ABC 处于主动极限平衡状态。土楔受力情况：①土楔自重 $W=\gamma\triangle ABC$；②破坏面 BC 上的反力 R，大小未知，方向与破坏面法线方向夹角为 φ；③墙背对土楔的反力 E，大小未知，方向与墙背法线夹角为 δ。土楔在三力作用下达到静力平衡（图 3-6）：

$$E_a=W\frac{\sin(\theta-\varphi)}{\sin(\theta-\varphi+\psi)}\quad(\psi=90°-\alpha-\delta)\tag{3-4}$$

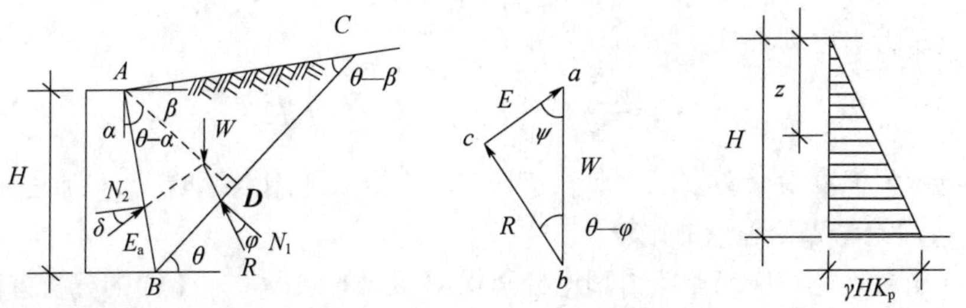

图 3-6　库伦主动土压力计算图

滑裂面是任意给定的，不同滑裂面得到一系列土压力 E，E 是 θ 的函数，E 的最大值是 E_{max}，即为墙背的主动土压力 E_a，所对应的滑动面即是最危险的滑动面，$\frac{dE}{d\theta}=0\Rightarrow\theta$ 带入上式得到：

$$E_a=\frac{1}{2}\gamma H^2\frac{\cos^2(\varphi-\alpha)}{\cos^2\alpha\cos(\alpha+\delta)\left[1+\sqrt{\frac{\sin(\varphi+\delta)\sin(\varphi-\beta)^2}{\cos(\alpha+\delta)\cos(\alpha-\beta)}}\right]^2}=\frac{1}{2}\gamma H^2K_a \tag{3-5}$$

沿墙高 z 的主动土压力强度 σ_a 为：

$$\sigma_a=\frac{dE_a}{dz}=\frac{d}{dz}\left(\frac{1}{2}\gamma z^2K_a\right)=\gamma zK_a \tag{3-6}$$

主动土压力强度沿墙高呈三角形分布，主动土压力作用点距墙底 $H/3$ 处，方向与墙背法线呈 δ 夹角。

（2）被动土压力

当墙体向后、向上滑动时，此时楔体向上滑动，故在墙面和滑面上所受的摩擦力向下，相应的 E_p、R_p 在法线之上，由土楔体的平衡得（图 3-7）：

$$E_p=W\frac{\sin(\theta+\varphi)}{\sin(\theta+\varphi+\psi)}\quad(\psi=90°-\alpha+\delta) \tag{3-7}$$

在所有可能的滑动面中，使 E_p 为最小值的滑面是真正的滑面，由 $\frac{dE}{d\theta}=0\Rightarrow\theta$ 带入上式得到：

$$E_p=\frac{1}{2}\gamma H^2\frac{\cos^2(\varphi+\alpha)}{\cos^2\alpha\cos(\alpha-\delta)\left[1+\sqrt{\frac{\sin(\varphi+\delta)\sin(\varphi+\beta)^2}{\cos(\alpha-\delta)\cos(\alpha-\beta)}}\right]^2}=\frac{1}{2}\gamma H^2K_p \tag{3-8}$$

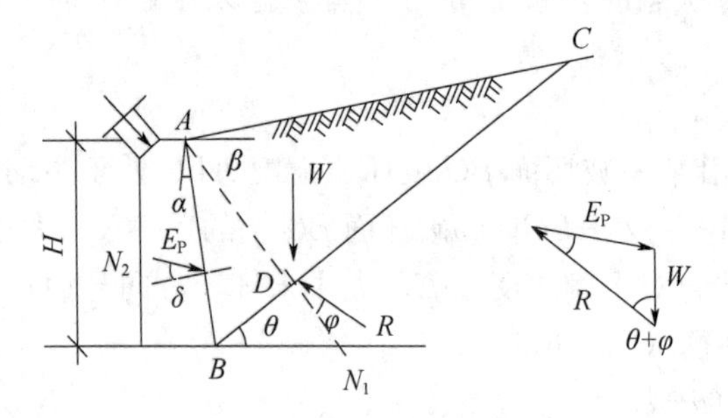

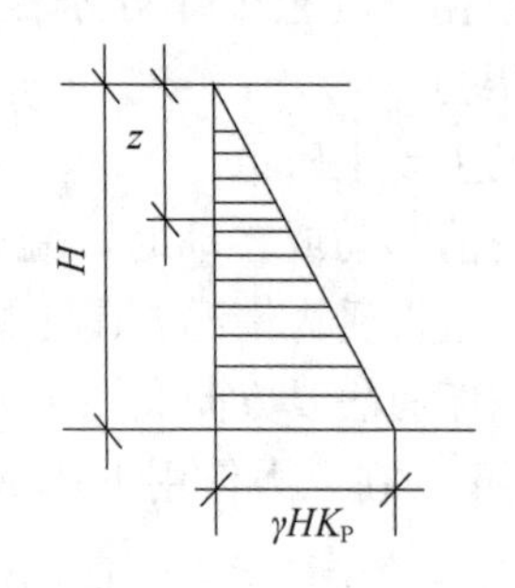

图 3-7　库伦被动土压力计算图

被动土压力强度为：

$$\sigma_p=\frac{dE_p}{dz}=\frac{d}{dz}\left(\frac{1}{2}\gamma z^2K_p\right)=\gamma zK_p \tag{3-9}$$

主动土压力强度沿墙高呈三角形分布，主动土压力作用点距墙底 $H/3$ 处。

4. 朗肯理论与库伦理论的比较

朗肯土压力理论和库伦土压力理论分别根据不同的假设，以不同的分析方法计算土压力，只有在最简单的情况下：墙背竖直（$\alpha=0$）、填土水平（$\beta=0$）、墙背光滑（$\delta=0$），摩擦角为 0 时，这两种理论的计算结果才相同，否则便得出不同的结果。

朗肯土压力理论和库伦土压力理论计算土压力的方法存在较大差别。朗肯土压力理论以土体平衡状态为基础，先求出土压力强度，再计算作用在墙背上总的土压力；而库伦土压力理论是以墙背和滑裂面之间的土楔体为研究对象，土楔体处于平衡状态时用静力平衡条件先求作用在墙背上总的土压力，再计算土压力强度大小。

朗肯土压力理论应用半空间中的应力状态和极限平衡理论的概念比较明确，公式简单，便于记忆，对于黏性土和无黏性土都可以用该公式直接计算，故在工程中得到广泛应用，但只能得到理想简单边界条件下的结果。为了使墙后的应力状态符合半空间的应力状态，牛顿假定墙背是直立光滑的，填土面是水平的，因而其使用范围受到限制并由于该理论忽略了墙背与填土之间摩擦的影响，使计算的主动土压力值偏大，而计算的被动土压力值偏小。

库伦土压力理论是一种简化理论，适用于较为复杂的各种实际边界条件，在一定范围内能得到较为满意的结果。库伦土压力理论根据墙后滑动土楔的静力平衡条件推导出土压力计算公式，考虑了墙背与土之间的摩擦力，并可用于墙背倾斜、填土面倾斜的情况，但由于该理论假设填土是无黏性土，因此不能用库伦理论的原公式直接计算黏性土的土压力。库伦理论假设墙后填土破坏时，破裂面是一平面，而实际上是一曲面。实验证明，在计算主动土压力时，只有当墙背的斜度不大、墙背与填土间的摩擦角较小时，破裂面才接近于一个平面，因此计算结果与按曲线滑动面计算的有出入。在通常情况下，这种偏差在计算主动土压力时为2%～10%，可以认为已满足实际工程所要求的精度，但在计算被动土压力时，由于破裂面接近于对数螺旋，因此计算结果误差较大，有时可达2～3倍，甚至更大。

3.1.4　土压力的计算

1. 静止土压力

在填土表面以下任意深度 z 处取一微小单元体，其上作用着竖向土体自重，土体在竖直面和水平面均无剪应力，该处的静止土压力强度为：

$$\sigma_0 = K_0 \gamma z \tag{3-10}$$

竖向自重应力

$$\sigma_z = \gamma z, \quad \sigma_0 = K_0 \sigma_z$$

式中：K_0——土的静止土压力系数，又称为侧压力系数，与土的性质、密实程度等因素有关，可近似按（$1-\sin\varphi'$）（φ'为土的有效内摩擦角）计算；

γ——墙后填土的重度，地下水位以下采用有效重度，kN/m^3。

由上式可知，静止土压力与深度成正比，沿墙高呈三角形分布，如图3-8所示。如取单位墙长，则作用在墙上的静止土压力为：

$$E_0 = \frac{1}{2} \gamma H^2 K_0 \tag{3-11}$$

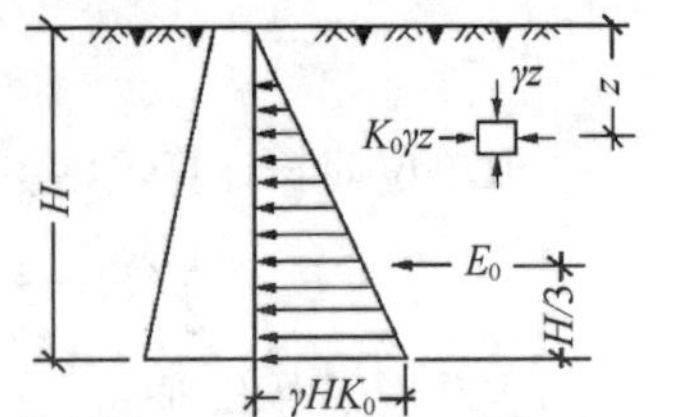

图3-8　静止土压力分布

式中：H——挡土墙高度，m；

E_0——作用在距墙底 $H/3$ 处的压力，kN/m。

2. 主动土压力

假设墙背光滑直立、填土面水平，当挡土墙偏离土体处于主动朗肯状态时，墙背土体

离地表任意深度 z 处的竖向应力为大主应力，水平应力为小主应力，由极限平衡条件式得到主动土压力强度为：

黏性土：
$$\sigma_a=\sigma_x=\gamma zK_a-2c\sqrt{K_a} \tag{3-12}$$
无黏性土：
$$\sigma_a=\gamma zK_a \tag{3-13}$$

式中：K_a——主动土压力系数，$K_a=\tan^2\left(45°-\dfrac{\varphi}{2}\right)$；

φ——填土的内摩擦角；

γ——墙后填土的重度，kN/m³，地下水位以下采用有效重度；

c——填土的黏聚力，kPa，无黏性土，$c=0$；

z——所计算的点离填土面的距离，m。

无黏性土的主动土压力强度与 z 成正比，沿墙高成三角形分布，如图 3-9 所示，取单位墙长计算，则主动土压力为：

$$E_a=\frac{1}{2}\gamma H^2K_a \tag{3-14}$$

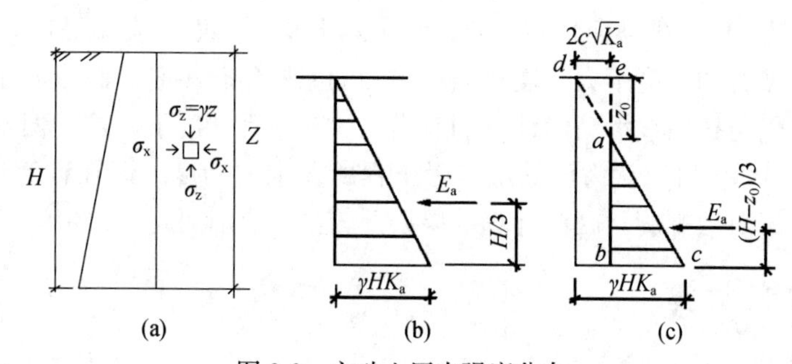

图 3-9　主动土压力强度分布

（a）主动土压力计算；（b）无黏性土；（c）黏性土

E_a 通过三角的形心，作用点离墙底 $H/3$ 处，如图 3-9（b）所示。黏性土的主动土压力包括两部分：一部分是由土自重引起的土压力 γzK_a；另一部分是由黏聚力 c 引起的负侧压力 $2c\sqrt{K_a}$，这两部分应力叠加的结果，如图 3-9（c）所示。其中三角形 ade 部分是负侧压力，对墙背是拉力，由于土和结构之间抗拉强度很低，墙与土在很小的拉力作用下就会分离，计算土压力时，该部分略去不计，黏性土的土压力分布实际上仅有 abc 部分。

a 点离填土面的深度 z_0 称为临界深度。令式（3-12）等于零，得：

$$z_0=\frac{2c}{\gamma\sqrt{K_a}} \tag{3-15}$$

取单位墙长计算，则主动土压力为：

$$E_a=\frac{1}{2}(H-z_0)(\gamma HK_a-2c\sqrt{K_a})=\frac{1}{2}\gamma H^2K_a-2cH\sqrt{K_a}+\frac{2c^2}{\gamma} \tag{3-16}$$

主动土压力 E_a 通过三角形压力分布图 abc 的形心，其作用点在离墙底（$H-z_0$）/3 处。

3. 被动土压力

当挡土墙在外力作用下挤压土体出现被动朗肯状态时，墙背填土离地任意深度 z 处的竖向应力 σ_z 为最小主应力 σ_3，水平应力 σ_P 为大主应力 σ_1。由极限平衡条件式得到被动土压力强度为：

黏性土：
$$\sigma_P=\gamma zK_P+2c\sqrt{K_P} \tag{3-17}$$
无黏性土：
$$\sigma_P=\gamma zK_P \tag{3-18}$$

式中：K_P——被动土压力系数，$K_P=\tan^2\left(45°+\dfrac{\varphi}{2}\right)$；

黏性土的 σ_P 由两部分组成，土自重引起的土压力 γzK_P 和黏聚力 c 引起的侧压力 $2c\sqrt{K_P}$，这个侧压力是一种正应力，在计算中应考虑。

无黏性土的被动土压力强度与 z 成正比，并沿墙高成三角形分布；黏性土的被动土压力强度呈梯形分布，如图 3-10 所示。如取单位墙长，则被动土压力为：

黏性土：
$$E_P=\frac{1}{2}\gamma H^2K_P+2cH\sqrt{K_P} \tag{3-19}$$

无黏性土：
$$E_P=\frac{1}{2}\gamma H^2K_P \tag{3-20}$$

被动土压力 E_P 通过三角形或梯形压力分布图的形心，可通过一次求矩得到其作用点在离墙底$\dfrac{1}{3}H\cdot\dfrac{6c\sqrt{K_P}+\gamma HK_P}{\gamma HK_P+4c\sqrt{K_P}}$处。

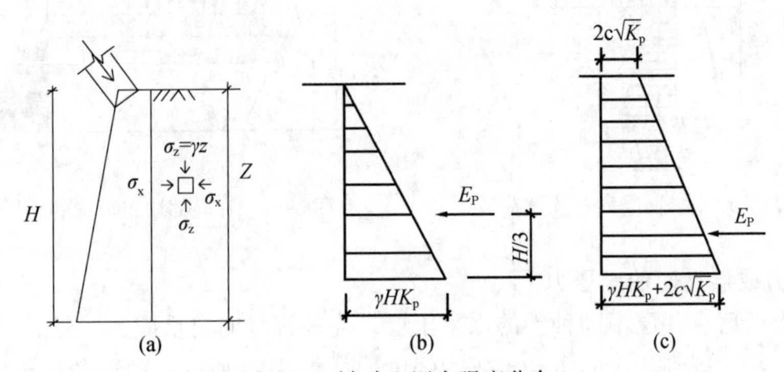

图 3-10 被动土压力强度分布

(a) 被动土压力计算；(b) 无黏性土；(c) 黏性土

3.1.5 工程中挡土墙土压力计算

1. 填土表面受均布荷载

当挡土墙后填土表面有连续均布荷载 q 作用时，可将均布荷载换算成当量土重，即用假想的土重代替均布荷载。当填土面水平时，当量的土层厚度为 h，则
$$h=\frac{q}{\gamma} \tag{3-21}$$

式中：q——均布荷载强度，kN/m²；

γ——填土的重度，kN/m³。

然后再以（$H+h$）为墙高，按填土面无荷载情况计算土压力。若填土为无黏性土，填土面 a 点的土压力强度，按朗肯土压力理论为：
$$\sigma_{aa}=\gamma hK_a=qK_a \tag{3-22}$$
墙底 b 点的土压力强度为：
$$\sigma_{ab}=\gamma(H+h)K_a=(q+\gamma H)K_a \tag{3-23}$$

土压力分布如图 3-11 所示，实际的土压力分布图为梯形 $abcd$ 部分，土压力作用点在梯形的重心。由上可知，当填土面上有均布荷载时，其土压力强度比无均布荷载时增加一项 qK_a。

2. 填土表面有局部均布荷载时的土压力

若填土表面上的均布荷载不是连续分布的，而是从墙背后某一距离开始的，如图 3-12 所示。在这种情况下，土压力计算从理论上应按以下步骤进行：

自均布荷载的起点 o 作两条辅助线 oa、ob，oa 与水平面夹角为 φ，ob 与填土破坏面平行，与水平面的夹角 θ 可近似采用$\left(45°+\dfrac{\varphi}{2}\right)$，$oa$、$ob$ 分别交墙背于 a 点和 b 点。可以认为 a 点以上的土压力不受表面均布荷载的影响，按无荷载情况计算，b 点以下的土压力则按连续均布荷载情况计算，a 点和 b 点间的土压力以直线连接，沿墙背面 AB 上的土压力分布如图中阴影所示。阴影部分的面积就是总的主动土压力的大小，其作用在阴影部分的形心处。

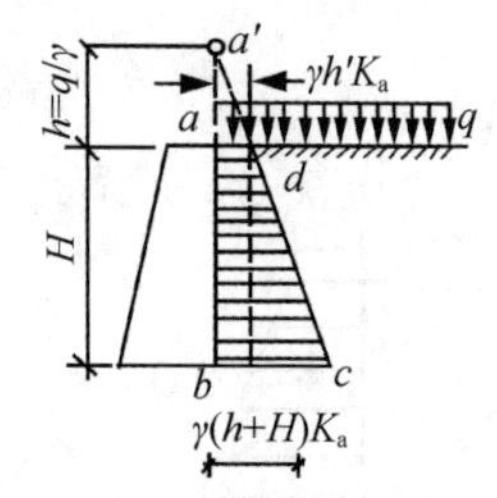

图 3-11　填土表面受均布连续荷载

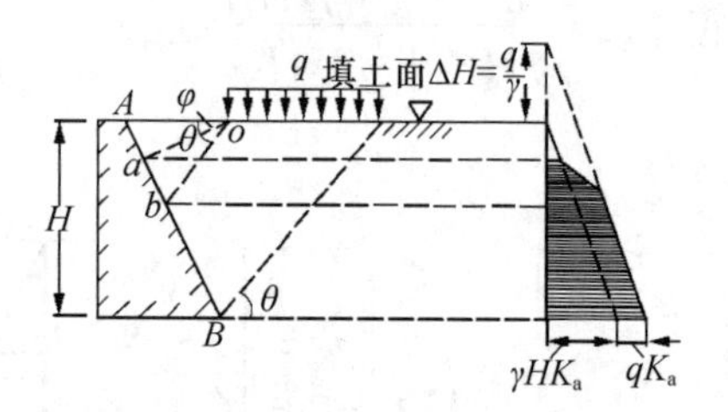

图 3-12　有局部均布荷载的土压力

3. 填土为成层土时的土压力

如果挡土墙后有几层不同种类的水平土层，先计算竖向自重应力，然后乘以该土层的主动土压力系数，得到相应的主动土压力强度，如图 3-13 所示。由于各层土的性质不同，各层土的土压力系数也不同。当为无黏性土时可导出挡土墙后主动土压力强度为：

A 点：$\sigma_{aA}=0$

B 点上截面：$\sigma_{aB上}=\gamma_1 h_1 K_{a1}$

B 点下截面：$\sigma_{aB下}=\gamma_1 h_1 K_{a2}$

C 点上截面：$\sigma_{aC上}=(\gamma_1 h_1+\gamma_2 h_2)K_{a2}$

C 点下截面：$\sigma_{aC下}=(\gamma_1 h_1+\gamma_2 h_2)K_{a3}$

D 点：$\sigma_{aD}=(\gamma_1 h_1+\gamma_2 h_2+\gamma_3 h_3)K_{a3}$

在两层土的交界处因上下土层土质指标不同，土压力大小也不同，土压力强度分布出现突变。

4. 填土有地下水时的土压力

挡土墙后填土常因排水不畅部分或全部处于地下水位以下，导致墙后填土含水量增加。黏性土随含水量的增加，墙背土压力增大，抗剪强度降低，因此挡土墙应该有良好的排水措施。无黏性土浸水后抗剪强度下降很小，工程上一般忽略不计，即不考虑地下水对抗剪强度的影响。

当墙后填土有地下水时，作用在墙背上的侧压力包括土压力和水压力两部分，地下水位以下土的重度应取有效重度，并应计入地下水对挡土墙产生的静水压力，因此作用在墙背上总的侧向压力为土压力和水压力之和，作用点在合力分布图形的形心处。图 3-14 中 $abdec$ 为土压力分布图，而 cef 为水压力分布图，图示各点处的土压力及水压力见表 3-1。

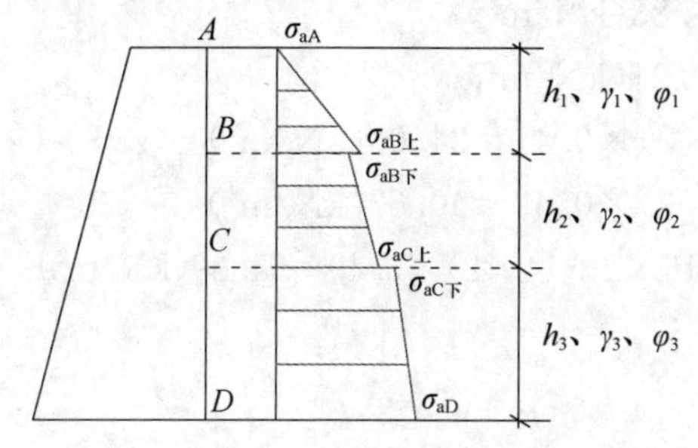

图 3-13　填土为成层土时的土压力

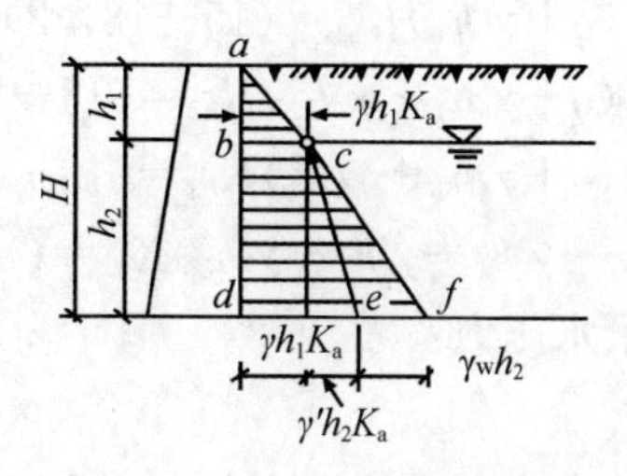

图 3-14　填土中有地下水时的土压力计算

表 3-1　土压力及水压力数值

土压力强度	水压力强度
$\sigma_{aa}=0$	—
$\sigma_{ac}=\gamma h_1 K_a$	$\sigma_{wc}=0$
$\sigma_{ae}=\gamma h_1 K_a+\gamma' h_2 K_a$	$\sigma_{wf}=\gamma_w h_2$

【例 3-1】已知某挡土墙，墙背竖直、光滑、填土面水平，墙顶表面有均布荷载 $q=15\text{kN/m}^2$，填土分为三层，且墙后填土有地下水，各层填土的性质指标如图 3-15 所示，试求此挡土墙后主动土压力强度及总侧压力的大小。

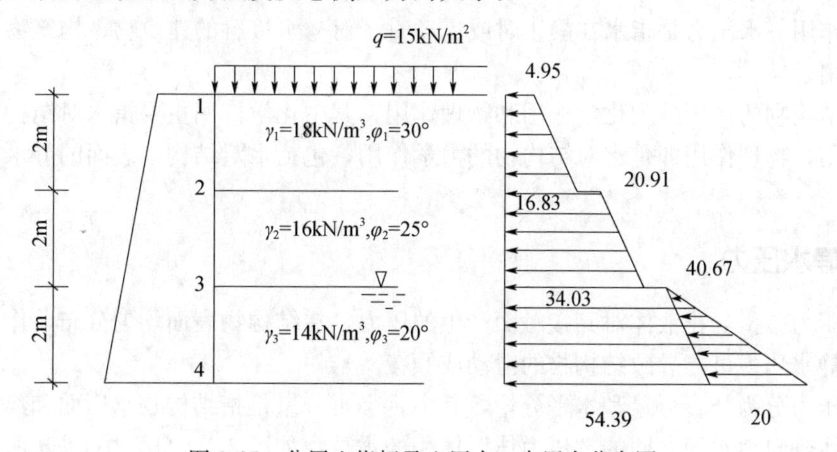

图 3-15　分层土指标及土压力、水压力分布图

解：(1) 求各土层土压力系数：

$$K_{a1}=\tan^2\left(45°-\frac{\varphi_1}{2}\right)=\tan^2\left(45°-\frac{30°}{2}\right)=0.33$$

$$K_{a2}=\tan^2\left(45°-\frac{\varphi_2}{2}\right)=\tan^2\left(45°-\frac{25°}{2}\right)=0.41$$

$$K_{a3}=\tan^2\left(45°-\frac{\varphi_3}{2}\right)=\tan^2\left(45°-\frac{20°}{2}\right)=0.49$$

(2) 求土压力

挡土墙后填土分层界面分别以 1、2、3、4 标记，则各界面处的主动土压力强度为：

$\sigma_{a1}=qK_{a1}=15\times0.33=4.95(\mathrm{kN/m^2})$

$\sigma_{a2上}=(q+\gamma_1 h_1)K_{a1}=(15+18\times2)\times0.33=16.83(\mathrm{kN/m^2})$

$\sigma_{a2下}=(q+\gamma_1 h_1)K_{a2}=(15+18\times2)\times0.41=20.91(\mathrm{kN/m^2})$

$\sigma_{a3上}=(q+\gamma_1 h_1+\gamma_2 h_2)K_{a2}=(15+18\times2+16\times2)\times0.41=34.03(\mathrm{kN/m^2})$

$\sigma_{a3下}=(q+\gamma_1 h_1+\gamma_2 h_2)K_{a3}=(15+18\times2+16\times2)\times0.49=40.67(\mathrm{kN/m^2})$

$\sigma_{a4}=(q+\gamma_1 h_1+\gamma_2 h_2+\gamma_3 h_3)K_{a3}=(15+18\times2+16\times2+14\times2)\times0.49=54.39(\mathrm{kN/m^2})$

(3) 求水压力

$\sigma_{w3}=0$

$\sigma_{w4}=\gamma_w h_3=10\times2=20(\mathrm{kN/m^2})$

(4) 求总侧压力

$$E=E_a+E_w=\frac{1}{2}\times(4.95+16.83)\times2+\frac{1}{2}\times(20.91+34.03)\times2+\frac{1}{2}\times(40.67+54.39)\times2+\frac{1}{2}\times20\times2$$

$$=191.78(\mathrm{kN/m})$$

3.2 水压力及流水压力

在实际工程中，设计和建造堤坝、水闸、桥墩和码头时，需要考虑水对结构物表面产生的压力作用。水压力是指水在静止时或流动时，对与水接触的建筑物、构筑物表面产生的法向作用。

水对结构物的作用分为化学作用和物理作用，其中化学作用主要指水对结构物的腐蚀或侵蚀作用，物理作用即是水对结构物的力学作用，包括水对结构物表面的静水压力和动水压力。

3.2.1 静水压力

静水压力是指静止液体对其接触面产生的压力，在结构物表面均匀分布，作用在结构物侧面的静水压力可能导致结构物的滑动或倾覆。

静水压力分为竖直分量和水平分量，其中，竖直分量是指结构物承压面和经过承压面底部的母线到自由水面之间的“压力体”体积的水重，如图 3-16（b）中 *abcd* 所示。根据定义，其单位厚度上的水压力为：

$$W=\iint 1\cdot\gamma_w \mathrm{d}x\mathrm{d}y \tag{3-24}$$

式中：γ_w——水的重度，$\mathrm{kN/m^3}$。

静水压力的水平分量和水深成直线关系［图 3-16（a）］。静止液体任意点的压强由两部分组成：一部分是液体表面压强，另一部分是液体内部压强。在重力作用下，静止液体中任一点的静水压强 p 等于液面压强 p_0 加上该点在液面以下深度 h 与液体重度 γ 的乘积，即任意点静水压强可用静止液体的基本方程表示：

$$p=p_0+\gamma h \tag{3-25}$$

说明，静止液体某点的压强 p 与该点在液面以下的深度成正比。

一般情况下，液体表面与大气接触，其表面压强即为大气压强。由于液体性质受大气影响不大，水面及挡水结构物周围都有大气压力作用，处于相互平衡状态，在确定液体压强时常以大气压强为基准点。以大气压强为基准起算的压强称为相对压强，工程中计算水压力作用时，只考虑相对压强。液体内部压强与深度成正比，可表示为：

$$p=\gamma_w h \tag{3-26}$$

式中：p——自由水面下作用在结构物任一点的压强，Pa；

h——结构物上的水压强计算点到水面的距离，m。

静水压力属于各向等压力，且随水深按比例增加与水深呈线性关系，并总是作用在结构物表面的法线方向。水压力分布与受压面形状有关，受压面是平面时，水压分布图的外包线为直线；受压面是曲面时，水压分布图的外包线为曲面，但曲面的长度与水深不呈直线函数关系。图 3-16 列出了常见的受压面的压强分布规律。

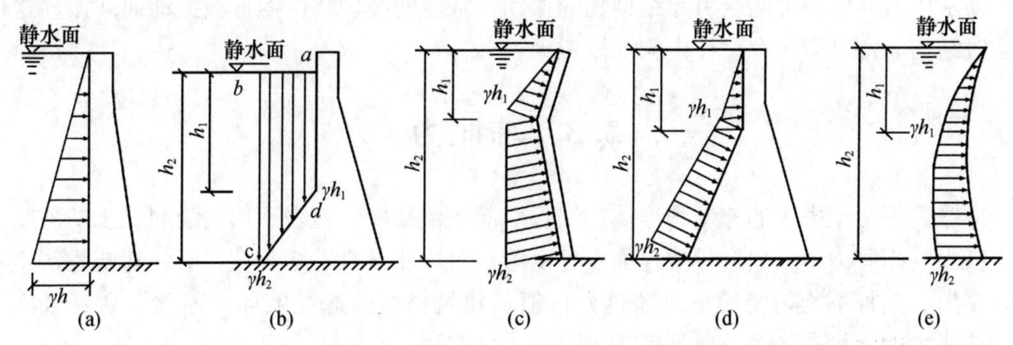

图 3-16　静水压力在结构物上的分布

（a）受压面为垂直平面；（b）水压力的竖向分力；（c）受压面为内折平面；（d）受压面为外折平面；（e）受压面为曲线平面

静水压力具有两个特点：一是静水压力垂直于作用面，并指向作用面内部；二是静止液体中任一点处，各方向的静水压力都相等，与作用面的方位无关。

3.2.2　流水压力

当水流过结构物表面时，会对结构物产生切应力和正应力。切应力与水流方向一致，且只有在水高速流动时才表现出来。正应力是由于水的重量和水的流速方向发生改变而产生，当水流过结构物时，水流的方向会因结构物的阻碍而改变，在一般的荷载计算中，考虑较多的是水流对结构物产生的正应力。

结构物表面某点的正应力包含了静水压力和流水引起的动水压力两部分：

$$p=p_s+p_d \tag{3-27}$$

式中：p_s——静水压力，Pa；

p_d——瞬时动水压力，Pa。

瞬时的动水压力为时段平均动压力和脉动压力之和，则上式可写为：

$$p=p_s+\overline{p}_d+p' \tag{3-28}$$

式中：$\overline{p}_d$——时段平均动压力，Pa；

p'——脉动压力，Pa。

其中：

$$\overline{p}_d = C_p \rho \frac{v^2}{2} \tag{3-29}$$

$$p' = \delta \rho \frac{v^2}{2} \tag{3-30}$$

式中：C_p——压力系数，可用半经验公式或直接由室内试验确定；

δ——脉动系数；

ρ——水的密度，kg/m^3；

v——水的平均流速，m/s。

脉动压力是随时间变化的随机变量，需要用统计学方法来描述其脉动过程。

作用于结构物上的总动水压力（按面积 A 取平均值）：

$$W = A \cdot p_d = A(\overline{p}_d \pm p') \tag{3-31}$$

动水压力的作用可能会引起结构物的振动，甚至使结构物产生自激振动或共振，这种振动对结构非常有害，在设计中应加以考虑。

3.3 冻胀力

冻胀是由于土中水的冻结和冰体的增长引起土体膨胀、地表不均匀隆起。土的冻胀会产生极大的冻胀力，一般会导致地面发生变形，且冻胀具有不均匀性，会使建筑物产生不均匀变形，这种不均匀变形一旦超过允许值，建筑物就会遭受破坏。因此，在寒区冻土区，冻胀力的计算是一个重要环节。

3.3.1 冻土的概念、性质及与结构物的关系

1. 冻土的概念

含有水分的土体温度降低到0℃和0℃以下时，土中孔隙水冻结成冰，且伴随有析冰（晶）体的产生，并将松散的土颗粒胶结在一起而形成冻土，因此把具有负温度或零温度，其中含有冰，且胶结着松散固体颗粒的土体称为冻土。

冻土按冻结状态持续时间长短分为三类：

多年冻土（或称永冻土）——冻结状态持续两年及以上的土层，此类型冻土面积约占全国总面积的22.4%，主要分布于青藏高原和东北大小兴安岭，在东部和西部地区一些高山顶部也有分布。

季节冻土——每年冬季冻结，夏季全部融化的土层，它是每年发生的周期性冻土，约占全国总面积的54%。

瞬时冻土——冬季冻结状态仅持续几个小时至数日的土层，冻结深度从几毫米至几十毫米。

2. 冻土的性质

冻土是一种复杂的多相天然复合体，冻土的基本成分有固态的土颗粒、冰、液态水、气体和水汽。冻土结构构造属于非均质、各相异性的多孔介质。

3. 季节冻土与结构物的关系

瞬时冻土由于存在的时间很短，冻深很浅，对结构基础工程的影响很小，一般很少讨论。每年冬季冻结，夏季融化的地表（浅层土体），在多年冻土地区称为季节融化层，在季节冻土地区称为季节冻结层（即季节冻土层）。

季节冻土与结构物的关系非常密切，在季节冻土地区修建的结构物，由于土的冻胀作用而造成各种不同程度的冻胀破坏。主要表现在冬季低温时，结构物冻胀破坏开裂、断裂，严重者造成结构物倾覆等；春融期间地基沉降，对结构产生形变作用的附加荷载。

3.3.2　土的冻胀原理

冰与土颗粒之间的胶结程度及其性质是评价冻土性质的重要因素。当冻土被作为结构物的地基或材料时，冻土的含冰量及其所处的物理状态尤为重要。土体的冻胀及其特性既受到土颗粒大小的影响，也受到土颗粒外形的影响。

土冻胀三要素为水分、土质和负温度，即土中含有足够的水分；水结晶成冰后能导致土颗粒发生位移；有能够使水变成冰的负温度。

土中水分冻结成冰，并形成冰层、冰透镜体、多晶体冰晶等形式的冰侵入体，引起土颗粒间的相对位移，使土体积产生不同程度的扩胀现象。

在封闭体系中，土体中水分冻结形成冰，冰的入侵引起土体颗粒的位移从而造成土体积不均匀膨胀，产生向四周扩张的内应力，这个力即是冻胀力。冻胀力随着土体温度的变化而变化，含水量越大，地下水位越高，冻胀程度越大。建造在冻胀土上的结构物，相当于对地基的冻胀变形施加了约束，使得地基土不能自由膨胀产生冻胀力，地基的冻胀力作用在结构物基础上时，就会引起结构发生变形产生内力。

3.3.3　冻胀力的分类

根据冻胀力对结构物的不同作用方向和作用效果，将冻胀力分为切向冻胀力、法向冻胀力和水平冻胀力，如图 3-17 所示。切向冻胀力 τ_d 平行作用于结构基础侧表面，通过基础与冻土之间的冻结强度，使基础随着土体的冻胀变形而产生向上的拔力；法向冻胀力 σ_{fh} 垂直作用于基础底面，为把基础向上抬起的冻结力；水平冻胀力 σ_{h_0} 垂直作用于基础或结构侧表面，对基础产生水平方向的挤压力或推力，使基础产生水平方向的位移。

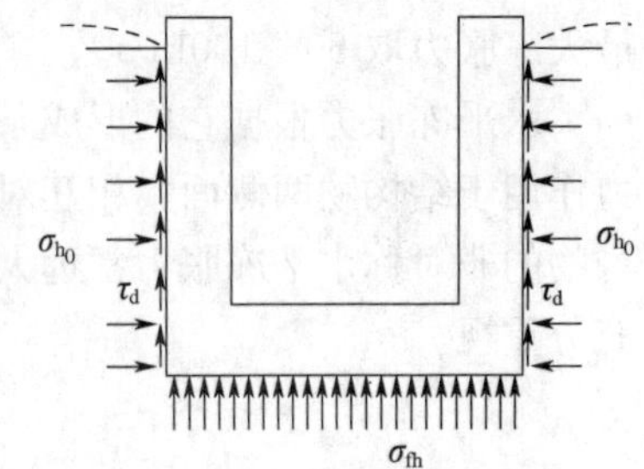

图 3-17　作用在结构物基础上的冻胀力分类图

3.3.4　冻胀力的计算

1. 切向冻胀力 τ_d 的计算

切向冻胀力作用于基础侧表面，因此基础侧表面的粗糙程度会影响其大小。切向冻胀力一般按照单位切向冻胀力取值。单位切向冻胀力有两种取值方法：一种是平均单位切向冻胀力，以单位面积上的平均切向冻胀力取值；另一种是相对平均单位切向冻胀力，以单位周长上的平均切向冻胀力取值。目前，我国和大多数国家都采用第一种取值方法，即采用平均单位切向冻胀力计算：

$$T=\sum_{i=1}^{n}\tau_{di}A_{ti} \tag{3-32}$$

式中：T——总的切向冻胀力，kN；

τ_{di}——第 i 层土中单位切向冻胀力，kPa，可按表 3-2 选取；

A_{ti}——与第 i 层土冻结在一起的基侧表面积，m^2；

n——设计冻深内的土层数。

表 3-2　单位切向冻胀力（kPa）

土类 \ 冻胀性分类	弱冻胀	冻胀	强冻胀	特强冻胀
黏性土、粉土	30～60	60～80	80～120	120～150
砂土、砾（碎）石（黏粉粒含量>15%）	<10	20～30	40～80	90～200

2. 法向冻胀力 σ_{fh} 的计算

影响法向冻胀力的因素比较复杂，如冻土的各种特性、冻结程度、土质条件、冻土层底下未冻土的压缩性、作用于冻土层上的外部压力、结构物抗变形能力等，且随影响因素的变化而变化，因此法向冻胀力应以实测数据为准。

根据冻胀力与冻胀率成正比的关系，有如下经验公式：

$$\sigma_{fh}=\eta E \tag{3-33}$$

式中：σ_{fh}——法向冻胀力，kPa；

η——冻胀率，可按《建筑地基基础设计规范》（GB 50007—2011）表 G.0.1 取值；

E——冻土压缩模量，kPa。

3. 水平冻胀力 σ_{h_0} 的计算

影响水平冻胀力的因素有土的冻胀性、墙体对冻胀的约束程度、冻土的含水量等。水平冻胀力的计算至今还没有确定的计算公式，大多是基于现场或室内测试给出的经验值。我国铁道部科学研究院西北研究所建议：细粒土的最大冻胀力取 100～150kPa；粗粒土的最大冻胀力取 50～100kPa。

水平冻胀力根据它的形成条件和作用特点可分为对称和非对称两种，对称性水平冻胀力作用于结构物两侧面，相互对称，相互平衡，因而对结构稳定性不产生影响。作用于结构物的非对称水平冻胀力常远大于主动土压力，影响建筑物的稳定性，因此设计时应引起充分重视。

思考题

1. 什么是土的侧向压力？有哪几类？各是如何产生的？
2. 土压力如何计算？
3. 试比较朗肯土压力理论和库伦土压力理论的异同？
4. 什么是静水压力？什么是动水压力？工程中如何考虑？
5. 简述土的冻胀原理。

第4章　风荷载

4.1　风的有关知识

4.1.1　风的形成

对于一般建筑物，风并不是经常作用的，因而就统计学意义来说，风荷载是偶然性的气象荷载，是随机变量。

风是由于大气中存在压力差而形成的。由于太阳对地球各处辐射程度和大气升温的不均衡性，在地球上的不同地区，距地球相同高度的两点之间产生大气压力差，空气从气压大的地方向气压小的地方流动就形成了风。简单来说，空气流动的原因就是地表上不同点之间存在气压差或压力梯度。

地球是一个球体，阳光辐射到地球上的能量随地球纬度不同而存在差异。赤道和低纬度地区，受热量较多、气温高、空气密度小、气压低，且大气因加热膨胀，由表面向高空上升；极地和高纬度地区，受热量较少、气温低、空气密度大、气压高，且大气因冷却收缩，由高空向地表上升，这样就形成全球性南北向环流。

4.1.2　两类性质的大风

我国建筑物、构筑物设计主要考虑台风和季风的影响。

1. 台风

台风是大气环流中的组成部分，它是发生在热带洋面上的极速旋转的低压气旋，是一种强大而深厚的热带天气系统，台风经过时常伴有大风和暴雨或特大暴雨等强对流天气，风向在北半球地区呈逆时针方向旋转。在天气图上，等压线和等温线近似为一组同心圆。台风中心为低压中心，以气流的垂直运动为主，风平浪静，天气晴朗；台风眼附近为漩涡风雨区，风大雨大。

台风发源于热带海面，那里温度高，大量的海水被蒸发到了空中，形成一个低气压中心。随着气压的变化和地球自身的运动，流入的空气也旋转起来，形成一个逆时针旋转的空气漩涡，这就是热带气旋。只要气温不下降，这个热带气旋就会越来越强大，最后形成了台风。

台风按热带气旋中心附近最大风力的大小进行分级。我国采用国际统一分级方法，近中心最大风力在8～9级时称为热带风暴，近中心最大风力在10～11级时称为强热带风

暴，近中心最大风力在12级或12级以上时称为台风。出于习惯和方便的考虑都统称为台风。

台风过境时常常带来狂风暴雨天气，引起海面巨浪，严重威胁航海安全。台风登陆后带来的风暴增水可能摧毁庄稼、各种建筑设施等，造成人民生命、财产的巨大损失。台风主要影响我国东部沿海地区，因而这类地区的风荷载往往是设计工程结构的主要控制荷载。图4-1为被大风毁成碎片的美国弗罗里达州彭萨科拉市附近的一座大桥和被摧毁的房屋。

图4-1　大风摧毁桥梁及房屋

2. 季风

季风是由于地表性质不同，对热的反应也不同所引起的。由于大陆和海洋在一年之中增热和冷却程度不同，在大陆和海洋之间大范围的风向随季节有规律改变的风，称为季风。形成季风最根本的原因，是地球表面性质不同，热力反应的差异。季风分为夏季风和冬季风。

季风形成的原因，主要是海陆间热力环流的季节变化。夏季大陆增热比海洋剧烈，气压随高度变化慢于海洋上空，所以到一定高度，就产生从大陆指向海洋的水平气压梯度，空气由大陆吹向海洋，海洋上形成高压，大陆形成低压，空气从海洋吹向大陆，形成了与高空方向相反的气流，构成了夏季的季风环流。在我国为东南季风和西南季风。夏季风温暖而湿润。冬季大陆迅速冷却，海洋上温度比陆地要高些，因此大陆为高压，海洋上为低压，低层气流由大陆流向海洋，高层气流由海洋流向大陆，形成冬季的季风环流。在我国为西北季风和东北季风。冬季风十分干冷。

这种风受季节影响较大，故称为季风。亚洲受季风影响非常强烈。

4.1.3　风级

在没有风速仪测定风速的情况下，根据风对地面（或海面）物体的影响程度将风划分为13个等级（蒲福风力等级），风速越大，风级越大。国际上通用的风力等级是英国人蒲福于1805年拟定的，故称为蒲福风力等级，见表4-1，当风级达到7级或7级以上，风对人的正常生活和工程结构造成不便和威胁。

表 4-1 蒲福风力等级表

风力等级	名称	海面浪高（m）		海岸渔船征象	陆地地面无物征象	距地 10m 高处相当风速		
		一般	最高			km/h	mile/h	m/s
0	静风	—	—	静	静、烟直上	<1	<1	0～0.2
1	软风	0.1	0.1	寻常渔船略觉摇动	烟能表示风向，但风向标不能转动	1～5	1～3	0.3～1.5
2	轻风	0.2	0.3	渔船张帆时，可随风移行每小时 2～3km	人面感觉有风，树叶有微响，风向标能转动	6～11	4～6	1.6～3.3
3	微风	0.6	1.0	渔船渐觉簸动，随风移行每小时 5～6km	树叶及微枝摇动不息，旌旗展开	12～19	7～10	3.4～5.4
4	和风	1.0	1.5	渔船满帆时倾于一方	能吹起地面灰尘和纸张，树的小枝摇动	20～28	11～16	5.5～7.9
5	清劲风	2.0	2.5	渔船缩帆	有叶的小树摇摆，内陆的水面有小波	29～38	17～21	8.0～10.7
6	强风	3.0	4.0	渔船加倍缩帆，捕鱼需注意风险	大树枝摇动，电线“呼呼”有声，举伞困难	39～49	22～27	10.8～13.8
7	疾风	4.0	5.5	渔船停息港中，在海上下锚	全树摇动，迎风步行感觉不便	50～61	28～33	13.9～17.1
8	大风	5.5	7.5	近港渔船皆停留不出	树枝折毁，人向前行，感觉阻力很大	62～74	30～40	17.2～20.7
9	烈风	7.0	10.0	汽船航行困难	烟囱顶部及平瓦移动，小屋有损	75～88	41～47	20.8～24.4
10	狂风	9.0	12.5	汽船航行颇危险	陆上少见，有时可使树木拔起或将建筑物吹毁	89～102	48～55	24.5～28.4
11	暴风	11.5	16.0	汽船遇之极危险	陆上少见，有重大损毁	103～117	56～63	28.5～32.6
12	飓风	14	—	海浪滔天	陆上绝少，其摧毁力极大	118～133	64～71	32.7～36.9

4.2 风　　压

自然界的风是用风速来表示其大小的，用风压来表示主要是为了工程界使用起来方便。实际上，同一风速在不同的温度和气压条件下，对应的风压是不同的。

4.2.1 风压与风速的关系

当风以一定的速度向前运动遇到阻塞时，将对阻塞物产生压力，即风压。风速越大，压力越大。

假设风以一定速度 v 向前运动，遇到物体阻碍，气流改向四周扩散，形成压力气幕，如图 4-2 所示。如果气流原始压强为 w_b，气流冲击结构物后速度逐渐减小，其界面中心点处速度为零，该点处产生最大气流压强 w_m，则结构物受气流冲击的最大压强为 $w_m - w_b$，此

即工程中定义的风压，记为 w。

风速和风压的关系可由流体力学中的伯努利方程得到：

$$w=\frac{1}{2}\rho v^2=\frac{\gamma}{2g}v^2 \tag{4-1}$$

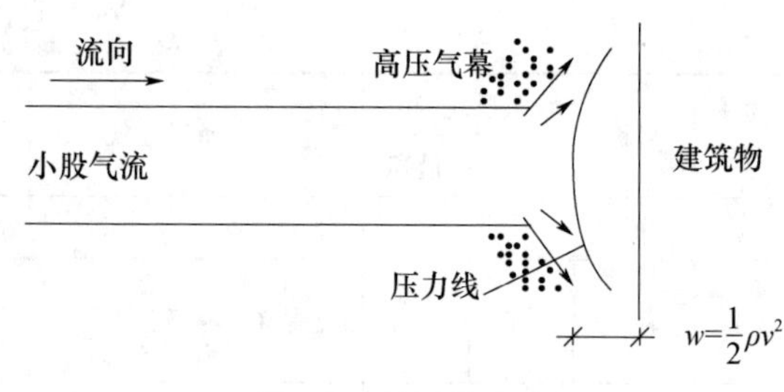

图 4-2　风压的产生

式中：w——单位面积上的风压力，kN/m^2；

ρ——空气密度，kg/m^3；

v——空气运动速度，m/s^2；

γ——空气重度，kN/m^3。

在标准大气压下，$\gamma=0.012018kN/m^3$，$g=9.8m/s^2$，带入上式（4-1）得标准风压公式：

$$w=\frac{1}{1630}v^2 \tag{4-2}$$

不同地理位置的大气条件不同，各地风压系数 $\gamma/2g$ 取值不同，我国东南沿海的风压系数约为 1/1750，内陆的风压系数随高度增加而减小，一般地区约为 1/1600，高原和高山地区，风压系数减至 1/2600，见表 4-2。

表 4-2　各地风压系数 $\gamma/2g$ 值

地区	地点	海拔高度（m）	$\gamma/2g$	地区	地点	海拔高度（m）	$\gamma/2g$
东南沿海	青岛	77.0	1/1710	内陆	天津	16.0	1/1670
	南京	61.5	1/1690		汉口	22.8	1/1610
	上海	5.0	1/1740		徐州	34.3	1/1660
	杭州	7.2	1/1740		沈阳	41.6	1/1640
	温州	6.0	1/1750		北京	52.3	1/1620
	福州	88.4	1/1770		济南	55.1	1/1610
	永安	208.3	1/1780		哈尔滨	145.1	1/1630
	广州	6.3	1/1740		萍乡	167.1	1/1630
	韶关	68.7	1/1760		长春	215.7	1/1630
	海口	17.6	1/1740		承德	375.2	1/1650
	柳州	97.6	1/1750		西安	416.0	1/1689
	南宁	123.2	1/1750		成都	505.9	1/1670
内陆	张家口	712.3	1/1770		伊宁	664.0	1/1750
	遵义	843.9	1/1820		大理	1990.5	1/2070
	乌鲁木齐	850.5	1/1800		华山	2064.9	1/2070
	贵阳	1071.2	1/1900		五台山	2895.8	1/2140
	安顺	1392.9	1/1930		茶卡	3087.6	1/2250
	酒泉	1478.2	1/1890		昌都	3176.4	1/2550
	毕节	1510.6	1/1950		拉萨	3658.0	1/2600
	昆明	1891.3	1/2040		日喀则	3800.0	1/2650

4.2.2　基本风压

由风速可确定风压，风压由于地貌、测量风速的高度等条件的不同而不同，所以必须规定一个标准条件来讨论不同地区风速或风压的大小。按规定的地貌、高度、时距等量测的风速所确定的风压称为基本风压。

基本风压应符合以下 5 个规定。

1. 标准高度的规定

风速随高度而变化，离地表越近，地表摩擦耗能越大，因而平均风速越小。定义标准高度处的最大风速为基本风速。我国规范规定应取离地面 10m 高度处的最大风速为基本风速，这个高度和我国气象台站风速仪的标准安装高度一致。

2. 地貌的规定

同一高度处的风速与地貌粗糙程度有关，地面粗糙程度高，风能消耗多，则风速低。例如，海岸附近地区较为空旷，地面粗糙度小，风速大，而大城市中心建筑密集，地面粗糙度高，风速低。

目前风速仪大多安装在气象台，而气象台一般不在城市中心，设在周围空旷、平坦的地区居多。因此，我国规范规定，基本风速按空旷平坦地貌来确定。

3. 公称风速的时距

由于建筑结构一般质量较大，受到的阻力也较大。风压对建筑物产生的不利影响需要一段时间才能反映出动力性能。因而不能选取瞬时风速作为标准，而应采用公称风速作为衡量标准。公称风速实际是一定时间间隔内（时距）的平均风速。

$$v_0 = \frac{1}{\tau}\int_0^{\tau} v(t)\,\mathrm{d}t \tag{4-3}$$

式中：v_0——公称风速；

$v(t)$——瞬时风速；

τ——时距。

风是随时间波动的随机变量。采用不同的时间长度对风速进行平均，得出的平均风速最大值各不相同。由图 4-3 可以看出，时距太短，易突出风的脉动峰值作用，致使平均风速值较高；时距太长，势必把较多的小风平均进去，致使平均风速值偏低。

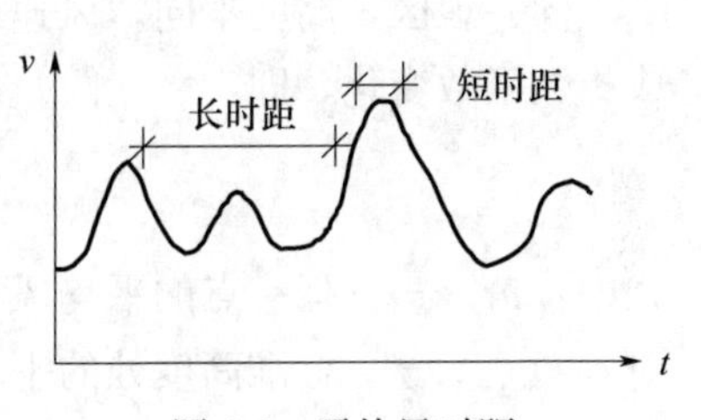

图 4-3　平均风时距

风速记录表明，10min～1h 的平均风速基本上是一个稳定值，我国取 τ＝10min。首先，考虑到一般建筑物质量比较大，且有阻尼，风压对建筑物产生最大动力影响需要较长时间，因此不能取较短时距或是极大风速作为标准。其次，一般建筑物总有一定的侧向长度，最大瞬时风速不可能同时作用于全部长度上，采用瞬时风速也是不合理的，而 10min 平均风速基本上是稳定值。

4. 最大风速的样本时间

由于气候的重复性，风有它的自然周期，每年季节性的重复一次，因此年平均最大风速最有代表性，一般取一年为统计最大风速的样本时间。

5. 基本风速的重现期 T_0

取一年为最大风速的样本时间，可获得各年的最大风速。每年的最大风速值是不同的，应用时不能取各年最大风速的平均值作为设计依据，因为大于该平均值的年份必然很多，而应取大于平均值的某个数据作为设计依据。该数值可理解为，它是若干年内的最大风速，大于该值的风速是间隔若干年后才会出现的，这个间隔时间称为重现期，即基本风速出现一次所需要的时间。

工程设计时，一般应考虑结构在使用过程中几十年时间范围内，可能遭遇到的最大风速所产生的风压，则把该时间范围内的最大风速定义为基本风速。该最大风速不是经常出现的，而是间隔一段时间后再出现，这个间隔时间称为重现期（即 T_0 年一遇）。

设基本风速的重现期为 T_0 年，则$\frac{1}{T_0}$为每年实际风速超过基本最大风速的概率，因此不超过该基本风速的概率或保证率为：

$$p_0=1-\frac{1}{T_0} \tag{4-4}$$

重现期越长，保证率越高，基本风速越大。我国荷载规范规定：对于一般建筑结构，将基本风速的重现期取为 50 年，对于高层建筑、高耸结构及对风荷载比较敏感的结构，重现期应适当提高。

荷载规范给出了我国主要城市 50 年一遇的风压值，参看本书附录，表中未列出的城市或地区的风压值可按荷载规范中全国基本风压分布图查得。

4.2.3 非标准条件下的风速或风压的换算

基本风压是按照规定的标准条件确定的，但实际工程可能处在任一地貌之下，所要求风压的点可以是任意高度，因此应了解非标准条件与标准条件下风速或风压的换算关系。

1. 非标准高度换算

同一地区，高度不同，风速会不同。离地面越近，风速越小。实测表明，风速沿高度成指数函数变化，即：

$$\frac{\overline{v}}{\overline{v}_s}=\left(\frac{z}{z_s}\right)^{\alpha}\Rightarrow\frac{\overline{v}}{\overline{v}_s}=\left(\frac{z}{10}\right)^{\alpha} \tag{4-5}$$

式中：$\overline{v}$、z——任一点的平均风速和高度；

$\overline{v}_s$、z_s——标准高度处的平均风速和高度，$z_s=10$m；

α——地面粗糙指数，粗糙程度越大，α 值越大。国内外部分城市实测 α 值见表 4-3。

表 4-3 国内外大城市中心及其近邻的实测 α 值

地区	上海近邻	南京	广州	圣路易斯	蒙特利尔	上海	哥本哈根
α	0.16	0.22	0.24	0.25	0.28	0.28	0.34
地区	东京	基辅	伦敦	莫斯科	纽约	圣彼得堡	巴黎
α	0.34	0.36	0.36	0.37	0.39	0.41	0.45

根据风压和风速的关系式可以得到非标准高度处的风压（w_z）与标准高度处风压（w_{0a}）间的关系式：

$$\frac{w_z}{w_{0a}}=\frac{\overline{v}^2}{\overline{v}_s^2}=\left(\frac{z}{z_s}\right)^{2\alpha_a}=\left(\frac{z}{10}\right)^{2\alpha_a} \tag{4-6}$$

式中：α_a——任一地貌的地面粗糙指数。

2. 非标准地貌换算

图 4-4 为不同粗糙度影响下平均风速沿高度的变化规律，常称为风剖面，它是风的重要特征之一。由于地表摩擦的原因，使接近地表的风速随着离地面高度的减小而降低，只有离地 300～500m 以上的地方，风不再受地貌的影响，各处风速基本相同，能够在气压梯度的作用下自由流动，称为梯度风速，出现这种风速的高度叫梯度风高度（达到梯度风速的高度）H_T。

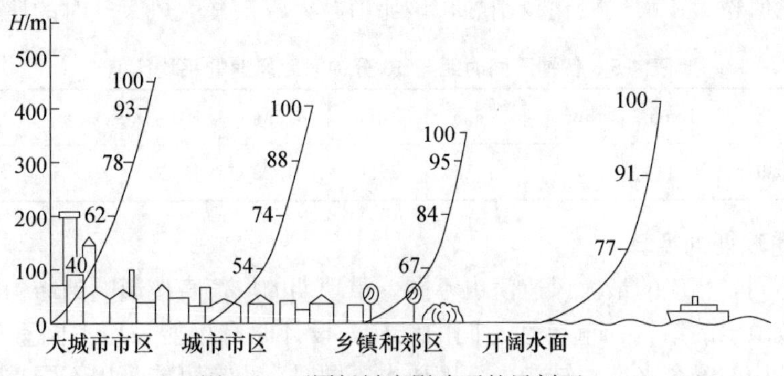

图 4-4 不同粗糙度影响下的风剖面

不受地表影响，能够在气压梯度作用下自由流动的风称为梯度风。梯度风高度与地面粗糙程度有关，一般为 300～500m，地面越粗糙，H_T 越大。

由图 4-4 可知，地面越粗糙，α 越大，风速变化越慢，梯度风高度将越高；反之，地面越平坦，α 越小，风速变化越快，梯度风高度越小。不同地貌的 α 及 H_T 取值见表 4-4。

表 4-4 不同地貌的 α 和 H_T 值

地貌	海面	空旷平坦地面	城市	大城市中心
α	0.1～0.13	0.13～0.18	0.18～0.28	0.28～0.44
H_T（m）	275～325	325～375	375～450	450～550

由于在同一大气环境下，不同地貌在梯度风高度处的风速、风压应相同，由风速和高度的关系，得到下式：

$$v_{0s}\left(\frac{H_{Ts}}{z_s}\right)^{\alpha_s}=v_{0a}\left(\frac{H_{Ta}}{z_a}\right)^{\alpha_a} \tag{4-7}$$

或

$$v_{0a}=v_{0s}\left(\frac{H_{Ts}}{z_s}\right)^{\alpha_s}\left(\frac{z_a}{H_{Ta}}\right)^{\alpha_a} \tag{4-8}$$

由风速和风压的关系式，得任意地貌的基本风压 w_{0a} 与标准地貌的基本风压 w_0 的关系：

$$w_{0a}=w_0\left(\frac{H_{Ts}}{z_s}\right)^{2\alpha_s}\left(\frac{H_{Ta}}{z_a}\right)^{-2\alpha_a} \tag{4-9}$$

【例 4-1】设标准地貌为空旷地面，$\alpha_s=0.16$，$z_s=10$m，$H_{Ts}=350$m，而城市中心 $\alpha_a=0.20$，$H_{Ta}=400$m，求城市中心高度 $z_a=10$m 处基本风压与标准地貌基本风压间的数量

关系。

解：将上述代入公式（4-9）得：$w_{0a}=w_0\left(\frac{350}{10}\right)^{2\times0.16}\left(\frac{400}{10}\right)^{-2\times0.2}=0.713w_0$

3. 不同时距的换算

我国和世界上绝大多数国家均采用10min作为实测风速平均时距的标准。但有时天气变化剧烈，气象台站瞬时风速记录时距小于10min，因此在某些情况下需要进行不同时距之间的平均风速换算。

时距的选取对平均风速的大小有较大影响。各国学者经调查统计得到不同时距与10min时距风速的比值参见表4-5，它是一个平均比值，受很多因素的影响。10min平均风速越小，比值越大；大气变化越剧烈，该比值越大；雷暴大风天气时的比值最大。

表4-5　各种不同时距与10分钟时距风速的平均比值

风速时距	1h	10min	5min	2min	1min	0.5min	20s	10s	5s	瞬时
统计比值	0.94	1	1.07	1.16	1.20	1.26	1.28	1.35	1.39	1.50

4. 不同重现期的换算

重现期不同，相应的最大风速值也不同。重现期的取值直接影响到结构的安全度，对于风荷载比较敏感的结构，重要性不同的结构，设计时有可能采用不同重现期的基本风压，以调整结构的安全水准。结构可靠度要求不同时，也有可能采用不同重现期的基本风压。不同重现期风压与50年重现期风压的比值参见表4-6。

表4-6　不同重现期风压与50年重现期风压的比值

重现期 T_0（年）	100	50	30	20	10	5	3	1	0.5
比值	1.114	1.000	0.916	0.849	0.734	0.619	0.535	0.353	0.239

4.3　结构抗风计算的重要概念

4.3.1　结构的风力与风效应

风力是指风的强度，通常由风速或换算为风压来表示。结构的风效应是指由风产生的结构位移、速度、加速度响应、扭转响应。

假设任一水平风以一定速度流动，在任意截面的某结构物表面产生风压，风压沿结构物表面积分，将得到风力的三个分量，即单位高度的顺风向风力F_{Dk}、横风向风力F_{Lk}和扭力矩T_{Tk}，如图4-5所示。

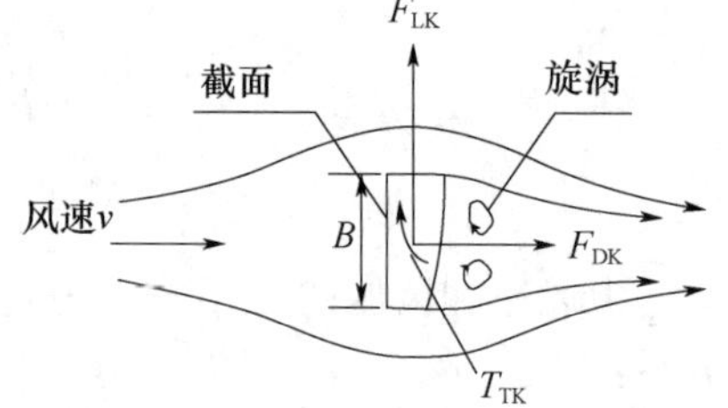

图4-5　流经任意截面物体所产生的力

风对结构物的静力作用通常用平均风作用下结构所承受的顺风向风力F_{Dk}、横风向风力F_{Lk}和扭力矩T_{Tk}来表示。

$$F_{Dk}=(w_{k1}-w_{k2})B \tag{4-10}$$

$$F_{Lk}=w_{Lk}B \tag{4-11}$$

$$T_{Tk}=w_{Tk}B^2 \tag{4-12}$$

式中：F_{Dk}——顺风向单位高度风力标准值，kN/m；

F_{Lk}——横风向单位高度风力标准值，kN/m；

T_{Tk}——单位高度风致扭转标准值，kN·m/m；

w_{k1}、w_{k2}——迎风面、背风面风荷载标准值，kN/m^2；

w_{Lk}、w_{Tk}——横风向风振和扭转风振等效风荷载标准值，kN/m^2；

B——迎风面宽度，m。

4.3.2 结构扭转风振等效风荷载

扭转风荷载是由于建筑各个立面风压的非对称作用产生的，受截面形状和湍流度等因素的影响较大。判断高层建筑是否需要考虑扭转风振影响的主要依据是建筑的高度、高宽比、深宽比、结构自振频率、结构刚度与质量的偏心等因素。

1. 建筑高度超过150m，同时满足 $H/\sqrt{BD}\geqslant 3$，截面深宽比 $D/B\geqslant 1.5$，$T_{T_1}v_H/\sqrt{BD}\geqslant 0.4$ 的高层建筑（T_{T_1} 为第1阶扭转周期，v_H 为结构顶部风速），扭转风振效应明显，宜考虑扭转风振的影响。

2. 对于截面尺寸和质量沿高度基本相同的矩形截面高层建筑，当其刚度或质量的偏心率（偏心距/回转半径）不大于0.2，且同时满足 $H/\sqrt{BD}\leqslant 6$，D/B 在1.5～5范围内，$T_{T_1}v_H/\sqrt{BD}\leqslant 10$，其扭转风振等效风荷载按下面公式计算。

$$w_{Tk}=1.8gw_0\mu_H C'_T\left(\frac{z}{H}\right)^{0.9}\sqrt{1+R_T^2} \tag{4-13}$$

式中：w_{Tk}——扭转风振等效风荷载标准值，kN/m^2；

g——峰值因子，取2.5；

C'_T——风致扭转系数；

μ_H——结构顶部风压高度变化系数；

R_T——扭转共振因子。

其中

$$C'_T=\{0.0066+0.015(D/B)^2\}^{0.78} \tag{4-14}$$

$$R_T=K_T\sqrt{\frac{\pi F_T}{4\zeta_1}} \tag{4-15}$$

$$K_T=\frac{(B^2+D^2)}{20r^2}\left(\frac{z}{H}\right)^{-0.1} \tag{4-16}$$

式中：F_T——扭矩谱能量因子，依照荷载规范相关规定确定；

K_T——扭转振型修正系数；

r——结构的回转半径，m；

D——结构平面进深，m；

B——结构迎风面宽度，m；

ζ_1——结构第1振型下的阻尼比；

H——结构高度，m；

Z——建筑结构计算位置离地面的高度，m。

3. 当偏心率大于 0.2 时，高层建筑的弯扭耦合风振效应显著，结构风振响应规律非常复杂，风致扭转与横风向风力具有较强的相关性，当 $H/\sqrt{BD}>6$ 或 $T_{T_1}v_H/\sqrt{BD}>10$ 时，两者的耦合作用易发生不稳定的气动弹性现象。因此，对于体型较复杂及质量或刚度有显著偏心的高层建筑，当符合上述情况时，建议在风洞试验的基础上，有针对性地进行专门研究。

4.4　顺风向结构风效应

4.4.1　顺风向平均风与脉动风

风的实测资料表明，顺风向风速时程曲线由两部分构成：平均风速和脉动风速（$v=\bar{v}+v_f$），如图 4-6 所示。

风对建筑物的作用是不规则的，风压随风速、风向的紊乱变化而不停地改变。通常把风作用的平均值看成稳定风压，实际风压是在稳定风压上下波动的。平均风压使建筑产生侧移，而脉动风压使建筑物在该侧移附近左右振动。

平均风相对稳定，周期较长，周期一般在 10min 以上，大于结构自振周期，忽略其对结构的动力影响，将之等效为静力侧向荷载，产生的风效应称为静力风效应。

脉动风是由于风的不规则性引起的，其强度随时间不断变化。脉动风周期较短，一般只有几秒，接近结构的自振周期，是引起结构顺风向振动的主要原因。脉动风产生的风效应称为动力风效应。为了分析脉动风对结构的影响，一般将脉动风速处理为随机过程，为便于分析，工程上常假定脉动风速为零均值正态平稳随机过程。

地面粗糙度的影响：地面粗糙度大的上空，平均风速 $\bar{v}$ 小，脉动风 v_f 的幅值大且频率高，反之，在地面粗糙度小的上空，平均风速大，而脉动风的幅值小且频率低。

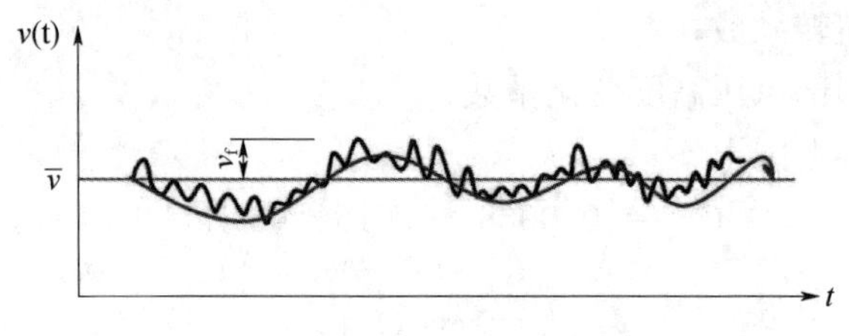

图 4-6　平均风速和脉动风速

4.4.2　顺风向平均风效应

1. 风荷载体型系数

风速和风压的关系式$\left(w=\frac{1}{2}\frac{\gamma}{g}v^2\right)$，是在空气流动受到结构阻碍完全停滞条件下得出的，而实际风到达工程结构物表面并不能理想地使气流停滞，而是气流以不同方式在结构表面绕过，但伯努利方程仍成立：气流未被房屋干扰前的流速 v_0，压力 P_0，风到达房屋表面某点的流速 v，压力 P，由伯努利方程得到：

$$P_0+\frac{\rho v_0^2}{2}=P+\frac{\rho v^2}{2} \tag{4-17}$$

则结构受气流冲击的风压：

$$w'=P-P_0=\left(1-\frac{v^2}{v_0^2}\right)\frac{\rho v_0^2}{2}=\mu_s w_0 \tag{4-18}$$

其中：

$$\mu_s=1-\frac{v^2}{v_0^2} \tag{4-19}$$

式中：w_0——理想风速的风压；

μ_s——风载体型系数；

ρ——空气质量密度。

风载体型系数即是风作用于建筑物表面引起的实际压力（或吸力）与原始风速所算得的理论风压$\left(w=\frac{1}{2}\frac{\gamma}{g}v^2\right)$的比值。

风载体型系数主要与建筑物的体型和尺度有关，也与周围环境和地面粗糙度有关，它描述的是建筑物表面在稳定风压作用下静态压力的分布规律，主要与建筑物的体型和尺寸有关，并不反映风的动力作用。

风荷载体型系数一般由试验确定：风洞试验和实际建筑物风压分布测量。建筑结构的风荷载体型系数大多是通过风洞试验方法确定的。风洞试验时，首先测得建筑物表面上任一点沿顺风向的静风压力，再将此压力除以建筑物前方来流风压，即得该测点的风压力系数。由于同一面上各测点的风压分布是不均匀的，通常采用受风面各测点的加权平均风压系数。

土木工程中的建筑物，不像汽车、飞机那样具有流线型的外形，多为带有棱角的钝体。当风作用在钝体上，其周围气流通常呈分离型，并形成多处涡流，如图 4-7 所示。

风力在建筑物表面上分布是不均匀的，一般取决于建筑物平面形状、立面体型和房屋高宽比。在风的作用下，迎风面由于气流正面受阻产生风压力，侧风面和背风面由于漩涡作用引起风吸力。迎风面的风压力在房屋中部最大，侧风面和背风面的风吸力在建筑物角部最大，如图 4-8 所示。

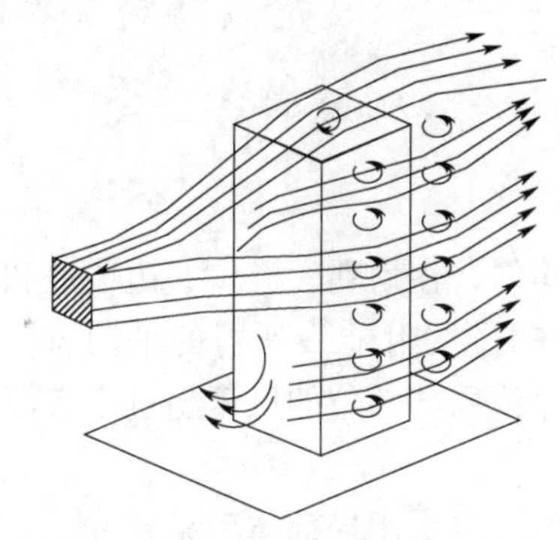

图 4-7 建筑物表面风流示意图

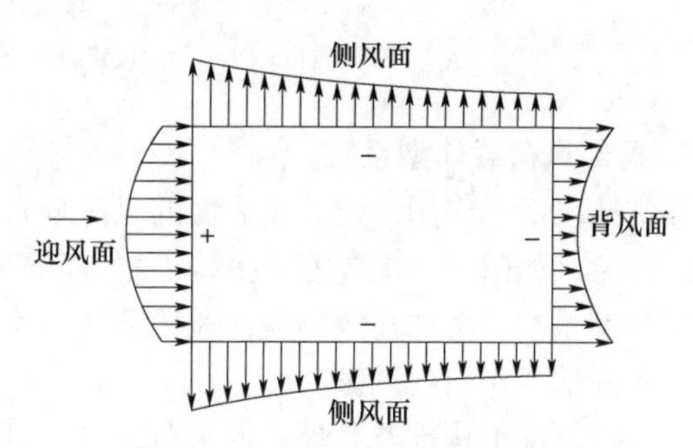

图 4-8 风压在房屋平面上的分布

在同样的风速条件下，不同的建筑物体型，使得平均风压在建筑物上的分布是不同的。荷载规范给出了 39 项不同类型建筑物和各类结构体型及其体型系数（参见本书附录），风荷载体型系数为正值，代表风对结构产生压力作用，其方向指向建筑物表面；为负值，代表风对结构产生吸力作用，其方向离开建筑物表面。

对于低矮封闭式房屋，其迎风面的体型系数分布不均匀，迎风面的中间部分体型系数大多在 1.0 左右，但两侧则逐渐减小；荷载规范将迎风面的体型系数加权平均后，给出了 0.8 的体型系数值，作为主要受力结构设计时的风荷载取值。

建筑结构荷载规范给出的 μ_s 值可供设计选用。对于重要且体型复杂的房屋和构筑物，风荷载体型系数应由风洞试验确定。

2. 高层建筑群相互干扰

当建筑群，尤其是高层建筑群［图 4-9（a）］以及集中设置的多个构筑物［图 4-9（b）］，房屋相互间距较近时，由于漩涡的相互干扰，房屋某些部位的局部风压会显著增大。荷载规范规定：将单独建筑物的体型系数 μ_s 乘以相互干扰系数（可参考类似条件的试验资料确定，必要时宜通过风洞试验得出）以考虑风力相互干扰的群体效应。

新规范补充了高层建筑群干扰效应系数的取值范围：对矩形平面高层建筑，当单个施扰建筑与受扰建筑高度相近时，根据施扰建筑的位置，对顺风向风荷载可在 1.00～1.10 范围内选取，对横风向风荷载可在 1.00～1.20 范围内选取。当施扰建筑物高度不超过受扰建筑物的一半时，可忽略干扰效应。

为了有效避免或减小这类干扰效应，进行设计时应在群体建筑物、构筑物布置上拉开距离，避免尾流作用引起的风压相互干扰，如图 4-9（c）所示。

(a)

(b)

(c)

图 4-9　群体效应图示

（a）高层建筑群；（b）集中设置冷却塔破坏；（c）分散设置的冷却塔

3. 局部风荷载体型系数

通常情况下，作用于建筑物表面的风压分布并不均匀，在角隅、檐口、边棱处和附属结构的部位（如阳台、雨篷等外挑构件），局部风压会超过按附录 D 所得的平均风压。局部风压体型系数是考虑建筑物表面风压分布不均匀而导致局部部位的风压超过全表面平均风压的实际情况作出的调整。

（1）计算围护构件及其连接的风荷载时，可按下列规定采用局部体型系数 μ_{s1}：

① 封闭式矩形平面房屋的墙面及屋面可按表 4-7 的规定采用；

② 檐口、雨篷、遮阳板、边棱处的装饰条等凸出构件，取－2.0；

③ 其他房屋和构筑物可按附录 D 规定的体型系数的 1.25 倍取值。

表 4-7　封闭式矩形平面房屋的局部体型系数

<table>
<tr><th>项次</th><th>类别</th><th>体型及局部体型系数</th><th>备注</th></tr>
<tr><td>1</td><td>封闭式矩形平面房屋的墙面</td><td>
$E/5$　S_a　S_b　H　B　D
<table>
<tr><td colspan="2">迎风面</td><td>−1.0</td></tr>
<tr><td rowspan="2">侧面</td><td>S_a</td><td>−1.4</td></tr>
<tr><td>S_b</td><td>−1.0</td></tr>
<tr><td colspan="2">背风面</td><td>−0.6</td></tr>
</table>
</td><td>E 应取 $2H$ 和迎风宽度 B 中较小者</td></tr>
<tr><td>2</td><td>封闭式矩形平面房屋的双坡屋面</td><td>
α　H
$E/10$　$E/10$　$E/4$　R_a　R_b　R_c　R_d　R_e　B　$E/4$　R_a　D
<table>
<tr><td colspan="2">α</td><td>≤5</td><td>15</td><td>30</td><td>≥45</td></tr>
<tr><td rowspan="2">R_a</td><td>$H/D \leqslant 0.5$</td><td>−1.8
0.0</td><td>−1.5
+0.2</td><td rowspan="2">−1.5
+0.7</td><td rowspan="2">0.0
+0.7</td></tr>
<tr><td>$H/D \geqslant 1.0$</td><td>−2.0
0.0</td><td>−2.0
+0.2</td></tr>
<tr><td colspan="2">R_b</td><td>−1.8
0.0</td><td>−1.5
+0.2</td><td>−1.5
+0.7</td><td>0.0
+0.7</td></tr>
<tr><td colspan="2">R_c</td><td>−1.2
0.0</td><td>−0.6
+0.2</td><td>−0.3
+0.4</td><td>0.0
+0.6</td></tr>
<tr><td colspan="2">R_d</td><td>−0.6
+0.2</td><td>−1.5
0.0</td><td>−0.5
0.0</td><td>−0.3
0.0</td></tr>
<tr><td colspan="2">R_e</td><td>−0.6
0.0</td><td>−0.4
0.0</td><td>−0.4
0.0</td><td>−0.2
0.0</td></tr>
</table>
</td><td>1. E 应取 $2H$ 和迎风宽度 B 中较小者；
2. 中间值可按线性插值法计算（应对相同符号项插值）；
3. 同时给出两个值的区域应分别考虑正负风压的作用；
4. 风沿纵轴吹来时，靠近山墙的屋面可参照表中 $\alpha \leqslant 5$ 时的 R_a 和 R_b 取值</td></tr>
</table>

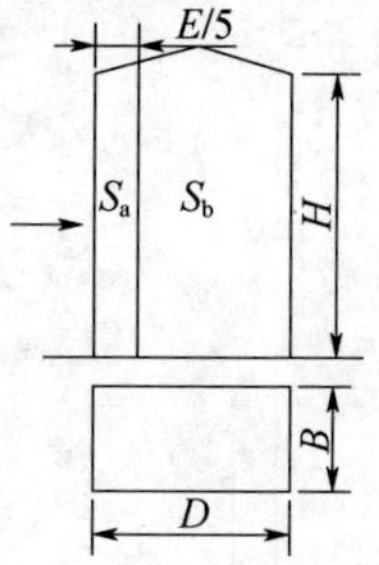

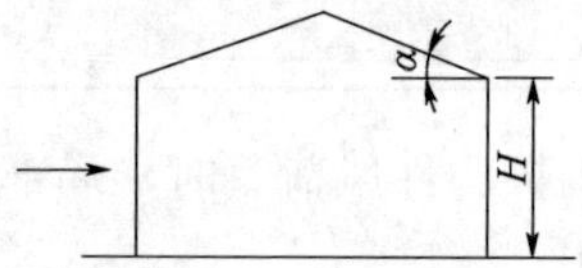

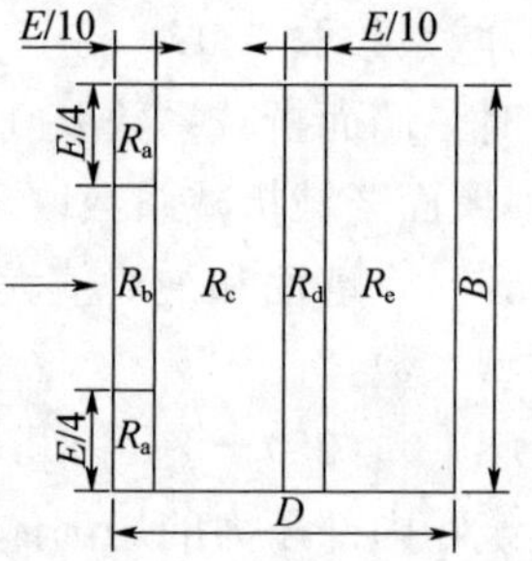

续表

<table>
<tr><th>项次</th><th>类别</th><th>体型及局部体型系数</th><th>备注</th></tr>
<tr><td>3</td><td>封闭式矩形平面房屋的单坡屋面</td><td>E/10
E/4 R_a
R_b R_c B
E/4 R_a
H α
<table><tr><td>α</td><td>≤5</td><td>15</td><td>30</td><td>≥45</td></tr><tr><td>R_a</td><td>−2.0</td><td>−2.5</td><td>−2.3</td><td>−1.2</td></tr><tr><td>R_b</td><td>−2.0</td><td>−2.0</td><td>−1.5</td><td>−0.5</td></tr><tr><td>R_c</td><td>−1.2</td><td>−1.2</td><td>−0.8</td><td>−0.5</td></tr></table></td><td>1. E 应取 $2H$ 和迎风宽度 B 中较小者；
2. 中间值可按线性插值法计算；
3. 迎风坡面可参考第 2 项取值</td></tr>
</table>

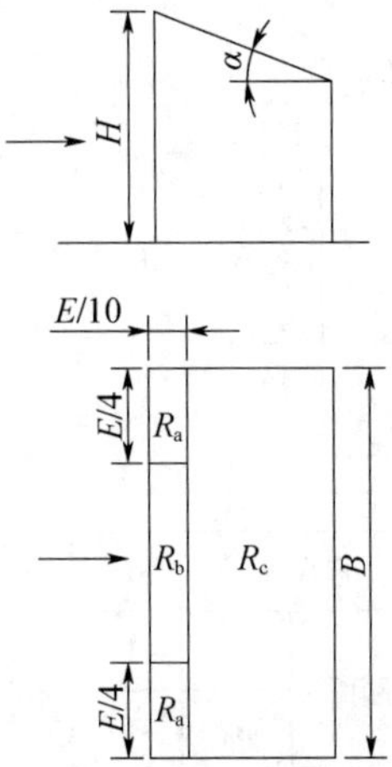

（2）计算非直接承受风荷载的维护构件风荷载时，局部体型系数 μ_{s1} 可按构件的从属面积折减，折减系数按下列规定采用：

① 当从属面积不大于 $1m^2$ 时，折减系数取 1.0；

② 当从属面积大于或等于 $25m^2$ 时，墙面折减系数取 0.8，局部体型系数绝对值大于 1.0 的屋面区域折减系数取 0.6，其他屋面区域折减系数取 1.0；

③ 当从属面积大于 $1m^2$ 小于 $25m^2$ 时，墙面和绝对值大于 1.0 的屋面局部体型系数可采用对数插值，即按下式计算局部体型系数：

$$\mu_{s1}(A)=\mu_{s1}(1)+[\mu_{s1}(25)-\mu_{s1}(1)]\log A/1.4 \tag{4-20}$$

（3）计算围护构件风荷载时，建筑物内部压力的局部体型系数可按下列规定采用：

① 封闭式建筑物，按其外表面风压的正负情况取−0.2 或 0.2；

② 仅一面墙有主导洞口的建筑物，按下列规定采用：

当开洞率大于 0.02 且小于或等于 0.10 时，取 $0.4\mu_{s1}$；

当开洞率大于 0.10 且小于或等于 0.30 时，取 $0.6\mu_{s1}$；

当开洞率大于 0.30 时，取 $0.8\mu_{s1}$。

③ 其他情况，应按开放式建筑物的 μ_{s1} 取值。

其中，主导洞口指的是开孔面积较大且大风期间也不关闭的洞口。主导洞口的开洞率是指单个主导洞口面积与该墙面全部面积之比。

4. 风压高度变化系数

风速和风压都随距离地面的高度发生变化，因而可定义：

$$\frac{\text{任意粗糙度、任意高度处的风压 } w_a(z)}{\text{标准粗糙度、标准高度处(10m)的基本风压 } w_0}=\text{风压高度变化系数 } \mu_z \tag{4-21}$$

将式（4-6）、式（4-9）带入式（4-21），得：

$$\mu_z(z)=\left(\frac{H_{Ts}}{z_s}\right)^{2\alpha_s}\left(\frac{H_{Ta}}{z_a}\right)^{-2\alpha_a}\left(\frac{z}{z_s}\right)^{2\alpha_a} \tag{4-22}$$

式中：μ_z（z）——任意地貌下风压高度变化系数，按地面粗糙度指数 α 和梯度风高度 H_T 确定，并随高度 Z 变化；

H_{Ts}——标准地貌的梯度风高度；

z_s——标准地貌的基本风速测定高度 10m；

α_s——标准地貌粗糙度指数；

H_{Ta}——任意地貌的梯度风高度；

z_a——任意地貌的基本风速测定高度；

z——任意地貌的任意高度。

将标准高度 $z_s=10$m 带入上式，得到：

$$\mu_z(z)=\left(\frac{H_{Ts}}{10}\right)^{2\alpha_s}\left(\frac{H_{Ta}}{z_a}\right)^{-2\alpha_a}\left(\frac{z}{10}\right)^{2\alpha_a} \tag{4-23}$$

如果已知梯度风高度和粗糙度指标，通过上式可求得风压高度变化系数，则任意地貌任意高度处的风压等于基本风压乘以风压高度变化系数，即：

$$w_a(z)=\mu_z(z)\cdot w_0 \tag{4-24}$$

我国《建筑结构荷载规范》将地面粗糙度划分为以下 4 类：

A 类：近海海面、海岛、海岸、湖岸及沙漠地区［图 4-10（a）］；

(a)　(b)　(c)　(d)

图 4-10　不同地面粗糙度图片

（a）A类；（b）B类；（c）C类；（d）D类

B类：田野、乡村、丛林、丘陵及房屋比较稀疏的乡镇及城市郊区［图4-10（b）］；

C类：有密集建筑群的城市市区［图4-10（c）］；

D类：有密集建筑群且房屋较高的城市市区［图4-10（d）］。

对于平坦或稍有起伏的地形，风压高度变化系数应根据地面粗糙度类别按表4-8确定。

表4-8 风压高度变化系数

离地面或海平面高度（m）	地面粗糙度类别			
	A	B	C	D
5	1.09	1.00	0.65	0.51
10	1.28	1.00	0.65	0.51
15	1.42	1.13	0.65	0.51
20	1.52	1.23	0.74	0.51
30	1.67	1.39	0.88	0.51
40	1.79	1.52	1.00	0.60
50	1.89	1.62	1.10	0.69
60	1.97	1.71	1.20	0.77
70	2.05	1.79	1.28	0.84
80	2.12	1.87	1.36	0.91
90	2.18	1.93	1.43	0.98
100	2.23	2.00	1.50	1.04
150	2.46	2.25	1.79	1.33
200	2.64	2.46	2.03	1.58
250	2.78	2.63	2.24	1.81
300	2.91	2.77	2.43	2.02
350	2.91	2.91	2.60	2.22
400	2.91	2.91	2.76	2.40
450	2.91	2.91	2.91	2.58
500	2.91	2.91	2.91	2.74
≥550	2.91	2.91	2.91	2.91

根据地面粗糙度指数及梯度风高度，可得到4类地貌的风压高度变化系数的计算公式：

$$\mu_z^A=1.284\left(\frac{z}{10}\right)^{0.24}$$

$$\mu_z^B=1.000\left(\frac{z}{10}\right)^{0.30}$$

$$\mu_z^C=0.544\left(\frac{z}{10}\right)^{0.44}$$

$$\mu_z^D=0.262\left(\frac{z}{10}\right)^{0.60} \tag{4-25}$$

针对4类地貌，风压高度变化系数分别规定了各自的截断高度，对应A、B、C、D类分别取为5m、10m、15m、30m，即高度变化系数取值分别不小于1.09、1.00、0.65、0.51。

对于山区的建筑物，应考虑地形对风荷载的影响。对于山峰、山坡上的建筑物，风压高度变化系数除了按平坦地面的粗糙度类别确定外，还应考虑地形条件对其修正；对于远海海面和海岛的建筑物或构筑物，风压高度变化系数除按A类粗糙度类别确定外，也应考虑相关的修正系数。

5. 平均风下结构的等效静风压

不同高度不同地貌的实际平均风压通过采用风压高度变化系数及风荷载体型系数对基本风压进行修正来确定，则平均风下结构的等效静风压为：

$$\overline{w}(z)=\mu_s\mu_z(z)w_0 \tag{4-26}$$

4.4.3　顺风向脉动风效应

结构顺风向的风作用可分解为平均风和脉动风，平均风的作用可通过基本风压反映。脉动风是一种随机动力荷载，风压脉动在高频段的峰值周期为1～2min，一般低层和多层结构的自振周期都小于它，因此脉动影响很小，虽然本质是动力的，但其作用性质相当于静力，不考虑风振影响也不至于影响到结构的抗风安全性。脉动风是由于风的不规则性引起其强度随时间按随机规律变化，由于周期较短，作用性质是动力的。对于高耸构筑物和高层建筑等柔性结构，风压脉动引起的动力反应较为明显，结构的风振影响必须加以考虑。

脉动风引起随机动力作用，需要按照随机振动理论进行分析。将结构作为一维弹性悬臂杆件处理，用振型分解法求解其振动方程，位移按振型展开，求得风振位移。对于一般的高层建筑及烟囱、塔架等高耸结构，在脉动风作用下，仅考虑结构第一振型的影响。

规范规定：(1) 对于高度大于30m且高宽比大于1.5的房屋，以及基本自振周期T_1大于0.25s的各种高耸结构，应考虑风压脉动对结构产生顺风向风振的影响。顺风向风振响应应按结构随机振动理论进行计算。(2) 对风敏感的或跨度大于36m的柔性屋盖结构，应考虑风压脉动对结构产生风振的影响。屋盖结构的风振响应，宜依据风洞试验结果按随机振动理论计算确定。(3) 对于符合下段规定的结构，可采用风振系数法计算其顺风向风荷载。

对于一般竖向悬臂型结构，例如高层建筑和构架、塔架、烟囱等高耸结构，由于频谱比较稀疏，第一振型起决定作用，此时可以仅考虑结构的第一振型，通过下式计算z高度处的风振系数：

$$\beta_z=1+2gI_{10}B_z\sqrt{1+R^2} \tag{4-27}$$

式中：g——峰值因子，可取2.5；

I_{10}——10m高度名义湍流强度，对应A、B、C和D类地面粗糙度，可分别取0.12、0.14、0.23和0.39；

R——脉动风荷载的共振分量因子；

B_z——脉动风荷载的背景分量因子。

风振系数β_z是结构最大动响应与静响应的比值，反映了结构在脉动风荷载作用下的动力放大特征，是脉动风荷载共振分量表现方式。

脉动风荷载的共振分量因子可按下列公式计算：

$$R=\sqrt{\frac{\pi}{6\zeta_1}\frac{x_1^2}{(1+x_1^2)^{4/3}}} \tag{4-28}$$

$$x_1=\frac{30f_1}{\sqrt{k_w w_0}},x_1>5 \tag{4-29}$$

式中：f_1——结构第 1 阶自振频率，Hz；

k_w——地面粗糙度修正系数，A、B、C 和 D 类地面粗糙度分别取 1.28、1.0、0.54 和 0.26；

ζ_1——结构阻尼比，钢结构可取 0.01，有填充墙的钢结构房屋可取 0.02，钢筋混凝土及砌体结构可取 0.05，其他结构可根据工程经验确定；

w_0——基本风压。

脉动风荷载的背景分量因子可按下列规定确定：

（1）对体型和质量沿高度均匀分布的高层建筑和高耸结构，可按下式计算：

$$B_z=kH^{a_1}\rho_x\rho_z\frac{\phi_1(z)}{\mu_z} \tag{4-30}$$

式中：ϕ_1（z）——结构第 1 阶振型系数；

H——结构总高度，m，A、B、C 和 D 类地面粗糙度，H 的取值分别不应大于 300m、350m、450m 和 500m；

ρ_x——脉动风荷载水平方向相关系数；

ρ_z——脉动风荷载竖直方向相关系数；

k、a_1——拟合系数，按表 4-9 取值；

μ_z——风压高度变化系数。

表 4-9　系数 k 和 a_1

粗糙度类别		A	B	C	D
高层建筑	k	0.944	0.670	0.295	0.112
	a_1	0.155	0.187	0.261	0.346
高耸结构	k	1.276	0.910	0.404	0.155
	a_1	0.186	0.218	0.292	0.376

对于体型或质量沿高度变化的高耸结构，在应用上式时应注意如下问题：进深尺寸比较均匀的构筑物，即使迎风面宽度沿高度有变化，计算结果也和按等截面计算的结果十分接近，故对这种情况仍可采用上式计算背景分量因子；进深尺寸和宽度沿高度按线性或近似于线性变化，而重量沿高度按连续规律变化的构筑物，例如截面为正方形或三角形的高耸塔架及圆形截面的烟囱，计算结果表明，必须考虑外形的影响，对背景分量因子予以修正。

（2）对迎风面和侧风面的宽度沿高度按直线或接近直线变化，而质量沿高度按连续规律变化的高耸结构，上式计算的背景分量因子 B_z 应乘以修正系数 θ_B 和 θ_v。θ_B 为构筑物在 z 高度处的迎风面宽度 B（z）与底部宽度 B（0）的比值，θ_v 可按表 4-10 确定。

表 4-10　修正系数 θ_v

B（H）/B（0）	1	0.9	0.8	0.7	0.6	0.5	0.4	0.3	0.2	≤0.1
θ_v	1.00	1.10	1.20	1.32	1.50	1.75	2.08	2.53	3.30	5.60

脉动风荷载的空间相关系数可按下列规定确定：

（1）竖直方向相关系数可按下式计算：

$$\rho_z=\frac{10\sqrt{H+60e^{-H/60}-60}}{H} \tag{4-31}$$

式中：H——结构总高度，m，A、B、C 和 D 类地面粗糙度，H 的取值分别不应大于 300m、350m、450m 和 550m。

（2）水平方向相关系数可按下式计算：

$$\rho_x=\frac{10\sqrt{B+50e^{-B/50}-50}}{B} \tag{4-32}$$

式中：B——结构迎风面宽度，m，$B\leqslant 2H$。

（3）对迎风面宽度较小的高耸结构，水平方向相关系数可取 $\rho_x=1$。

结构振型系数按理论应通过结构动力分析确定。一般情况下，对顺风向响应可仅考虑第 1 振型的影响，对横风向的共振响应，一般考虑 4 个振型，振型系数 ϕ_1（z）根据相对高度 z/H 按荷载规范中的规定确定。

为了简化，在确定顺风向响应时，按结构变形特点，采用近似公式计算振型系数。对高耸构筑物可按弯曲型考虑，采用下述近似公式：

$$\phi_1=\frac{6z^2H^2-4z^3H+z^4}{3H^4} \tag{4-33}$$

高层建筑，当以剪力墙的工作为主时，可按弯剪型考虑，采用下述近似公式：

$$\phi_1=\tan\left[\frac{\pi}{4}\left(\frac{z}{H}\right)^{0.7}\right] \tag{4-34}$$

低层建筑结构，可按剪切型考虑，采用下述近似公式：

$$\phi_1=\sin\frac{\pi z}{2H} \tag{4-35}$$

4.4.4　顺风向总风效应

考虑结构为线弹性体系，将顺风向平均风效应与脉动风效应线性组合得到顺风向的总风效应计算公式。垂直于建筑物表面上的风荷载标准值，应按下列规定确定：

1. 计算主要受力结构时，应按下式计算：

$$w_k=\beta_z\mu_s\mu_z w_0 \tag{4-36}$$

式中：w_k——风荷载标准值，kN/m²；

β_z——高度 z 处的风振系数；

μ_s——风荷载体型系数；

μ_z——风压高度变化系数；

w_0——基本风压，kN/m²。

2. 对于围护结构，由于其刚性一般较大，在结构效应中可不必考虑其共振分量，此时可仅在平均风压的基础上，近似考虑脉动风瞬间的增大因素，可通过局部风压体型系数 μ_{s1} 和阵风系数 β_{gz} 来计算其风荷载。计算围护结构时，应按下式计算：

$$w_k=\beta_{gz}\mu_{s1}\mu_z w_0 \tag{4-37}$$

式中：β_{gz}——高度 z 处的阵风系数；

μ_{s1}——风荷载局部体型系数。

其中阵风系数按下式计算：

$$\beta_{gz}=1+2gI_{10}\left(\frac{z}{10}\right)^{-\alpha} \tag{4-38}$$

式中：g——峰值因子，可取 2.5；

I_{10}——10m 高度名义湍流强度，对应 A、B、C 和 D 类地面粗糙度，可分别取 0.12、0.14、0.23 和 0.39；

z——计算高度。

【例 4-2】 已知一矩形平面钢筋混凝土高层建筑，建在 C 类地区，平面沿高度保持不变。$H=100\text{m}$，$B=35\text{m}$，基本风压值为 $w_0=0.4\text{kN/m}^2$，结构的基本自振周期 $T_1=2.5\text{s}$。求风产生的建筑底部弯矩。

解：（1）为简化计算，将建筑沿高度划分为 5 个计算区段，每个区段 20m 高，取其中点位置的风载值作为该区段的平均风荷载，各区段中点的高度分别为 $z_1=10\text{m}$，$z_2=30\text{m}$，$z_3=50\text{m}$，$z_4=70\text{m}$，$z_5=90\text{m}$。

（2）体型系数：$\mu_s=1.3$。

（3）风压高度变化系数为：

荷载规范给出 C 类地区风压高度变化系数计算公式为：$\mu_z=0.544\left(\frac{z}{10}\right)^{0.44}$

$$\mu_z(z)=0.544\left(\frac{z}{10}\right)^{0.44}$$

在各区段中点高度处的风压高度变化系数值分别为：

$$\mu_{z1}=0.544，\mu_{z2}=0.882，\mu_{z3}=1.104，\mu_{z4}=1.281，\mu_{z5}=1.430$$

（4）脉动风荷载的共振分量因子：

$$f_1=\frac{1}{T_1}=\frac{1}{2.5}=0.4，\text{则：}x_1=\frac{30f_1}{\sqrt{k_w\omega_0}}=\frac{30\times0.4}{\sqrt{0.54\times0.4}}=25.82>5$$

所以：$R=\sqrt{\frac{\pi}{6\xi_1}\frac{x_1^2}{(1+x_1^2)^{4/3}}}=\sqrt{\frac{\pi}{6\times0.05}\frac{25.82^2}{(1+25.82^2)^{4/3}}}\rightarrow R^2=1.196$

脉动风荷载的背景分量因子：$B_z=kH^{a_1}\rho_x\rho_z\frac{\phi_1(z)}{\mu_z}$

按高层建筑结构（弯剪型结构）计算各区段中点高度处的第 1 振型系数：

$$\phi_1(z)=\tan\left[\frac{\pi}{4}\left(\frac{z}{H}\right)^{0.7}\right]$$

$\phi_{11}=0.158,\phi_{12}=0.352,\phi_{13}=0.525,\phi_{14}=0.702,\phi_{15}=0.894$

C 类粗糙度，$a_1=0.261$，$k=0.295$

e 是自然对数的底数，$\text{e}=1+\frac{1}{1!}+\frac{1}{2!}+\cdots\frac{1}{n!}+\cdots$

$\left(\text{e}\approx1+\frac{1}{1!}+\frac{1}{2!}+\cdots\frac{1}{n!}=2.71828，n\text{ 取越大，近似程度越好。}\right)$

水平方向相关系数：$\rho_x=\frac{10\sqrt{B+50\text{e}^{-B/50}-50}}{B}=\frac{10\times\sqrt{35+50\times2.71828^{-35/50}-50}}{35}=0.896$

竖直方向相关系数：$\rho_z=\dfrac{10\sqrt{H+60e^{-H/60}-60}}{H}=\dfrac{10\times\sqrt{100+60\times2.71828^{-100/60}-60}}{100}=0.716$

所以：$B_z(z)=kH^{a_1}\rho_x\rho_z\dfrac{\phi_1(z)}{\mu_z(z)}=0.295\times100^{0.261}\times0.896\times0.716\times\dfrac{\phi_1(z)}{\mu_z(z)}=0.630\times\dfrac{\phi_1(z)}{\mu_z(z)}$

$B_{z1}=0.183$，$B_{z2}=0.251$，$B_{z3}=0.300$，$B_{z4}=0.345$，$B_{z5}=0.394$

则风振系数：$\beta_z(z)=1+2gI_{10}B_z\sqrt{1+R^2}=1+2\times2.5\times0.23\times B_z(z)\sqrt{1+1.196}=1+1.704B_z(z)$

得到各区段中点高度处的风振系数：

$$\beta_{z1}=1.312，\beta_{z2}=1.428，\beta_{z3}=1.511，\beta_{z4}=1.588，\beta_{z5}=1.671$$

（5）按公式：$w(z)=\beta(z)\mu_s\mu_z(z)w_0$ 确定各区段中点高度处的风压值（单位面积上的风压力）：

$$w_1=1.312\times1.3\times0.544\times0.4=0.371(\mathrm{kN/m^2})$$
$$w_2=1.428\times1.3\times0.882\times0.4=0.655(\mathrm{kN/m^2})$$
$$w_3=1.511\times1.3\times1.104\times0.4=0.867(\mathrm{kN/m^2})$$
$$w_4=1.588\times1.3\times1.281\times0.4=1.058(\mathrm{kN/m^2})$$
$$w_5=1.671\times1.3\times1.430\times0.4=1.243(\mathrm{kN/m^2})$$

（6）风产生的建筑底部弯矩为：

$$M=(0.371\times10+0.655\times30+0.867\times50+1.058\times70+1.234\times90)\times20\times35=1.763\times10^5\,\mathrm{kN\cdot m}$$

风荷载一般是水平作用于建筑结构，沿建筑物高度方向大致成倒三角分布。在实际工程中为了简化计算，对于钢筋混凝土框架结构，宜将风荷载简化为作用于各楼层处的水平集中力。

4.5　横风向结构风效应

4.5.1　横风向风振

多数情况下，横风向风力较顺风向风力小很多，对称结构可不考虑横风向风力。但对于超高层建筑、烟囱等细柔性结构，横风向风力可能会引起结构共振而产生很大动力效应，甚至在工程中起着控制作用。

横向风力是由不稳定的空气动力特性造成的，会产生很大的动力效应（风振），它与结构截面形状和雷诺数 R_e 有关。

空气流动中，对流体起重要作用的有两种力：惯性力和黏性力。

$$惯性力=单位面积上的压力\frac{1}{2}\rho v^2\times面积\ l^2 \tag{4-39}$$

$$黏性力=黏性应力\times面积\ l^2=\left(黏性系数\ \mu\times速度梯度\frac{\mathrm{d}v}{\mathrm{d}y}\right)\times面积\ l^2 \tag{4-40}$$

惯性力是空气流动时由于自身质量而产生的，黏性力反映流体抵抗剪切变形的能力，黏性越大的流体，其抵抗剪切变形的能力越大。流体黏性的大小用黏性系数 μ 衡量。

气流雷诺数是气流惯性力与黏性力之比，以量纲比定义雷诺数为：

$$R_e=\frac{\text{惯性力}}{\text{黏性力}}=\frac{\rho\cdot v^2\cdot l^2}{\mu\cdot\frac{v}{l}\cdot l^2}=\frac{\rho\cdot v}{\frac{\mu}{l}}=\frac{v\cdot l}{\nu} \tag{4-41}$$

若以圆形截面的直径 D 代替长度 L，则雷诺数可表示为：

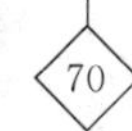

$$R_e=\frac{\rho\cdot v^2\cdot D^2}{\mu\cdot\frac{v}{D}\cdot D^2}=\frac{\rho\cdot v}{\frac{\mu}{D}}=\frac{v\cdot D}{\nu} \tag{4-42}$$

式中：ρ——空气密度，kg/m³；

v——计算高度处的风速，m/s；

D——结构截面直径，m；

μ——空气黏性系数；

ν——动黏性系数，$\nu=\frac{\mu}{\rho}$。

若雷诺数相同，则流体动力特性相似。若 $R_e<\frac{1}{1000}$，则以黏性力为主，为高黏性流体；若 $R_e>1000$，则以惯性力为主，为低黏性流体，如空气流动。

空气动黏性系数 $\nu=1.45\times10^{-5}\text{m}^2/\text{s}$，垂直于流速方向，则雷诺数：

$$R_e=69000vD \tag{4-43}$$

对于圆截面柱体结构，当空气绕过圆柱体时，沿上风面 AB 速度逐渐增大，到达 B 点压力达到最小值；再沿下风面 BC 速度逐渐降低，压力重新增大。由于边界层内气流对柱体表面的摩擦会消耗部分能量，因而气流在 BC 中间某点 S 处速度停滞，生成漩涡，并在外流的影响下以一定周期脱落，这种现象称为卡门涡街（卡门漩涡）或漩涡脱落，如图 4-11所示。设脱落频率为 f_s，斯托罗哈指出漩涡脱落现象可以用一个无量纲参数来描述，此参数命名为斯托罗哈数：$St=\frac{f_sD}{v}$，设脱落频率为 f_s，则 $f_s=\frac{v\times St}{D}$。

式中：St——斯托罗哈数，与体型有关的无量纲参数；

v——建筑物顶部的平均风速，m/s；

D——结构截面的直径，m。

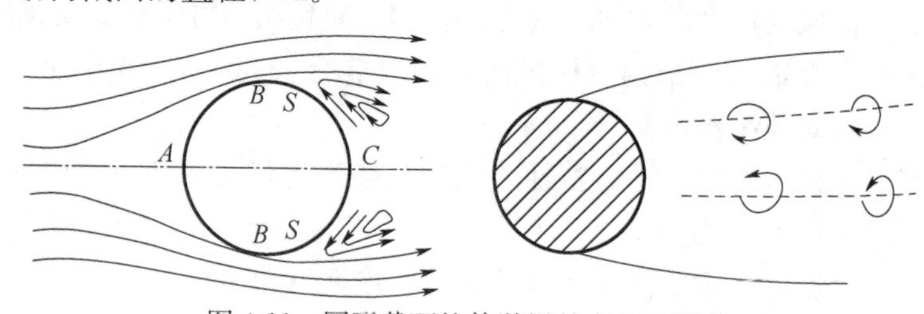

图 4-11　圆形截面柱体漩涡的产生和脱落

卡门涡街是流体力学中重要的现象。出现涡街时，流体对物体会产生一个周期性的交变横向作用力，如果力的频率与物体的固有频率相接近，就会引起共振，即横风向风振。这种振动的危害很大，尤其是船舶和海上工作平台，船舶螺旋桨的涡激振动会损坏推进系统，海洋平台会因此难以工作或结构被损坏，这种振动还会使潜水艇的潜望镜失去观察能力、海峡大桥受到毁坏、锅炉的空气预热器管箱发生振动和破裂。但是利用卡门涡街的这种周期的、交替变化的性质，可制成卡门涡街流量计，通过测量涡流的脱落频率来确定流体的速度或流量。其他钝体结构，如方形、矩形以及各种桥面都有类似的漩涡脱落现象，图 4-12、图 4-13 为拍摄到的小岛后的卡门涡街照片，当风或者洋流被岛屿挡住去路时，会出现这种图形。

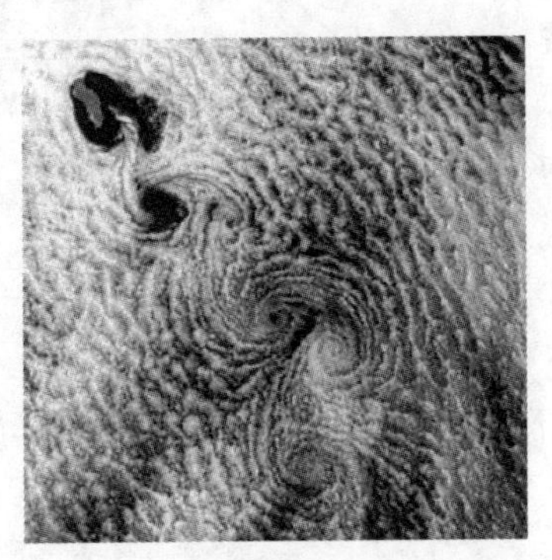

图 4-12　杨曼因岛后的卡门涡街

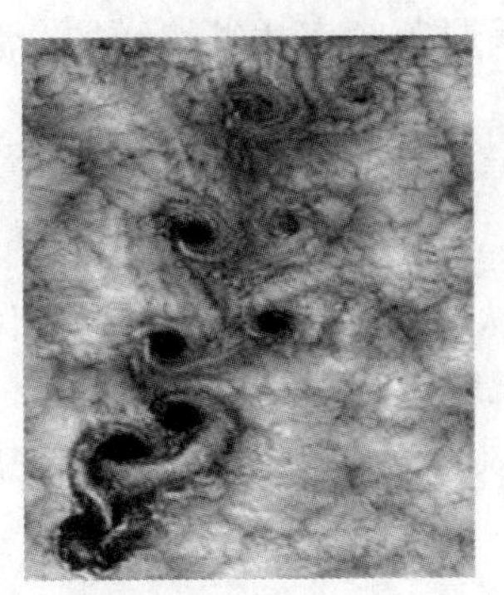

图 4-13　智利小岛后的卡门涡街

风流经钝体结构时会在结构的左右两侧产生成对的、交替排列的、旋转方向相反的反对称涡旋，使结构表面受到周期性的正负压力，在一定风速下结构所受合力的频率与结构的自振频率一致，此时结构会发生涡激共振。

雷诺数的大小反映了气流的流动特征，不同的气流雷诺数范围，会出现不同形式的气流漩涡脱落和不同的结构风致振动。试验表明，漩涡脱落的频率或斯托罗哈数 St 与气流的雷诺数 R_e 有关，当 $3.0\times10^2\leqslant R_e<3.0\times10^5$ 时，漩涡脱落很明显，周期接近于常数，$St\approx0.2$；当 $3.0\times10^5\leqslant R_e<3.5\times10^6$ 时，漩涡脱落具有随机性，没有明显的周期，St 的离散型很大；当 $R_e\geqslant3.5\times10^6$ 时，又呈现出有规律的漩涡脱落，$St=0.27\sim0.3$，若漩涡脱落频率与结构自振频率接近，结构将发生强风共振，即横风向风振。

对于其他截面形式的结构，也会产生类似圆柱结构的横风向振动效应，但其斯托罗哈数有所不同，表 4-11 给出了一些常见截面的斯托罗哈数。

表 4-11　常见截面的斯托罗哈数

截面	St
→ □ — ⊔ ⊢⊣ —⊣ ⊥	0.15
→ ○ $3\times10^2<R_e<3\times10^5$	0.2
$3\times10^5\leqslant R_e<3.5\times10^6$	0.2～0.3
$R_e\geqslant3.5\times10^6$	0.3

工程上雷诺数 $R_e<3.0\times10^2$ 极少遇到，因而根据前述气流漩涡脱落的三段现象划分为三个临界范围：亚临界范围，$3.0\times10^2\leqslant R_e<3.0\times10^5$；超临界范围，$3.0\times10^5\leqslant R_e<3.5\times10^6$；跨临界范围，$R_e\geqslant3.5\times10^6$。

4.5.2　锁定现象及共振区高度

1. 锁定现象

实验研究表明，一旦结构产生涡激共振，结构的自振频率将会控制漩涡脱落的频率。

当漩涡脱落频率接近结构自振频率时，结构将会在横向产生共振反应，结构会发生剧烈振动，这一现象称为锁定。但当风速继续增大时，漩涡脱落频率并不继续增大，而是保持常数，即结构自振频率控制了漩涡脱落频率，但当风速大于结构共振风速的1.3倍时，漩涡脱落频率才继续增加，漩涡重新按新的频率脱落，如图4-14所示。

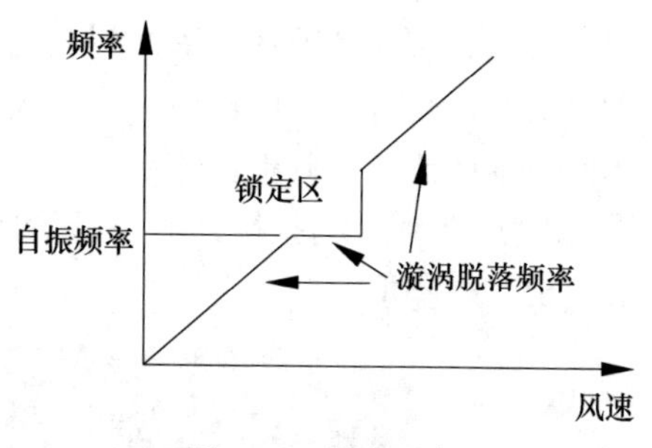

图4-14 锁定现象

锁定区域是指风脱落频率保持常数（等于结构横向自振频率）的风速区域。在锁定区内，漩涡脱落频率不再服从斯托罗哈关系式，而是保持固有频率值不变。

2. 共振区高度

在一定的风速范围内将发生涡激共振现象，涡激共振发生的初始风速为临界风速 v_{cr}：

$$v_{cr}=\frac{D}{T_i St} \tag{4-44}$$

式中：T_i——结构第 i 振型的自振周期，s；

St——斯托罗哈数，对圆截面结构取0.2；

D——结构截面的直径，m，当结构的截面沿高度缩小（倾斜度不大于0.02），可近似取2/3结构高度处的直径。

由锁定现象可知，在一定的风速范围内将发生涡激共振。图4-15所示圆柱体结构，可沿高度方向取（1.0～1.3）v_{cr}的区域为锁定区，即共振区。对应于共振区起点高度 H_1 的风速为临界风速 v_{cr}。由风速沿高度成指数函数的变化规律可知：

$$H_1=H\left(\frac{v_{cr}}{1.2v_H}\right)^{1/\alpha} \tag{4-45}$$

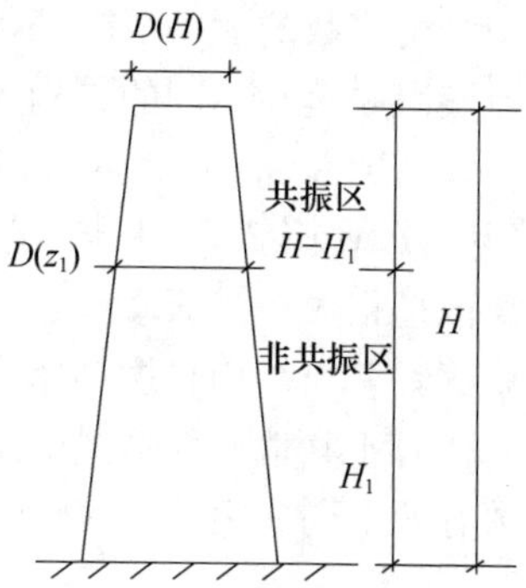

结构顶部风速可用下列公式确定：

$$v_H=\sqrt{\frac{2000\mu_H w_0}{\rho}} \tag{4-46}$$

图4-15 共振区高度

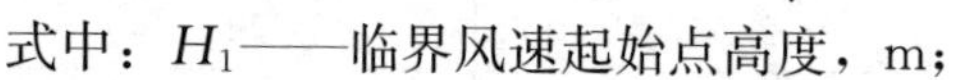

式中：H_1——临界风速起始点高度，m；

v_H——结构顶部风速，m/s；

H——结构高度，m；

α——地面粗糙度指数，对应于A、B、C、D四类地面粗糙度分别取0.12，0.15，0.22，0.30；

μ_H——结构顶部风压高度变化系数；

w_0——基本风压，kN/m^2；

ρ——空气密度，kg/m^3。

公式（4-45）中的系数1.2是在考虑跨临界强风共振时，为了在设计中不至于低估横风向风振影响而设置的，主要是考虑结构在强风共振时的严重性和试验资料的局限性而扩大验算范围。对应于风速 $1.3v_{cr}$的高度 H_2，由风速沿高度呈指数变化的规律，同样可以导出：

$$H_2=H\left(\frac{1.3v_{cr}}{v_H}\right)^{1/\alpha} \tag{4-47}$$

上式计算出的 H_2 值有可能大于结构总高度 H，也有可能小于结构总高度 H，实际工程中一般均取 $H_2=H$，即共振区范围为（$H-H_1$）。

【例 4-3】 钢筋混凝土烟囱 $H=100$m，顶端直径 5m，底部直径 10m，基本自振频率 $f_1=1$Hz，地貌粗糙度指数 $\alpha=0.15$，10m 高度处基本风速 $v_0=29$m/s。试问烟囱是否发生横风向共振？共振区范围是多少？

解：（1）横风向风振判别

根据风速沿高度变化的指数规律，可求得烟囱顶部风速为：

$$v_H=v_{10}\left(\frac{H}{10}\right)^{0.15}=29\left(\frac{100}{10}\right)^{0.15}=40.96(\text{m/s})$$

取结构 2/3 高度处计算共振风速，该处直径 $D=6.7$(m)

对于圆柱截面结构，烟囱临界风速为：$v_{cr}=5Df_1=5\times6.7\times1=33.5\text{m/s}<v_H$，临界风速小于烟囱顶部风速，所以需要进行横风向风振验算。

取共振风速下烟囱 6.7m 处雷诺数为：

$R_e=69000v_{cr}D=69000\times33.5\times6.7=15.49\times10^6>3.5\times10^6$，属于跨临界范围，故横风向会发生共振。

（2）共振区范围

临界风速起始点高度 $H_1=H\left(\dfrac{v_{cr}}{1.2v_H}\right)^{1/\alpha}=100\times\left(\dfrac{33.5}{1.2\times40.96}\right)^{\frac{1}{0.15}}=7.76(\text{m})$

临界风速终点高度 $H_2=H\left(\dfrac{1.3v_{cr}}{v_H}\right)^{1/\alpha}=100\times\left(\dfrac{1.3\times33.5}{40.96}\right)^{\frac{1}{0.15}}=150.49(\text{m})$

对于一般工程，取 $H_2=H$，即该烟囱共振区范围为 7.76～100m。

4.5.3　横风向风振验算

对于圆形截面的结构，应根据雷诺数 R_e 的不同，按下述规则进行横风向风振（漩涡脱落）的校核：

（1）亚临界范围：$R_e<3.0\times10^5$→微风共振

工程中这样的情况极少遇到，即使遇到也因风速过小可以忽略。此时风速很小，气流做周期性的漩涡脱落运动，一旦漩涡脱落频率 f_s 与结构自振频率相符，且结构顶部风速 v_H 超过临界风速 v_{cr}，即发生亚临界的微风共振。此时，可在构造上采取防振措施，或控制结构临界风速 v_{cr}不小于 15m/s。

（2）超临界范围：$3.0\times10^5\leqslant R_e<3.5\times10^6$→呈随机性不规则振动

此时漩涡脱落没有明显的周期，结构横向振动呈随机性，不会产生共振响应，且风速也不是很大，斯脱罗哈数 St 的离散性很大。工程上一般不考虑横风向振动，可不做处理。

（3）跨临界范围：$R_e\geqslant3.5\times10^6$→强风共振引起的周期漩涡脱落振动

此时风速很大，结构顶部风速 v_H 的 1.2 倍大于临界风速 v_{cr}，进入跨临界范围，重新出现规则的周期性漩涡脱落，一旦漩涡脱落频率与结构自振频率接近，结构将发生强烈的涡激共振，有可能导致结构损坏，危及结构的安全性。因此必须进行横向风振验算。

综上所述，当气流漩涡脱落频率与结构横向自振频率接近时，结构发生共振，即发生横风向风振。对于建筑，(1)(3)范围可能产生共振，但(1)范围内速度小，影响不大，可以忽略，(3)范围内速度大，影响很大，不可忽略，工程设计时，对跨临界范围横向共振问题应特别注意。(2)范围不会产生共振，且风速不大，因此工程上不做横向风的专门处理。由此可知，当风速在亚临界或超临界范围内时，只要采取适当构造措施，结构不会在短时间内出现严重问题，即使结构的正常使用可能受到影响，但不至于造成结构破坏。当风速进入跨临界范围内时，结构有可能出现严重的振动，甚至破坏，即使在考虑阻尼存在的情况下，仍将产生比横向风力大十倍甚至几十倍的效应，国内外都曾发生过很多这类损坏和破坏的事例，对此必须引起注意。图 4-16 为美国华盛顿州建成才 4 个月的老塔科马悬索桥，在 8 级大风作用下于 1940 年 11 月 7 日发生强烈风致振动而破坏的照片。图 4-17 为俄罗斯伏尔加河大桥由于共振产生较大振幅的弯曲和扭转，于 2010 年 5 月 19 日晚发生了柔软的上下蛇形波动，同时发出震耳欲聋的声音，正在大桥上行驶的数十辆车跟着滚动。

图 4-16　风作用下坍塌的塔科马悬索桥

图 4-17　风作用下发生弯曲和扭转的伏尔加河大桥

4.5.4　横风向风振等效风荷载

《荷载规范》规定：对于横风向风振作用效应明显的高层建筑以及细长圆形截面构筑物，宜考虑横风向风振的影响。一般而言，建筑高度超过 150m 或高宽比大于 5 的高层建筑可出现较为明显的横风向风振效应，并且效应随着建筑高度或建筑高宽比增加而增加。其中，细长圆形截面构筑物一般指高度超过 30m 且高宽比大于 4 的构筑物。

(1) 对于平、立面体型复杂的高层建筑和高耸结构，w_{Lk}可通过风洞试验确定；

(2) 对于圆形截面高层建筑及构筑物，由跨临界强风共振（漩涡脱落）引起的横风向风振等效风荷载标准值：

$$w_{\mathrm{Lk},j}=|\lambda_j|v_{\mathrm{cr}}^2\phi_j(z)/12800\zeta_j \tag{4-48}$$

式中：$w_{\mathrm{Lk},j}$——跨临界强风共振引起的 z 高度处振型 j 的等效风荷载标准值，kN/m^2；

λ_j——计算系数，按表 4-12 采用；

v_{cr}——临界风速，$v_{\mathrm{cr}}=\dfrac{D}{T_i St}$；

$\phi_j(z)$——结构第 j 振型系数，由计算确定或参照表 4-13 采用；

ζ_j——结构第 j 振型的阻尼比，对第 1 振型，钢结构取 0.01，房屋钢结构取 0.02，混凝土结构取 0.05；高阶振型的阻尼比，若无相关资料，可近似按第 1 振型的值取用。

表 4-12 λ_j 计算用表

结构类型	振型序号	H_1/H										
		0	0.1	0.2	0.3	0.4	0.5	0.6	0.7	0.8	0.9	1.0
高耸结构	1	1.56	1.55	1.54	1.49	1.42	1.31	1.15	0.94	0.68	0.37	0
	2	0.83	0.82	0.76	0.60	0.37	0.09	−0.16	−0.33	−0.38	−0.27	0
	3	0.52	0.48	0.32	0.06	−0.19	−0.30	−0.21	0.00	0.20	0.23	0
	4	0.30	0.33	0.02	−0.20	−0.23	0.03	0.16	0.15	−0.05	−0.18	0
高层建筑	1	1.56	1.56	1.54	1.49	1.41	1.28	1.12	0.91	0.65	0.35	0
	2	0.73	0.72	0.63	0.45	0.19	−0.11	−0.36	−0.52	−0.53	−0.36	0

表 4-13 高耸结构和高层建筑的振型系数

相对高度 z/H	振型序号（高耸结构）				振型序号（高层建筑）			
	1	2	3	4	1	2	3	4
0.1	0.02	−0.09	0.23	−0.39	0.02	−0.09	0.22	−0.38
0.2	0.06	−0.30	0.61	−0.75	0.08	−0.30	0.58	−0.73
0.3	0.14	−0.53	0.76	−0.43	0.17	−0.50	0.70	−0.40
0.4	0.23	−0.68	0.53	0.32	0.27	−0.68	0.46	0.33
0.5	0.34	−0.71	0.02	0.71	0.38	−0.63	−0.03	0.68
0.6	0.46	−0.59	−0.48	0.33	0.45	−0.48	−0.49	0.29
0.7	0.59	−0.32	−0.66	−0.40	0.67	−0.18	−0.63	−0.47
0.8	0.79	0.07	−0.40	−0.64	0.74	0.17	−0.34	−0.62
0.9	0.86	0.52	0.23	−0.05	0.86	0.58	0.27	−0.02
1.0	1.00	1.00	1.00	1.00	1.00	1.00	1.00	1.00

注：高耸结构指迎风面宽度远小于其高度的结构；高层建筑指迎风面宽度较大的高层建筑。

（3）对于矩形截面及有凹角或削角矩形截面（图 4-18）的高层建筑，其横风向风振等效风荷载标准值可按下式计算：

$$w_{\mathrm{Lk}}=gw_0\mu_z C'_{\mathrm{L}}\sqrt{1+R_{\mathrm{L}}^2} \tag{4-49}$$

式中：C'_{L}——横风向风力系数；

R_{L}——横风向共振因子；

g——峰值因子，取 2.5；

w_0——基本风压；

μ_z——风压高度变化系数。

其他系数见荷载规范。

对于跨临界范围的强风共振，设计时必须按不同振型对结构进行验算。若临界风速起始点在结构底部，整个高度为共振区，其效应最为严重；若临界风速起始点在结构顶部，不发生共振，也不必验算横风向的风振荷载。一般认为低振型的影响占主导作用，只需考虑前四个振型即可满足要求，其中以前两个振型的共振最为常见。

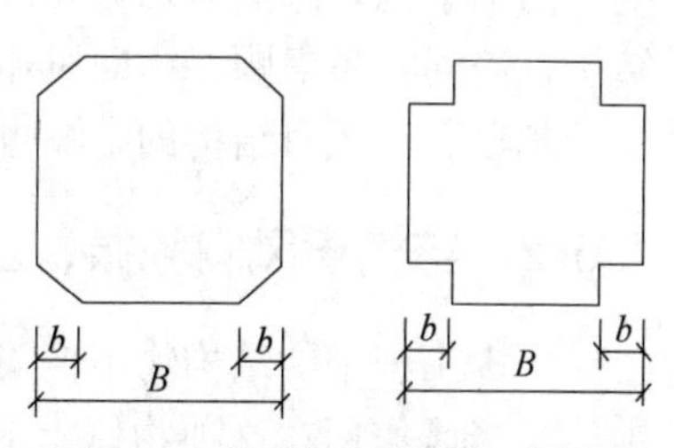

图 4-18 截面削角和凹角示意图

4.6 结构总风效应

4.6.1 风荷载组合工况

高层建筑和高耸结构在脉动风荷载作用下，其顺风向风荷载、横风向风振等效风荷载和扭转风振等效风荷载一般是同时存在的，但三种风荷载的最大值并不一定同时出现，因此在设计中应当按照规范考虑三种风荷载的组合工况，见表 4-14。其中，F_{Dk}、F_{Lk}、T_{Tk}按公式（4-10）、式（4-11）、式（4-12）计算。

表 4-14 风荷载工况

工况	顺风向风荷载	横风向风振等效风荷载	扭转风振等效风荷载
1	F_{Dk}	—	—
2	$0.6F_{Dk}$	F_{Lk}	—
3	—	—	T_{Tk}

顺风向和横风向计算公式分别是两个方向的最大风压值，但不一定同时出现，所以在工程中考虑三个方向等效荷载之间的组合。

此表主要参考日本规范方法并结合我国的实际情况和工程经验得出。

（1）一般情况下顺风向风振响应与横风向风振响应的相关性较小，对于以顺风向风荷载为主的情况，横风向风荷载不参与组合。

（2）对于以横风向风荷载为主的情况，忽略横风向和顺风向的相关性，因此不考虑顺风向荷载的脉动部分，但应将顺风向风荷载的平均值（静力部分）参与组合，简化为在顺风向风荷载标准值前乘以 0.6 的折减系数。对于扭转方向荷载，虽然研究表明，横风向和扭转方向的相关性不可忽略，但影响二者相关性的因素较多，在目前研究尚不成熟的情况下，暂不考虑扭转风荷载参与组合。

（3）当以扭转方向风荷载为主时，暂不考虑扭转风振等效风荷载与另外两个方向的风荷载的组合。规范规定：建筑物高度超过 150m，同时满足 $H/\sqrt{DB}\geqslant 3$，$D/B\geqslant 1.5$，$\frac{T_{T_1}v_H}{\sqrt{DB}}\geqslant 0.4$ 的高层建筑，扭转振型明显，宜考虑扭转风振的影响。

综上所述，低层结构，一般不考虑风振影响；高层结构，一般只考虑顺风向风振影响；高柔结构，既要考虑顺风向风振影响，又要考虑横风向风振影响；高柔且扭转明显的结构，需同时考虑顺、横向风振及扭转风振影响。一般而言，随着结构刚度的减小，结构振动越显著，风对结构的影响也越大。

4.6.2 结构横风向驰振、颤振和抖振

土木工程中的结构物不像飞机、轮船那样具有流线型形体，而多是具有棱边、方角的钝体。当风作用在这种物体上时，其周围气流通常呈分离型，且伴随有随时间变化的尾流，驰振、颤振都是空气动力学上的失稳振动现象。前面谈论的涡激共振是一般形状结构物必然伴随的现象，而驰振和颤振多发生在箱型截面和 H 型截面的结构物上。圆柱体由

于其对称性不会发生驰振，只有非圆截面形式的结构才可能发生驰振。

由于阻尼的存在，结构振动是稳定的。在某些情况下，外界激励可能产生负阻尼影响，当负阻尼大于正阻尼时，结构振动将不断加剧，直到达到破坏。这种现象称为驰振。当物体截面的旋转中心与空气动力的作用中心不重合时，将产生截面的平移和扭转耦合振动，对于这种振动形式，也会发生不稳定振动现象，称其为颤振。

在通常情况下，横风向弯曲单自由度振动称为驰振，而扭转单自由度振动称为颤振，弯曲和扭转相耦合振动称为弯扭颤振。驰振和颤振一旦发生，便产生剧烈的振动，这种失稳式的振动具有自激振动的因素，即在振动过程中，由结构物本身的运动不断给激振力提供能量，助长了运动的发生。总的来说，对驰振和颤振发生机理的详细认识还值得进一步探讨，目前暂且认为这种现象是激振的一种。

在城市中心比较密集的高层建筑中，当一个结构处于另一个结构的卡门涡街中时，有可能发生抖振。例如，两靠近的细长结构物，背风向的一个结构物就有可能发生抖振，若这时与背后一个结构物的频率接近的话，就极有可能发生抖振，故有人称抖振实际上是一种顺风向共振。国外已有人对高层建筑的抖振进行过风洞实验，结论是大致在结构物比较细长、结构阻尼比较小时的某一小部分情况下，抖振是有可能发生的，但只限于初步研究，未见在工程上应用。

思考题

1. 简述风形成的原因。
2. 说明风速和风压的关系。
3. 基本风压是如何规定的？
4. 影响基本风压的因素有哪些？
5. 非标准条件下如何换算风压？
6. 什么是风载体型系数？什么是风压高度变化系数和风振系数？
7. 计算顺风向风效应时为什么要区分平均风和脉动风？
8. 横风向风振产生的原因是什么？
9. 什么是锁定现象？
10. 如何进行横风向风振验算？
11. 如何计算总风效应？

第5章　地震作用

5.1　地震基本知识

地震是一种对人类造成极大威胁的自然灾害。地震的发生与地球的构造及运动有关。据统计，全世界每年大约发生地震500万次，其中人能感觉到的约有5万次。我国平均每年发生6级以上的破坏性地震5.4次，给人民的生命和财产造成巨大损失。1556年，陕西关中发生8.6级地震，83万人死亡；1668年，山东郯城发生8.5级地震，波及8省161县，5万余人死亡，是中国历史上最大的地震之一，破坏区面积达50万平方千米以上，史称“旷古奇灾”；1976年，河北唐山发生7.8级地震，24万人死亡，受伤16万人，一座重工业城市毁于一旦，直接经济损失100亿元人民币以上，恢复重建又花费100亿元人民币，为20世纪世界上人员伤亡最大的地震；2008年，四川汶川发生8.0级地震，约9万人死亡，37.5万人受伤，直接经济损失达8451亿元人民币。

为了减轻或避免地震带来的损失，就需要对地震有较深的了解，研究如何防止或减少建（构）筑物由于地震而造成的破坏。本节就地震的有关基本知识进行简要介绍。

5.1.1　地球构造及地震类型和成因

1. 地球构造

地球是一个平均半径约为6400km的椭球体，由地壳、地幔和地核三层不同的物质构成，如图5-1所示。

最外层的地壳是由各种结构不均匀、厚薄不一的岩层组成的，平均厚度为30～40km，主要物质上部是花岗岩，下部是玄武岩；中间层地幔是由质地非常坚硬、结构比较均匀的橄榄岩组成，平均厚度2900km，地幔上部温度为1000℃，其中存在厚约几百千米的软流层，一般认为软流层是岩浆的主要发源地；内层为地核，平均厚度3500km，主要物质是镍和铁，温度高达4000～5000℃，地核又分为外核和内核，外核厚约2100km，外核物质接近液态，内核则可能为固态。

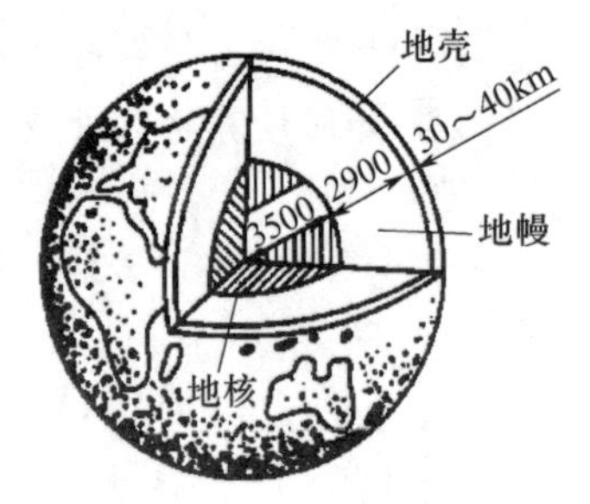

图5-1　地球构造示意图

目前所观测到的最深地震发生在地下700km处，可见地震仅发生在地球的地壳和地幔上部，世界上绝大部分的地震都发生在地壳内。

2. 地震的类型

地震按其产生的原因可分为三类：构造地震、火山地震、陷落地震。

构造地震是由于地壳运动，推挤地壳岩层使其薄弱部位发生断裂、错动而引起的地震。构造地震破坏性大，影响范围广，约占地震总数的90％以上。

伴随火山喷发或由于地下岩浆迅猛冲击地面引起的地面运动称为火山地震。这类地震一般强度不大，影响范围和造成的破坏程度均较小。火山地震主要分布于环太平洋、地中海以及东非等地带，约占地震总数的3％左右。

陷落地震是由于地表或地下岩层突然大规模陷落或崩塌而造成的地震。这类地震的发生主要由重力引起，地震释放的能量与波及的范围均很小，主要发生在具有地下溶洞或古旧矿坑地质条件的地区。这类地震的震级很小，造成的破坏也很小，约占地震总数的7％左右。

后两类地震震级小，在我国危害小。构造地震造成地面建筑物破坏严重，对人类的危害大，是工程抗震研究的主要地震类型。

3. 构造地震的成因

由于地壳构造运动造成岩层相互接触碰撞，产生挤压变形，随着挤压变形的发展，附近的岩石所积聚的应力也逐渐增大。构造地震是由于地应力在某一地区逐渐增加，岩石变形也不断增加，当地应力超过岩石的极限强度时，在岩石的薄弱处突然发生断裂和错动，岩层中累积的能量部分突然释放，引起振动，其中一部分能量以波的形式传到地面，就产生了地震，如图5-2所示。构造地震发生断裂错动的地方所形成的断层叫发震断层。

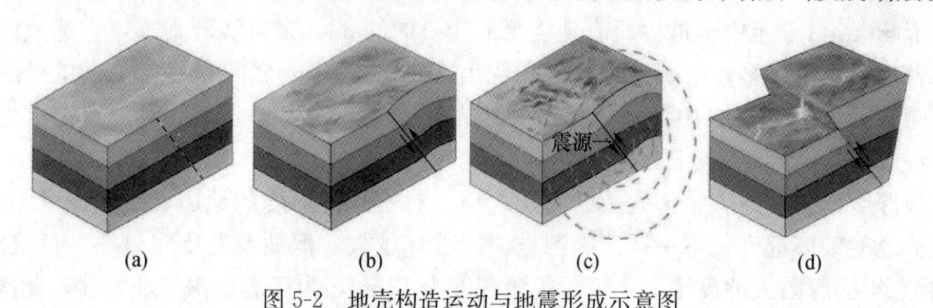

图5-2　地壳构造运动与地震形成示意图

（a）原始地面状态；（b）受力变形；（c）岩层断裂；（d）岩层错动

岩层断裂通常不是沿一个平面发展的，而是形成一系列断裂组成的破碎带。一个部位发生断裂，能量释放，达到平衡状态，其他部位还没有达到平衡状态，还要释放能量，即沿整个破碎带的岩层不会同时达到平衡，因此在一次强烈地震（即主震）后，伴随一系列小震（即余震）的发生。例如1976年唐山地震主震7.8级，7级以上余震2次，6.0～6.9级余震2次，5.0～5.9级余震71次，4.0～4.9级余震668次。

构造地震的发生与地质构造密切相关，往往发生在地应力比较集中、构造比较脆弱的地段，即原有断层的端点或转折处、不同断层的交汇处。

4. 地震术语

震源：即发震点，是指岩层断裂处。震源不是一个点，而有一定的范围和深度，如图5-3所示。

震中：震源正上方的地面位置。

震中区：震中附近地区。

极震区：破坏最为严重的地区。

震源深度：指震中至震源的垂直距离。

震中距：指地面某处到震中的距离。

等震线：一次地震中，根据地面破坏情况，利用地震烈度表对周围每一个地点评估出一个烈度，烈度相同点的外包连线叫等震线。

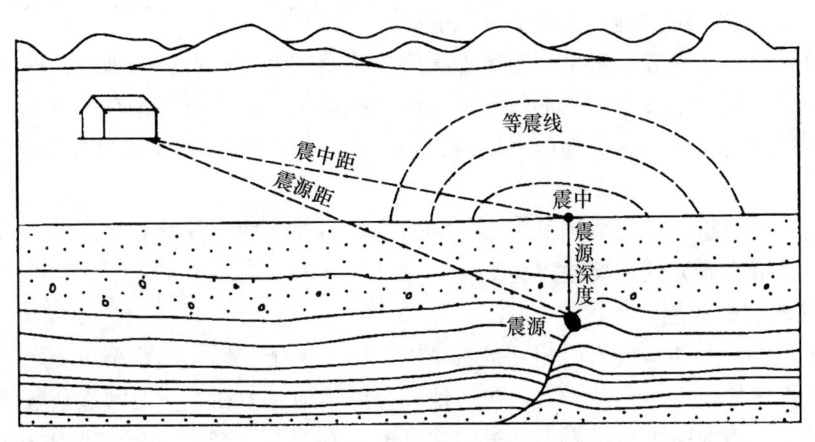

图 5-3　地震术语图解

地震按照震源的深浅分为浅源地震、中源地震和深源地震三类。其中浅源地震的震源深度小于 60km，一年中全世界所有地震释放能量的约 85％来自浅源地震，它造成的危害最大，发生的数量最多；中源地震的震源深度在 60～300km 之间，一年中全世界所有地震释放能量的约 12％来自中源地震；深源地震的震源深度大于 300km，一年中全世界所有地震释放能量的约 3％来自深源地震。

震源深度是影响地震灾害大小的因素之一。对于同样强度的地震，震源深度不一样，对地面造成的破坏程度也不一样。震源越浅，破坏越大，但波及范围也越小，反之亦然。例如 1976 年的唐山大地震是 7.8 级，震源深度为 12km，由于震源深度非常浅，此次地震损伤特别严重；而 2002 年吉林延边发生 7.2 级大地震，震源深度 540km，释放的能量相当于 300 多颗在广岛爆炸的原子弹，但由于其震源深度很深，所以并未对人们造成伤害。

5.1.2　地震分布

对地应力的产生较为公认的是板块构造学说。该学说认为，地球表面岩层由六大板块和若干小板块组成，六大板块分别是欧亚板块、太平洋板块、澳洲板块、美洲板块、非洲板块和南极板块。地球上的主要地震带就处于这些大板块的交接处。据资料统计，全世界 85％左右的地震发生在板块边缘及附近，仅有 15％左右发生在板块内部。

1. 世界地震分布

全球的地震分布很不均匀，存在着一些震中密集的地带，即地震带。在地震带外，地震很少，且分布零散。地震带的存在与地质构造有关，全球地震最频繁的区域分布在板块的边缘。最大的两大地震带是环太平洋地震带和欧亚地震带。

2. 中国地震分布

我国处于世界两大地震带——环太平洋地震带与欧亚地震带之间，受太平洋板块、印度板块和菲律宾海板块的挤压，地震断裂带十分活跃。中国地震活动频度高、强度大、震源浅、分布广，是一个震灾严重的国家。台湾地区是环太平洋地震带影响地区的主要代表，而四川、西藏、云南等中国西部地区受欧亚地震带影响较多，这些地区成为地震频发区。

我国的地震活动呈带形分布，主要地震带有两条：南北地震带和东西地震带。南北地震带北起贺兰山、六盘山，向南穿越秦岭经龙门山直达川西、滇东地区。地震带贯穿南北，宽度各处不一，大致在数十至百余千米左右，分界线是由一系列规模很大的断裂带及断陷盆地组成，构造十分复杂。2008 年 5 月 12 日四川汶川 8.0 级大地震就发生在这一地震带上。东西地震带主要有两条，北面的一条沿陕西、河北北部向东延伸，直至辽宁北部的千山一带，南面的一条自帕米尔起，经昆仑山、秦岭直至大别山地区。据此，我国大致可划分为 6 个地震活动区：台湾地区、喜马拉雅山地区、南北地区、天山地区、华北地区、东南沿海地区。中国地震带的分布是制定中国地震重点监视防御区的重要依据。

5.1.3　震级与烈度

1. 震级

衡量一次地震规模大小的数量等级。它与地震所释放的能量有关。由于人们所能观测到的只是传播到地表的振动，即地震仪记录到的地震波，因此仅能用振幅大小来衡量地震的等级。

目前，国际上较为通用的是里氏震级，它是由美国地震学家里克特在 1935 年首先提出的一种震级标度。

里氏震级的定义：标准地震仪（自振周期 0.8s，阻尼系数 0.8，放大倍数 2800）在距震中 100km 处所记录到的最大水平地面位移 A 的常用对数 M：

$$M=\lg A \tag{5-1}$$

式中：M——里氏地震等级；

A——标准地震仪距震中 100km 处的最大水平地面位移，μm（微米），$1\mu m=1\times 10^{-6}m$。

【例 5-1】 在距震中 100km 处标准地震仪记录到的最大振幅为 100mm，试确定地震震级。

解： $A=100mm=100000\mu m$，则 $M=\lg A=\lg 10^5=5$。

即这次地震为 5 级。

由此可知，地震仪监测到最大振幅为 1μm 的地震波，地震震级便是 0 级；10μm 的地震波是 1 级地震；1mm 的地震波是 3 级地震。依此类推，里氏震级每上升 1 级，地震仪记录的地震波振幅增大 10 倍。

在实际观测中，如果使用的地震仪为非标准地震仪，且观测地点也并非距离震中 100km 处，这时公式（5-1）就不再适用，需要按下面的公式进行计算。

$$M=\lg A-\lg A_0 \tag{5-2}$$

式中：A——待定震级地震记录的最大振幅；

A_0——被选定为标准的某一特定地震（在同一震中距）的最大振幅。

里氏震级也称近震震级，主要适用于6级及以下的中小地震。当地震较为强烈，地面运动振幅较大时，地表土将产生较大的黏滞塑性变形，消耗地面振动能量，从而会抑制地面振幅，如果此时还用振幅来衡量地震震级的大小，必然会带来较大的不准确性。这时，可以用地震释放的能量来表示震级。

$$\lg E = 1.5M + 11.8 \tag{5-3}$$

式中：E——地震释放的能量，erg（尔格），$1\text{erg}=1\times10^{-7}\text{J}$。

震级是衡量一次地震释放能量大小的尺度，震级每差一级，地震释放的能量差32倍。一个1级地震所释放的能量约为2×10^6J。一个6级地震相当于一个2万吨级原子弹所释放的能量。

根据里氏震级的大小可初步对地震强弱进行定性划分：$M<2$级的称为微震，即人感觉不到，但仪器可以记录；$M=2\sim4$级称为有感地震；$M\geqslant5$级时，对建筑物会有不同程度的破坏，称为破坏性地震；当$M\geqslant7$级时称为强烈地震或大地震；当$M>8$级时称为特大地震，如图5-4所示。到目前为止，世界上记录到的最大地震的震级为8.9级（矩震级9.5级），于1960年发生于南美洲的智利。

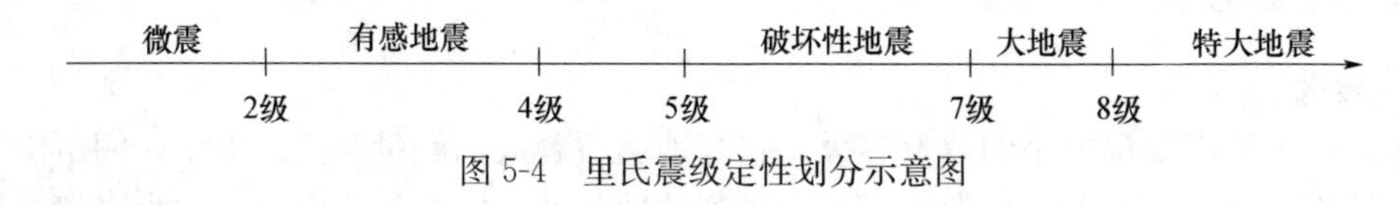

图5-4　里氏震级定性划分示意图

2. 地震烈度

地震烈度是指某一特定地区的地面和各类建（构）筑物遭遇一次地震影响的强烈程度。地震烈度与震级、震中距、震源深度、地质构造、建筑物和构筑物的地基条件有关。烈度的大小是根据人的感觉、地面房屋受破坏程度等综合因素评定的结果。

地震烈度是地震后果的一种评价，又是地面运动的一种度量，它是联系宏观震害现象和地面运动强弱的纽带。需要指出的是，地面造成的破坏是多因素综合影响的结果，把地震烈度孤立地与某项物理指标联系起来的观念是片面的、不适当的。为了便于评判地震烈度的大小，我国采用12等级地震烈度表，见表5-1，它是根据地震时人的感受、器物的反应、建筑物破坏和地表现象划分的。

表5-1　中国地震烈度表

地震烈度	人的感受	房屋震害			其他震害现象	水平向地面运动	
		类型	震害程度	平均震害指数		峰值加速度（m/s²）	峰值速度（m/s）
Ⅰ	无感	—	—	—	—	—	—
Ⅱ	室内个别静止中的人有感觉	—	—	—	—	—	—
Ⅲ	室内少数静止中的人有感觉	—	门、窗轻微作响	—	悬挂物微动	—	—

续表

地震烈度	人的感受	房屋震害			其他震害现象	水平向地面运动	
		类型	震害程度	平均震害指数		峰值加速度（m/s^2）	峰值速度（m/s）
Ⅳ	室内多数人、室外少数人有感觉，少数人梦中惊醒	—	门、窗作响	—	悬挂物明显摆动，器皿作响	—	—
Ⅴ	室内绝大多数人、室外多数人有感觉，多数人梦中惊醒	—	门窗、屋顶、屋架颤动作响，灰土掉落，个别房屋抹灰出现细微裂缝，个别檐瓦掉落，个别屋顶烟囱掉砖	—	悬挂物大幅度晃动，不稳定器物摇动或翻倒	0.31（0.22～0.44）	0.03（0.02～0.04）
Ⅵ	多数人站立不稳，少数人惊逃户外	A	少数中等破坏，多数轻微破坏和/或基本完好	0～0.11	家具或物品移动；河岸和松软土出现裂缝；饱和砂层出现喷砂冒水；个别独立砖烟囱轻度裂缝	0.63（0.45～0.89）	0.06（0.05～0.09）
		B	个别中等破坏，少数轻微破坏，多数基本完好				
		C	个别轻微破坏，大多数基本完好	0～0.08			
Ⅶ	大多数人惊逃户外，骑自行车的人有感觉，行驶中的汽车驾乘人员有感觉	A	少数毁坏和/或严重破坏，多数中等和/或轻微破坏	0.09～0.31	物体从架子上掉落；河岸出现塌方，饱和砂层常见喷水冒砂，松软土地裂缝较多；大多数独立砖烟囱中等破坏	1.25（0.90～1.77）	0.13（0.10～0.18）
		B	少数中等破坏，多数轻微破坏和/或基本完好				
		C	少数中等和/或轻微破坏，多数基本完好	0.07～0.22			
Ⅷ	多数人摇晃颠簸，行走困难	A	少数毁坏，多数严重和/或中等破坏	0.29～0.51	干硬土上出现裂缝，饱和砂层绝大多数喷水冒砂；大多数独立砖烟囱严重破坏	2.50（1.78～3.53）	0.25（0.19～0.35）
		B	个别毁坏，少数严重破坏，多数中等和/或轻微破坏				
		C	个别严重和/或中等破坏，多数轻微破坏	0.20～0.40			
Ⅸ	行动的人摔倒	A	多数严重破坏和/或毁坏	0.49～0.71	干硬土上多数出现裂缝，可见基岩裂缝、错动、滑坡、塌方；独立砖烟囱多数倒塌	5.00（3.54～7.07）	0.50（0.36～0.71）
		B	少数毁坏，多数严重和/或中等破坏				
		C	少数毁坏和/或严重破坏，多数中等和/或轻微破坏	0.38～0.60			
Ⅹ	骑自行车的人会摔倒，处于不稳状态的人会摔离原地，有抛起感	A	绝大多数毁坏	0.69～0.91	山崩和地震断裂出现；基岩上拱桥破坏；大多数独立砖烟囱从根部破坏或倒毁	10.00（7.08～14.14）	1.00（0.72～1.41）
		B	大多数毁坏				
		C	多数毁坏和/或严重破坏	0.58～0.80			

续表

地震烈度	人的感受	房屋震害			其他震害现象	水平向地面运动	
		类型	震害程度	平均震害指数		峰值加速度（m/s^2）	峰值速度（m/s）
Ⅺ	—	A	绝大多数毁坏	0.89～1.00	地震断裂延续很长，大量山崩滑坡	—	—
		B					
		C		0.78～1.00			
Ⅻ	—	A	几乎全部毁坏	1.00	地面剧烈变化，山河改观	—	—
		B					
		C					

3. 震级和烈度的关系

地震震级和地震烈度是描述地震现象的两个参数。地震震级是表示地震本身大小的尺度，是由地震所释放出来的能量大小所决定的，释放出的能量越大震级越大，因为一次地震释放的能量是固定的，所以无论在任何地方测定都只有一个震级。一次地震，只有一个震级，但烈度对于不同地点却不同，即一次地震对于不同地点的影响是不同的，震中距越大，地震影响越小，烈度越低；震中距越小，地震影响越大，烈度越高。震中区的烈度称为震中烈度，震中烈度往往最高。如同炸弹爆炸中心附近破坏力大，距爆炸中心越远，破坏力越小。对于一个固定地点，震级越大，确定地点上的烈度也越大。例如汶川地震的极震区（地震时地壳断裂带的正上方地带）的地震烈度为 11 度，都江堰市离震中区只有 20 多千米，所以那里灾情重，按新闻报道的描述，应为 9 度烈度区，成都距离震中约 70 千米，市区的地震烈度可能是 6 度，局部可能是 7 度。

震中一般是一次地震烈度最大的地区，震中烈度与震级和震源深度有关，是两者的函数。对人民生命财产安全影响最大、发生最多的地震震源深度一般在 10～30km，所以我们近似认为震源深度不变，进行震中烈度和震级之间的关系研究。根据我国地震资料，对于多发性的浅源地震（震源深度在 10～30km），可建立起震中烈度 I_0 与震级 M 之间的近似关系，见表 5-2。

表 5-2　震中烈度与震级的对应关系

震级 M	2	3	4	5	6	7	8	8 以上
震中烈度 I_0	1～2	3	4～5	6～7	7～8	9～10	11	12

由对应关系得到经验公式：

$$M=1+\frac{2}{3}I_0 \tag{5-4}$$

4. 抗震设防

抗震设防是指对建筑物进行抗震设计，包括地震作用、抗震承载力计算和采取抗震措施，以此达到抗震的效果。我国《建筑抗震设计规范》（GB 50011—2010）规定，抗震设防烈度为 6 度及以上地区的建筑必须进行抗震设计。

抗震设防的依据是设防烈度。抗震规范给出了我国主要城镇抗震设防烈度（参看我国抗震设计规范附录)。汶川地区旧规范给出的设防烈度是 7 度，也就是说当地震在本地区的地震烈度（注意不是震级）是 7 度时，建筑可以抵抗住这次地震。汶川地震震级是 8.0 级，相应的地震烈度可能达到 10～11 度，大大超过了 7 度的地震烈度设防水平，因此就不难解释为什么那么多建筑突然之间被夷为平地。地震过后，建筑抗震规范也做出相应的修订，汶川地区的抗震设防烈度提升为 8 度。

5.1.4　地震波和地面运动

1. 地震波

地震引起的振动以波的形式从震源向各个方向传播并释放能量，这就是地震波。地震波是一种弹性波，它包括地球内被传播的体波和只限于地面附近传播的面波。

体波是由震源向外传递的波，分为纵波（P 波）和横波（S 波)。

纵波在传播过程中，其介质质点的振动方向与波的前进方向一致，从而使介质不断地压缩和疏松，故纵波又称为压缩波或疏密波，如图 5-5（a）所示。纵波的特点是周期短、振幅小，声波就是在空气中传播的一种纵波。

纵波的波速为：

$$v_P=\sqrt{\frac{E(1-\mu)}{\rho(1+\mu)(1-2\mu)}} \tag{5-5}$$

式中：E——介质的弹性模量，MPa；

ρ——介质密度，kg/m^3；

μ——介质的泊松比。

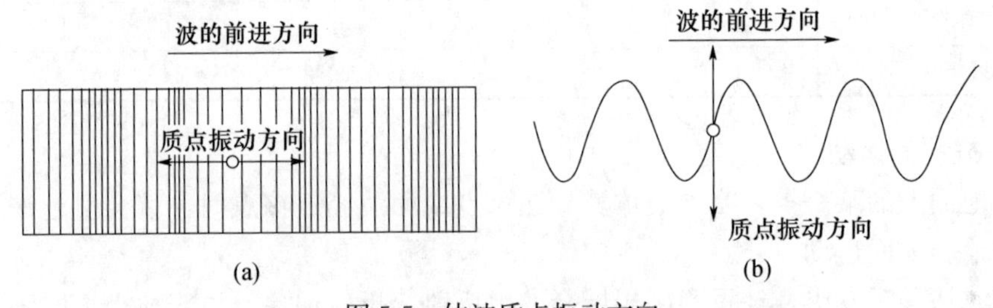

图 5-5　体波质点振动方向

(a) 纵波；(b) 横波

横波在传播过程中，其介质质点的振动方向与波的前进方向垂直，横波又称为剪切波，如图 5-5（b）所示。横波的传播特点是周期长、振幅大。

横波的波速为：

$$v_s=\sqrt{\frac{E}{2\rho(1+\mu)}}=\sqrt{\frac{G}{\rho}} \tag{5-6}$$

式中：G——介质的剪切模量，MPa。

对于一般地表土层介质，近似取泊松比 $\mu=0.25$，$v_p=\sqrt{3}v_s$。由此可见，纵波的传播速度比横波的传播速度要快，纵波先于横波到达。

横波只能在固体中传播，这是因为流体不能承受剪应力。纵波在固体和液体内部都能传播。

面波是体波经地面多次反射、折射形成的次生波，包括瑞利波（R波）和洛夫波（L波）。

瑞利波传播时，质点在波的传播方向与地表面法线组成的平面内做逆向椭圆形运动，故此波呈现滚动形式，如图5-6（a）所示；洛夫波传播时，将使质点在地平面内做与波的前进方向相垂直的水平方向运动，即在地面上做蛇形运动，如图5-6（b）所示。R波和L波随地面深度的增加，振幅剧减，因此只在地表传播，使得地上建筑比地下建筑受地震影响的程度大。

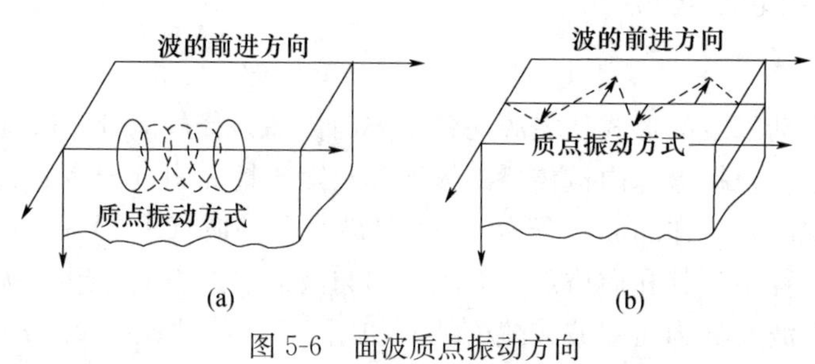

图5-6　面波质点振动方向

（a）瑞利波；（b）洛夫波

与体波相比，面波波速慢、周期长、振幅大、衰减慢，能传播到很远的地方。面波波速只有S波传播速度的92%。将四类波的特点归纳、对比，见表5-3。

表5-3　地震波特点对比

	P波	S波	R波和L波
波速	快	较快	慢
周期	短	较短	长
振幅	小	较小	大

2. 地震地面运动

对于地面上的某一点，当地震体波到达该点或面波经过该点时，就会引起该点往复运动，此即地震地面运动。

地震波从震源发出，经过不同岩层会发生反射、折射现象。由于地表土层一般是越深越坚硬，波的反射、折射性质，体波传播到地面时，其行进方向近似与地面垂直。因而，当地震波传播到地表时，纵波使建筑物产生上下颠簸，横波使建筑物产生水平摇晃，而面波使建筑物既产生上下颠动又产生水平晃动，振动方向复杂。当横波与面波都到达时振动最为剧烈。一般情况下，横波产生的水平振动是导致建筑物破坏的主要因素，在强震震中区，纵波产生的竖向振动造成的影响也不容忽视。

发生地震时，在地震仪上首先记录到的地震波是纵波，也被称为"初波"或P波，随后记录到的才是横波，也被称为"次波"或S波。由于纵波的传播方向与质点的振动方向一致，且衰减快，因此在震中附近竖向振动比较明显，横波传播方向与质点振动方向垂直，因此在距离震中一段距离的地区水平振动明显。

3. 地震记录

地震地面运动时的位移、速度、加速度可以通过仪器记录下来用于工程抗震研究。图5-7为某一强震记录中的加速度时程曲线、速度时程曲线及位移时程曲线。

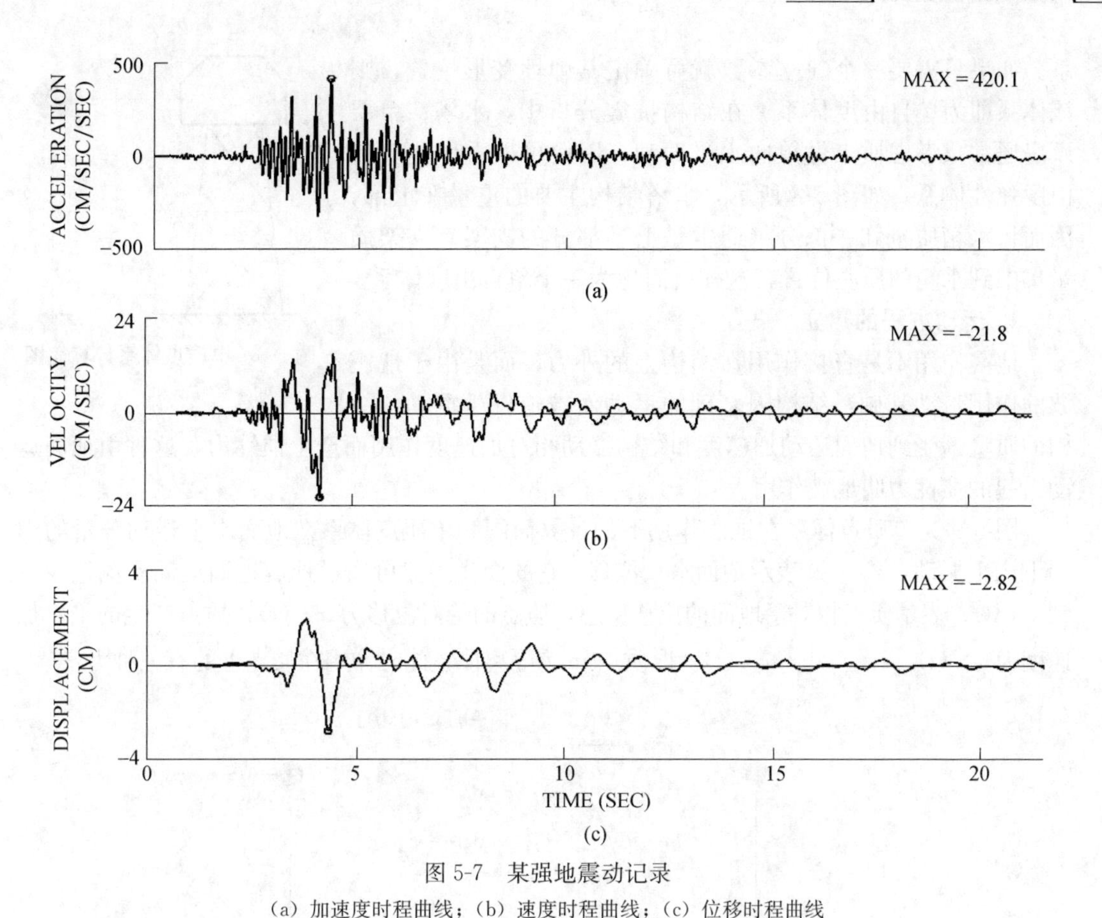

图 5-7　某强地震动记录

（a）加速度时程曲线；（b）速度时程曲线；（c）位移时程曲线

地震实测记录表明，地震地面运动极不规则，是由许多不同频率简谐运动合成的复合运动。地震动的主要特征通过三个要素来描述，即地震动的三要素：幅值、频谱和持时。幅值表征地面运动的强烈程度；频谱表征地面运动的频率成分；持时是指强震持续时间，表征地面运动对工程结构反复作用的次数和对其损伤、破坏的累积效应。

一般来说，震级较大、震中距较远的地震对长周期柔性结构的破坏，比同样烈度下震级较小、震中距较近的地震造成的破坏要大。产生这种现象的主要原因是“共振效应”，即地震波中的高频分量随传播距离的衰减比低频分量要快，震级大、震中距远的地震波，其主导频率为低频分量，与长周期结构的自振周期接近。

5.2　单质点体系地震作用

对于各类工程结构，其质量沿结构高度是连续分布的或质量大都集中在屋盖或楼面处。为了便于分析，减少计算工作量，把结构的全部质量假想地集中到若干质点上，结构杆件本身则看成是无重弹性直杆，此即集中质量法。这样不仅能使计算得到简化，并且能够较好地反映它的动力性能。

5.2.1　单质点体系地震反应

在结构抗震分析中，如果结构的主要质量集中在一个高度上，就可以简化为单质点体

系。如果只需要一个独立参数就可确定其弹性变形位置，则该体系即为单自由度体系。在结构抗震分析中，水塔、单层厂房通常只考虑质点做单向水平振动，因而可以看作是单自由度弹性体系。如图 5-8 所示，水塔结构主要的重量在上部，因而将水箱质量和一部分（通常是上半部分的支架）支架质量集中到水箱的质心位置，这样就简化为一个单自由度体系。

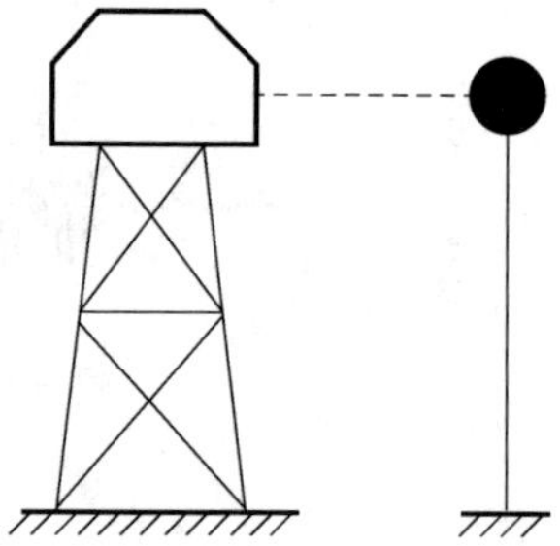

图 5-8　单质点体系计算简图

1. 运动方程的建立

地震作用不是直接作用在结构上的外力，而是由于地震波的作用带动基础，结构因基础的运动而被迫发生振动，结构的质量因受到地面运动加速度和结构振动相对加速度作用而产生惯性力，这种由地面运动引起的惯性力叫地震作用。

图 5-9 为单质点体系在地震作用下的计算简图。单质点体系在地面水平运动分量的作用下产生振动，x_g（t）表示地面水平位移，它的变化规律可通过地震地面运动实测记录得到，x（t）表示质点相对于地面的位移反应，质点的绝对位移为 x_0（t），质点产生的绝对加速度为 $\ddot{x}_0$（t）$=\ddot{x}$（t）$+\ddot{x}_g$（t）。取质点 m 为隔离体，此时作用在质点上的有三种力：

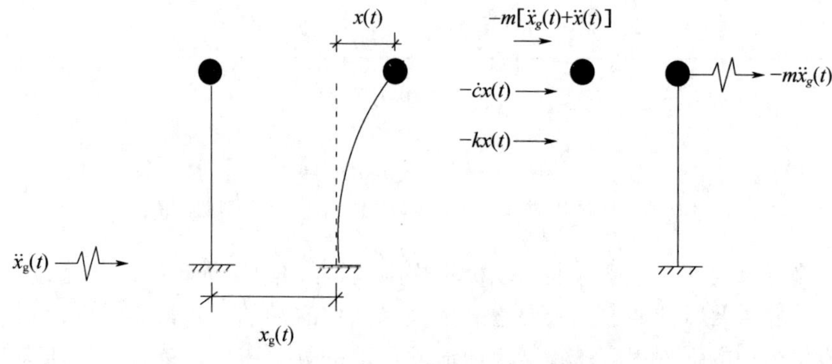

图 5-9　单质点体系计算简图

惯性力：为质点的质量和绝对加速度的乘积，方向与加速度方向相反

$$f_I=-m[\ddot{x}_g(t)+\ddot{x}(t)] \tag{5-7}$$

阻尼力：在结构振动过程中由于材料内摩擦、地基能量耗散、外部介质阻力等因素，使振动能量逐渐损耗，结构振动不断衰减的力，方向与加速度方向相反

$$f_c=-c\dot{x}(t) \tag{5-8}$$

弹性恢复力：由于弹性杆变形产生的使质点从振动位置恢复到平衡位置的一种力，方向与加速度方向相反

$$f_k=-kx(t) \tag{5-9}$$

式中：x（t）、$\dot{x}$（t）、$\ddot{x}$（t）——分别为质点相对于地面的位移、速度和加速度；

$\ddot{x}_g$（t）——地震时的地面水平向运动加速度；

c——体系阻尼系数；

k——弹性支撑杆的刚度，即质点发生单位水平位移时，需在质点上施加的力。

由达朗贝尔原理建立平衡，得到运动微分方程：

$$-m[\ddot{x}(t)+\ddot{x}_g(t)]-c\dot{x}(t)-kx(t)=0 \tag{5-10}$$

整理可得：

$$m\ddot{x}(t)+c\dot{x}(t)+kx(t)=-m\ddot{x}_g(t) \tag{5-11}$$

令：$\omega=\sqrt{\frac{k}{m}}$，$\zeta=\frac{c}{2\omega m}=\frac{c}{2\sqrt{km}}$

式中：ω——无阻尼自振圆频率；

　　ζ——阻尼比。

带入方程得：

$$\ddot{x}(t)+2\zeta\omega\dot{x}(t)+\omega^2x(t)=-\ddot{x}_g(t) \tag{5-12}$$

上式即为单质点弹性体系在地震作用下的运动微分方程，这是一个常系数二阶非齐次微分方程。它的解包括两部分，一是微分方程对应的齐次方程的通解——代表自由振动，另一个是微分方程的特解——代表强迫振动。

2. 运动方程的解

初始条件 $t=0$ 时，初位移 $x=x(0)$，$\dot{x}=\dot{x}(0)$，带入上式微分方程，得到齐次方程的通解：

$$x(t)=\mathrm{e}^{-\zeta\omega t}\left[x(0)\cos\omega' t+\frac{\dot{x}(t)+\zeta\omega x(0)}{\omega'}\sin\omega' t\right] \tag{5-13}$$

上式表示有阻尼单质点体系的自由振动为按指数函数衰减的简谐振动。

式中，ω'——有阻尼自振圆频率，$\omega'=\omega\sqrt{1-\zeta^2}$，当 $c=c_r=2\omega m$ 时，$\zeta=1$，此时，$\omega'=0$，说明结构不发生任何振动，此时的阻尼系数为临界阻尼系数 c_r，ζ 称为临界阻尼比。一般结构阻尼比 $\zeta<0.1$，有阻尼频率 ω' 和无阻尼频率 ω 很接近，故常用 ω 取代 ω'。

当无阻尼时，$\zeta=0$，无阻尼的单自由度体系自由振动方程：$\ddot{x}(t)+\omega^2x(t)=0$，

则解为：

$$x(t)=x(0)\cos\omega t+\frac{\dot{x}(0)}{\omega}\sin\omega t \tag{5-14}$$

无阻尼时，振幅始终不变，有阻尼时，振幅逐渐衰减，阻尼比越大，振幅衰减越快。

非齐次方程：

$$\ddot{x}(t)+2\zeta\omega\dot{x}(t)+\omega^2x(t)=-\ddot{x}_g(t)$$

求解非齐次方程的特解时可利用冲量法。即将方程右边的 $-\ddot{x}_g(t)$ 看作是随时间变化的单位质量的“扰力”，将此扰力看作是连续作用的一系列冲量，求出每个冲量引起的位移后将这些位移相加即为动荷载引起的位移。

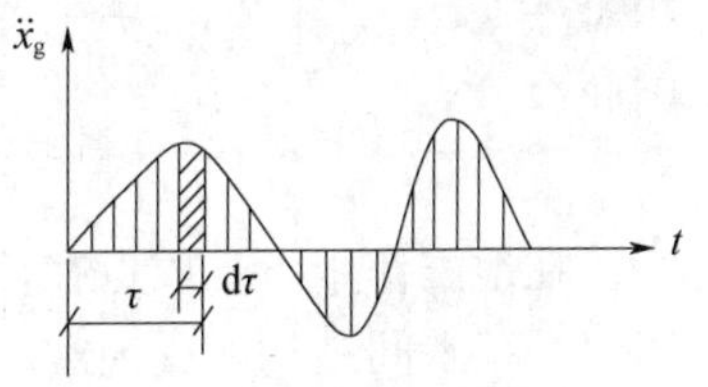

图 5-10　加速度时程曲线由无穷多微分脉冲组成

将地面运动加速度时程曲线看作是无穷多个连续作用的微分脉冲，如图 5-10。图中的阴影部分就是一个微分脉冲，它在 $t=\tau-\mathrm{d}\tau$ 时刻开始作用在体系上，其作用时间为 $\mathrm{d}\tau$，大小为 $-\ddot{x}_g\mathrm{d}\tau$。到 τ 时刻这一微分脉冲从体系上移去后，体系只产生自由振动。只要把这无穷多个脉冲作用后产生的自由振动叠加起来即可求得有阻尼单自由度弹性体系运动微分方程的解 $x(t)$，用积分式表达为：

$$x(t)=\int_0^t \mathrm{d}x(t)=-\frac{1}{\omega'}\int_0^t \ddot{x}_g(\tau)\mathrm{e}^{-\zeta\omega(t-\tau)}\sin\omega'(t-\tau)\mathrm{d}\tau \tag{5-15}$$

上式称为杜哈梅积分，即非齐次方程的特解。由于结构的阻尼作用，式（5-13）代表的自由振动衰减很快，其影响可以忽略不计，则式（5-15）可认为是式（5-12）的通解。

由于体系在地震波作用之前处于静止状态，其初始条件 $x(0)=\dot{x}(0)=0$，齐次解为零，所以杜哈梅积分就是方程的通解。

对式（5-15）求导可得到相对速度和绝对加速度分别为：

$$\dot{x}(t)=-\int_0^t \ddot{x}_g(\tau)e^{-\zeta\omega(t-\tau)}\left[\cos\omega'(t-\tau)-\frac{\zeta}{\sqrt{1-\zeta^2}}\sin\omega'(t-\tau)\right]d\tau \tag{5-16}$$

$$\ddot{x}(t)+\ddot{x}_g(t)=\omega'\int_0^t \ddot{x}_g(\tau)e^{-\zeta\omega(t-\tau)}\left[\left(1-\frac{\zeta^2}{1-\zeta^2}\right)\sin\omega'(t-\tau)+\frac{2\zeta}{\sqrt{1-\zeta^2}}\cos\omega'(t-\tau)\right]d\tau \tag{5-17}$$

一般阻尼比很小，取 $\omega'\approx\omega$，$\sqrt{1-\zeta^2}\approx1$，上面的相对位移、相对速度和绝对加速度可简化为：

$$x(t)=-\frac{1}{\omega}\int_0^t \ddot{x}_g(\tau)e^{-\zeta\omega(t-\tau)}\sin\omega(t-\tau)d\tau \tag{5-18}$$

$$\dot{x}(t)=-\int_0^t \ddot{x}_g(\tau)e^{-\zeta\omega(t-\tau)}\cos\omega(t-\tau)d\tau \tag{5-19}$$

$$\ddot{x}(t)+\ddot{x}_g(t)=\omega\int_0^t \ddot{x}_g(\tau)e^{-\zeta\omega(t-\tau)}\sin\omega(t-\tau)d\tau \tag{5-20}$$

由于在推导过程中采用了迭加原理，杜哈梅积分只能用于弹性体系；地面运动加速度 $\ddot{x}_g(t)$ 是一个不规则函数，难以用解析式表达，杜哈梅积分只能通过数值积分求解。

5.2.2 地震作用和地震反应谱

1. 地震作用

地震释放的能量以波的形式传到地面，引起地面振动。振动过程中总是作用在结构上的惯性力就是地震作用，它使结构产生内力，发生变形。

作用于质点上的惯性力等于质点的质量乘以质点的绝对加速度，即：

$$F(t)=-m[\ddot{x}(t)+\ddot{x}_g(t)] \tag{5-21}$$

由公式（5-10）可得：

$$-m[\ddot{x}(t)+\ddot{x}_g(t)]=c\dot{x}(t)+kx(t) \tag{5-22}$$

相对于 kx（t）来说，$c\dot{x}$（t）很小，可以略去不计，

因此，

$$F(t)=-m[\ddot{x}(t)+\ddot{x}_g(t)]=c\dot{x}(t)+kx(t)\approx kx(t) \tag{5-23}$$

在地震作用下，质点在任一时刻的相对位移 x（t）与该时刻的瞬时惯性力 F（t）成正比，某瞬间结构所受地震作用可以看成是该瞬间结构自身质量产生的惯性力的等效力，利用它的最大值来对结构进行抗震验算，就可以使抗震设计这一动力计算问题转化为相当于静力荷载作用下的静力计算问题。

质点相对于地面的最大绝对加速度用 S_a 表示，则：

$$S_a=|\ddot{x}(t)+\ddot{x}_g|_{max}=\omega\left|\int_0^t \ddot{x}_g(\tau)e^{-\zeta\omega(t-\tau)}\sin\omega(t-\tau)d\tau\right|_{max} \tag{5-24}$$

由上式可以看出，S_a 与地面运动加速度 $\ddot{x}_g$（τ）、结构自振频率 ω、阻尼比 ζ 有关。S_a 可以通过反应谱确定。

水平地震作用取其最大绝对值，得：

$$F = m\omega \left| \int_0^t \ddot{x}_g(\tau) e^{-\zeta\omega(t-\tau)} \sin\omega(t-\tau) d\tau \right|_{max} \tag{5-25}$$

S_a 与质量 m 的乘积即是要求的水平地震作用。

2. 地震系数、动力系数

地震作用就是质点的最大惯性力，它等于质点的质量和最大绝对加速度的乘积，即：

$$F=mS_a \tag{5-26}$$

将上式进行改写：

$$F=mS_a=mg\left(\frac{|\ddot{x}_g|_{max}}{g}\right)\left(\frac{S_a}{|\ddot{x}_g|_{max}}\right)=Gk\beta=G\alpha \tag{5-27}$$

式中：G——重力荷载代表值；

k——地震系数；

β——动力系数；

α——地震影响系数。

只要确定了地震系数和动力系数，就能求出作用在质点上的水平地震作用 F。

（1）地震系数

$$k=\frac{|\ddot{x}_g|_{max}}{g} \tag{5-28}$$

地震系数反映了地面运动的强弱程度，它表示地面运动加速度的最大值与重力加速度的比值，主要与地震烈度大小有关。地面加速度越大，地震的影响就越强烈，即地震烈度越大，地震系数也就越大。我国抗震规范给出了地震烈度和地震系数的对应关系见表 5-4。由于地震烈度是造成结构破坏的因素，它和地面最大加速度、频谱特性以及持时都有关系。

表 5-4 地震烈度与地震系数的关系

地震烈度	6	7	8	9
地震系数	0.05	0.10	0.20	0.40

（2）动力系数

$$\beta=\frac{S_a}{|\ddot{x}_g|_{max}} \tag{5-29}$$

动力系数是单质点体系质点在地震作用下最大反应加速度与地面运动加速度的比值，反映了由于动力效应而使质点最大绝对加速度相对于地面运动最大加速度放大的倍数，反映了结构对地震动的放大效果。

3. 地震加速度反应谱

反应谱是指单质点体系的最大反应（位移反应、速度反应、加速度反应）随质点自振周期变化的曲线。在结构设计中，应用最多的是加速度反应谱。

地震加速度反应谱是指地震时结构质点的最大加速度反应与结构自振周期或频率的关系。通过 S_a 的求解公式，给定地震地面加速度记录 $\ddot{x}_g$（t）和体系阻尼比 ζ，即可算出质点的最大加速度反应 S_a 与体系自振周期 T 的一条 S_a-T 曲线，对于不同的 ζ 值可以得到一组 S_a-T 曲线，这种曲线就是地震加速度反应谱，又称地震反应谱，如图 5-11 所示为

1940 年埃尔森特罗地震波加速度反应谱曲线。

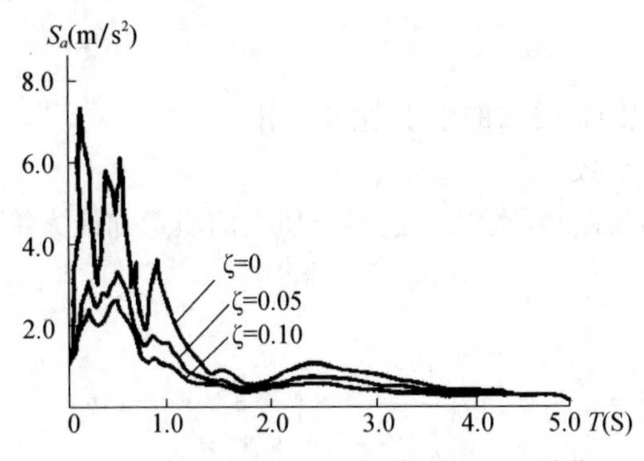

图 5-11　埃尔森特罗地震波加速度反应谱曲线

由图 5-11 可以看出，加速度反应谱曲线为一多峰点曲线；阻尼比对谱曲线的峰值影响很大，阻尼比越小，反应谱峰值越大，当阻尼比等于零时，加速度反应谱的谱值最大，峰点突出，且不大的阻尼比也能使峰点下降很多；当结构的自振周期较小时，随着周期的增大谱值急剧增加，到达峰值点后，随着周期的增大谱值逐渐衰减，反应渐趋平缓。

此外，地基条件对反应谱也有明显的影响，震级越大、震中距越远的反应谱峰点周期越长、长周期部分谱值越高。

5.2.3　设计反应谱

地震是随机的，每一次地震的加速度时程曲线都不相同，则地震加速度反应谱也不相同，同一次地震不同地点由于地质条件不同，地面运动也不同，因此地震加速度反应谱也不同。工程抗震设计时，我们无法预计将要发生的地震的时程曲线，即抗震设计不能采用某一确定地震记录的反应谱，而应考虑地震地面运动的随机性，确定一条典型的、具有共性的、可以表达的用于设计的谱曲线，此曲线称为设计反应谱。

1. *β*-*T* 谱曲线

由公式（5-29）可得：

$$\beta=\frac{2\pi}{T}\frac{1}{|\ddot{x}_{g}|_{\max}}\left|\int_{0}^{t}\ddot{x}_{g}(\tau)e^{-\zeta\frac{2\pi}{T}(t-\tau)}\sin\frac{2\pi}{T}(t-\tau)d\tau\right|_{\max}\tag{5-30}$$

动力系数是质点最大绝对加速度比地面运动最大加速度放大的倍数。当 $|\ddot{x}_g(t)|_{\max}$ 增大或减小时，S_a 相应随之增大或减小，因此 β 值与地面烈度无关，这样就可以利用所有不同烈度的地震记录进行计算和统计。可见，动力系数 β 与地面运动加速度、结构自振周期 T 和结构阻尼比 ζ 有关。选取一条地震加速度记录，则 $\ddot{x}_g(t)$ 就已知，再给定一个阻尼比 ζ，对于不同周期的单质点体系，利用上式就能够算出相应的动力系数 β，把 β 按周期大小的次序排列起来，得到 β-T 的关系曲线，这就是动力系数反应谱。因为动力系数是单自由度体系质点的最大反应加速度 S_a 与地面最大运动加速度 $|\ddot{x}_g(t)|_{\max}$ 的比值，所以曲线实际上是加速度反应谱曲线。β 曲线与 S_a 曲线在形状上完全一致。

图 5-12 为一条 β-T 谱曲线，T_g 是场地特征周期。当结构自振周期与场地特征周期相近时，结构的地震反应较大，当 $T_g=T$ 时，β 值达到峰值。因此，在结构抗震设计中，应使结构的自振周期避开场地特征周期，以免发生类共振现象。β-T 曲线是一种规则化的地

震反应谱，且不受地震动幅值的影响，不同的地震记录$|\ddot{x}_g(t)|_{max}$不同时，$S_a(T)$不具有可比性，但$\beta(T)$却具有可比性，β-T谱与S_a-T谱具有相同的性质。根据不同的地面运动记录的统计分析得出，β-T谱曲线同样受到地震动频谱即体系阻尼比、场地条件、震级以及震中距的影响。

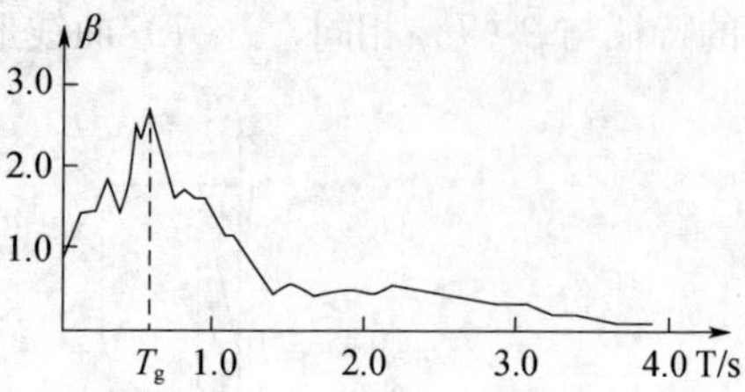

图 5-12　β-T谱曲线

2. $\bar{\beta}$-T 谱曲线

为了使β-T谱能用于结构抗震设计，采取下列措施：

（1）由于大多数实际建筑结构的阻尼比在 0.05 左右，因而取确定的阻尼比$\zeta=0.05$，以此考虑阻尼比对地震反应谱的影响。

（2）按场地、震中距将地震动分类，以此考虑地震动频谱对地震反应谱的影响。

（3）通过公式（5-31）计算每一类地震动记录下的动力系数的平均值，以此考虑类别相同的不同地震动记录对地震反应谱的影响。

$$\bar{\beta}(T)=\frac{\sum_{i=1}^{n}\beta_i(T)\big|_{\xi=0.05}}{n} \tag{5-31}$$

根据大量强震记录计算出对应于每一条强震记录的反应谱曲线，然后对大量的地震反应谱标准化、平均化处理，求出具有统计意义上的代表性谱曲线，如此得到的动力系数谱曲线经平滑后得到平均动力系数反应谱曲线，如图 5-13 所示。

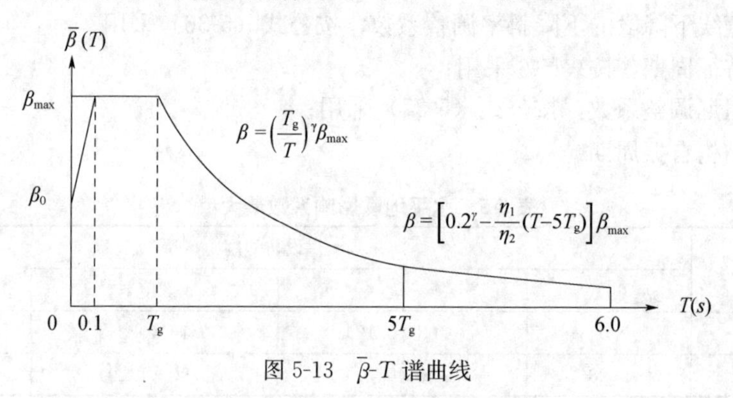

图 5-13　$\bar{\beta}$-T谱曲线

3. 设计反应谱

将$k=\frac{|\ddot{x}_g|_{max}}{g}$，$\beta=\frac{S_a(T)}{|\ddot{x}_g|_{max}}$代入$S_a(T)=\left(\frac{S_a(T)}{|\ddot{x}_g|_{max}}\right)\left(\frac{|\ddot{x}_g|_{max}}{g}\right)\cdot g$，再代入$F=mS_a(T)$，可得到单质点体系地震作用计算公式为：

$$F=mgk\,\bar{\beta}(T)=G\alpha(T) \tag{5-32}$$

式中：G——单质点体系重量；

α——地震影响系数。

《建筑抗震设计规范》（GB 50011—2010）给出的设计用α反应谱曲线如图 5-14 所示，对于不同周期段有不同的α计算式，其中T_g为特征周期，可根据场地类别和近、远震按表取用。地震影响系数$\alpha(T)$与平均动力系数$\bar{\beta}(T)$仅相差一常数（地震系数），故$\alpha(T)$

的特征与 $\bar{\beta}$（T）相同，α（T）曲线形状也与 $\bar{\beta}$（T）相同。

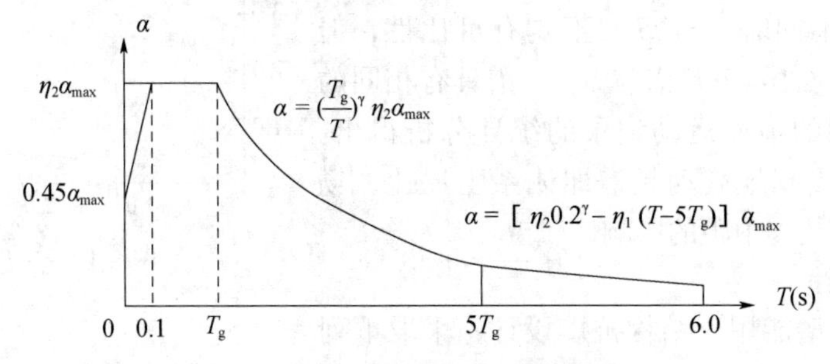

图 5-14　地震影响系数曲线

α-T 曲线共有四段，在 $T<0.1$ 区段内，α 取值为倾斜的直线上升段；在 $0.1<T<T_g$ 区段内，α 取值为一直线常数段，取最大值 $\eta_2\alpha_{max}$；$T_g<T<5T_g$ 区段内，α 取值为一曲线下降段，按下列公式取值：

$$\alpha=\left(\frac{T_g}{T}\right)^{\gamma}\eta_2\alpha_{max} \tag{5-33}$$

在 $5T_g<T<6.0$ 区段内，α 取值为一直线下降段，按下面公式取值：

$$\alpha=\left[\eta_2\,0.2^{\gamma}-\eta_1\ (T-5T_g)\right]\alpha_{max} \tag{5-34}$$

式中：α——地震影响系数；

α_{max}——地震影响系数最大值，按表 5-5 采用；

γ——衰减指数，按公式（5-35）采用；

η_1——直线下降段的下降斜率调整系数，按公式（5-36）采用；

T_g——特征周期，按表 5-6 采用；

η_2——阻尼调整系数，按公式（5-37）采用；

T——结构自振周期。

表 5-5　水平地震影响系数最大值

地震影响	设防烈度			
	6 度	7 度	8 度	9 度
多遇地震	0.04	0.08（0.12）	0.16（0.24）	0.32
罕遇地震	0.28	0.50（0.72）	0.90（1.20）	1.40

注：括号中注释分别用于设计基本地震加速度为 0.15g 和 0.30g 的地区。

表 5-6　特征周期值（s）

设计地震分组	场地类别				
	I_0	I_1	Ⅱ	Ⅲ	Ⅳ
第一组	0.20	0.25	0.35	0.45	0.65
第二组	0.25	0.30	0.40	0.55	0.75
第三组	0.30	0.35	0.45	0.65	0.90

曲线下降段的衰减指数按下式确定：

$$\gamma=0.9+\frac{0.05-\zeta}{0.3+6\zeta} \tag{5-35}$$

式中：γ——曲线下降段的衰减指数；

ζ——阻尼比。

直线下降段的下降斜率调整系数按下式采用：

$$\eta_1=0.02+\frac{0.05-\zeta}{4+32\zeta} \tag{5-36}$$

式中：η_1——直线下降段的下降斜率调整系数，小于0时取0。

阻尼调整系数按下式采用：

$$\eta_2=1+\frac{0.05-\zeta}{0.08+1.6\zeta} \tag{5-37}$$

式中：η_2——阻尼调整系数，当小于0.55时，应取0.55。

除有专门规定外，建筑结构的阻尼比应为0.05，此时，地震影响系数曲线的阻尼调整系数 η_2 应按1.0采用，曲线下降段的衰减指数 γ 应按0.9采用，直线下降段的下降斜率调整系数 η_1 应按0.02采用。

【例 5-2】 某建筑结构进行抗震设计时简化为单质点体系，如图5-15所示。已知该结构位于设防烈度为8度的Ⅱ类场地上，设计地震分组为第二组。集中质量 $m=8\times10^4$kg，结构阻尼比 $\zeta=0.05$，自振周期 $T=1.5$s。求多遇地震作用下结构的水平地震作用。

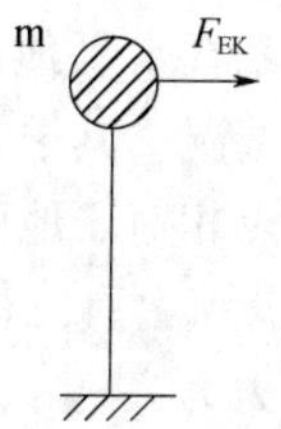

m　F_{EK}

图5-15　单质点体系

解：根据已知条件查表得 $\alpha_{max}=0.16$，$T_g=0.40$s，$T=1.5$s，$T_g<T<5T_g$，

则：$\alpha=\left(\frac{T_g}{T}\right)^{\gamma}\eta_2\alpha_{max}=\left(\frac{0.4}{1.5}\right)^{0.9}\times1.0\times0.16=0.049$

水平地震作用：$F_{EK}=\alpha G=\alpha mg=(0.049\times8\times10^4\times9.8)=3.84\times10^4\text{N}=38.4(\text{kN})$

在地震时，结构因振动而产生惯性力，使建筑物产生内力。地震力大小与建筑物的质量、刚度有关。在同等的烈度和场地条件下，建筑物的重量越大，受到地震力越大，因此减小结构自重不仅可以节省材料，而且有利于抗震。同样，结构刚度越大、周期越短，地震作用也大。因此，在满足位移限值的前提下，结构应有适宜的刚度，适当延长建筑物的周期，会降低地震作用，这将取得很大的经济效益。

5.3　多质点体系地震作用

在实际工程中，有很多结构，例如多高层结构、不等高厂房、烟囱等，应将其质量相对集中于若干高度处，简化成多质点体系进行计算。

对于多层结构，通常是按集中质量法将每一层楼面或屋面的质量及 i 层到（$i+1$）层之间上下各一半的楼层结构质量集中到楼面或楼盖标高处，作为一个质点，并假定这些质点由无重的弹性直杆支承于地面，这样就可以把整个结构简化为一个多质点弹性体系。一般来说，对于具有 n 层的结构，应简化成 n 个质点的弹性体系，如图5-16（a）所示。

单层多跨不等高排架结构，由于大部分质量集中于屋盖，把厂房质量分别集中到高跨柱顶和低跨屋盖与柱的联结处，简化成两个质点的体系，如果牛腿处支承有大型吊车，确定地震作用时，应把它当成单独质点处理，如图5-16（b）所示。

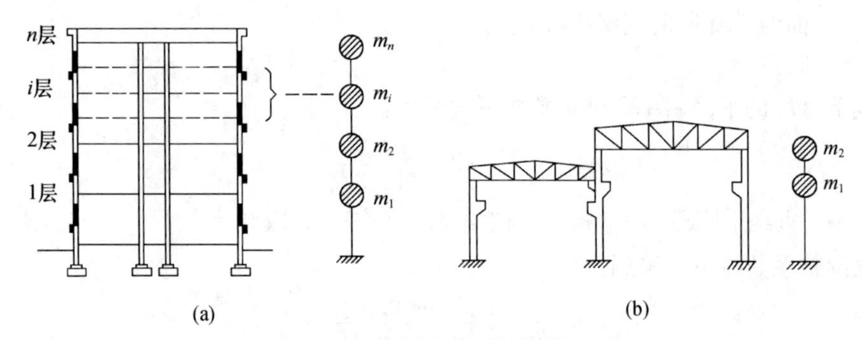

图 5-16 多质点体系计算简图

（a）多层结构；（b）两跨单层不等高排架结构

5.3.1 多质点体系地震反应

以多高层建筑结构为例，将其简化为多自由度体系进行分析。图 5-17 为一多质点弹性体系在水平地震作用下发生振动，产生相对于地面运动的情况。其中，x_g 为地震地面水平位移，$x_i(t)$ 为第 i 个质点相对于地面的位移。取出质点 i 作为隔离体，作用于质点 i 上有三种性质的力分别为：

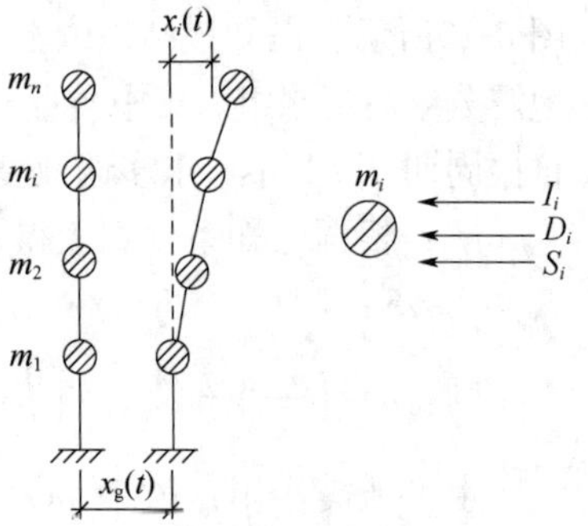

惯性力为：
$$I_i=-m_i(\ddot{x}_g+\ddot{x}_i) \tag{5-38}$$

阻尼力：
$$D_i=-(c_{i1}\dot{x}_1+c_{i2}\dot{x}_2+\cdots+c_{in}\dot{x}_n)=-\sum_{j=1}^{n}c_{ij}\dot{x}_j\quad(i=1,2,\cdots,n) \tag{5-39}$$

弹性恢复力：
$$S_i=-(k_{i1}x_1+k_{i2}x_2+\cdots+k_{in}x_n)=-\sum_{j=1}^{n}k_{ij}x_j \tag{5-40}$$

图 5-17 多质点体系水平地震作用

由达朗贝尔原理，得到质点 i 的运动微分方程：

$$m_i(\ddot{x}_g+\ddot{x}_i)=-\sum_{j=1}^{n}c_{ij}\dot{x}_j-\sum_{j=1}^{n}k_{ij}x_j \tag{5-41}$$

整理后得：
$$m_i\ddot{x}_i(t)+\sum_{j=1}^{n}c_{ij}\dot{x}_j(t)+\sum_{j=1}^{n}k_{ij}x_j(t)=-m_i\ddot{x}_g(t)\quad(i=1,2,\cdots,n) \tag{5-42}$$

将 n 个自由度的多质点体系在地震作用下的微分方程组成一个方程组，用矩阵的形式表达：

$$\begin{bmatrix}m_1&0&0&0\\0&m_2&0&0\\0&0&\cdots&0\\0&0&0&m_n\end{bmatrix}\begin{Bmatrix}\ddot{x}_1\\\ddot{x}_2\\\cdots\\\ddot{x}_n\end{Bmatrix}+\begin{bmatrix}c_{11}&c_{12}&\cdots&c_{1n}\\c_{21}&c_{22}&\cdots&c_{2n}\\\cdots&\cdots&\cdots&\cdots\\c_{n1}&c_{n2}&\cdots&c_{nn}\end{bmatrix}\begin{Bmatrix}\dot{x}_1\\\dot{x}_2\\\cdots\\\dot{x}_n\end{Bmatrix}+\begin{bmatrix}k_{11}&k_{12}&\cdots&k_{1n}\\k_{21}&k_{22}&\cdots&k_{2n}\\\cdots&\cdots&\cdots&\cdots\\k_{n1}&k_{n2}&\cdots&k_{nn}\end{bmatrix}\begin{Bmatrix}x_1\\x_2\\\cdots\\x_n\end{Bmatrix}$$

$$=-\ddot{x}_g\begin{bmatrix}m_1&0&0&0\\0&m_2&0&0\\0&0&\cdots&0\\0&0&0&m_n\end{bmatrix}\begin{Bmatrix}1\\1\\\cdots\\1\end{Bmatrix} \tag{5-43}$$

式中：k_{ik}——使 k 质点产生单位位移，其余质点不动，在 i 质点上产生的弹性恢复力；

c_{ik}——使 k 质点产生单位速度，其余点速度为零，在 i 质点处产生的阻尼力；

x_i、$\dot{x}_i$、$\ddot{x}_i$——质点 i 的相对位移、相对速度和相对加速度，是关于时间 t 的函数。

简写为：

$$[M]\{\ddot{x}\}+[C]\{\dot{x}\}+[K]\{x\}=-[M]\{1\}\ddot{x}_g \tag{5-44}$$

其中，瑞利阻尼矩阵 $[C]=\alpha[M]+\beta[K]$，α、β 为系数。

上面的多质点体系的微分方程是以质点位移 $x_i(t)$ 为坐标，展开后有 n 个运动微分方程，在每个方程中均包含所有未知的质点位移，这 n 个方程是联立的，即耦联的，直接求解很困难，一般常用振型分解法求解。

5.3.2　振型分解法

振型分解法的思路是引入振型坐标，利用振型的正交性把联立方程分解为相互独立的 n 个微分方程，即把复杂运动分解为按各个振型的独立运动的叠加，从而使原来多自由度体系的动力计算变成若干个单自由度体系的问题。

1. 振型分解原理

多质点弹性体系的振动位移 $x(t)$ 可以表示为各振型下位移反应的叠加。

$$\{x(t)\}=\sum_{i=1}^{n}q_i(t)\{\phi_i\} \tag{5-45}$$

式中：$q(t)$——广义坐标（正则坐标）；

$\{\phi_i\}$——i 振型向量。

将质点在地震作用下任一时刻的位移用其振型的线性组合表示，其中：

$$\{x(t)\}=\begin{Bmatrix}x_1(t)\\x_2(t)\\\vdots\\x_i(t)\\\vdots\\x_n(t)\end{Bmatrix},\qquad \{q(t)\}=\begin{Bmatrix}q_1(t)\\q_2(t)\\\vdots\\q_i(t)\\\vdots\\q_n(t)\end{Bmatrix},$$

i 振型$\{\phi_i\}=[\phi_{i1}(t),\phi_{i2}(t),\cdots,\phi_{in}(t)]^{\mathrm{T}}$，其中，$\phi_{ij}$ 为 i 振型 j 质点的水平相对位移。

2. 振型的正交性

（1）振型关于质量矩阵的正交性

其矩阵表达式为：

$$\{X\}_j^{\mathrm{T}}[M]\{X\}_k=0\qquad(j\neq k) \tag{5-46}$$

上式由功的互等定理推导而来，式中 $\{X\}_j$、$\{X\}_k$ 分别为体系第 j、k 振型的振幅向量。

（2）振型关于刚度矩阵的正交性

其矩阵表达式为：

$$\{X\}_j^{\mathrm{T}}[K]\{X\}_k=0\qquad(j\neq k) \tag{5-47}$$

其中，$[K]\{X\}_k=\omega^2[M]\{X\}_k$。

振型关于质量矩阵、刚度矩阵正交性是指，j 振型上的惯性力在 k 振型上作的虚功为 0。由此可知，某一振型在振动过程中所引起的惯性力不在其他振型上作功，说明某一振型的动能不会转移到其他振型上去，也就是体系按某一振型作自由振动时不会激起该体系其他振型的振动。这说明各个振型都能单独出现，彼此线性无关。

（3）振型关于阻尼矩阵的正交性

采用瑞利阻尼矩阵：$[C]=\alpha[M]+\beta[K]$，α、β 为系数，因而阻尼矩阵是关于质量矩阵和刚度矩阵的线性组合，因而振型关于阻尼矩阵也具有正交性，则有：

$$\{X\}_j^{\mathrm{T}}[C]\{X\}_k=0 \quad (j\neq k) \tag{5-48}$$

利用振型的正交性原理可以对方程进行解耦。

3. 方程解耦

将$\{x(t)\}=\sum_{i=1}^{n}q_i(t)\{\phi_i\}$代入式（5-44），并左乘 $\{\phi_j\}^{\mathrm{T}}$ 得：

$$\sum_{i=1}^{n}(\{\phi_j\}^{\mathrm{T}}[M][\phi_i]\{\ddot{q}_i(t)\}+\{\phi_j\}^{\mathrm{T}}[C][\phi_i]\{\dot{q}_i(t)\}+\{\phi_j\}^{\mathrm{T}}[K][\phi_i]\{q_i(t)\})$$
$$=-\{\phi_j\}^{\mathrm{T}}[M]\{1\}\ddot{x}_{\mathrm{g}}(t) \tag{5-48}$$

上式左端第一项：$\{\phi_j\}^{\mathrm{T}}[M][\phi_i]\{\ddot{q}(t)\}=\{\phi_j\}^{\mathrm{T}}[M][\{\phi_1\}\cdots\{\phi_i\}\cdots\{\phi_n\}]\begin{Bmatrix}\ddot{q}_1(t)\\ \ddot{q}_1(t)\\ \vdots\\ \ddot{q}_i(t)\\ \vdots\\ \ddot{q}_n(t)\end{Bmatrix}$

利用振型的正交性，式（5-48）变为：

$$\{\phi_j\}^{\mathrm{T}}[M][\phi_j]\{\ddot{q}_j(t)\}+\{\phi_j\}^{\mathrm{T}}[C][\phi_j]\{\dot{q}_j(t)\}+\{\phi_j\}^{\mathrm{T}}[K][\phi_j]\{q_j(t)\})=-\{\phi_j\}^{\mathrm{T}}[M]\{1\}\ddot{x}_{\mathrm{g}}(t) \tag{5-49}$$

消去耦合项。

由多自由度体系自由振动的特征方程：

$$[K]\{\phi_j\}=\omega_j^2[M]\{\phi_j\} \tag{5-50}$$

上式两边都左乘 $\{\phi_j\}^{\mathrm{T}}$ 得：

$$\{\phi_j\}^{\mathrm{T}}[K]\{\phi_j\}=\{\phi_j\}^{\mathrm{T}}\omega_j^2[M]\{\phi_j\} \tag{5-51}$$

同理得：

$$\{\phi_j\}^{\mathrm{T}}[C]\{\phi_j\}=(\alpha+\beta\omega_j^2)\{\phi_j\}^{\mathrm{T}}[M]\{\phi_j\} \tag{5-52}$$

则：
$$\omega_j^2=\frac{\{\phi_j\}^{\mathrm{T}}[K]\{\phi_j\}}{\{\phi_j\}^{\mathrm{T}}[M]\{\phi_j\}} \tag{5-53}$$

令：
$$\alpha+\beta\omega_j^2=2\omega_j\xi_j \tag{5-54}$$

则：
$$2\omega_j\xi_j=\frac{\{\phi_j\}^{\mathrm{T}}[C]\{\phi_j\}}{\{\phi_j\}^{\mathrm{T}}[M]\{\phi_j\}} \tag{5-55}$$

令：
$$\gamma_j=\frac{\{\phi_j\}^{\mathrm{T}}[M]\{1\}}{\{\phi_j\}^{\mathrm{T}}[M]\{\phi_j\}} \tag{5-56}$$

式（5-49）两边同除以 $\{\phi_j\}^{\mathrm{T}}[M]\{\phi_j\}$ 可得解耦后的运动方程：

$$\ddot{q}_j(t)+(\alpha+\beta\omega_j^2)\dot{q}_j(t)+\omega_j^2q_j(t)=-\gamma_j\ddot{x}_{\mathrm{g}}(t) \tag{5-57}$$

由于 $\alpha+\beta\omega_j^2=2\xi_j\omega_j$，则得到已解耦的第 j 阶广义坐标的运动方程：

$$\ddot{q}_j(t)+2\xi_j\omega_j\dot{q}_j(t)+\omega_j^2q_j(t)=-\gamma_j\ddot{x}_{\mathrm{g}}(t) \quad (j=1,2,\cdots,n) \tag{5-58}$$

这样，经过变换，将原来运动微分方程组分解成 n 个以 q_i（t）为广义坐标的独立微分方程。它与单质点体系在地震作用下的运动微分方程 $\ddot{x}+2\omega\xi\dot{x}+\omega^2x=-\ddot{x}_g$ 相同，不同的只是单质点方程中的 ξ 变成 ξ_j，ω 变成 ω_j，同时等号右边多了一个系数 γ_j。所以式（5-58）的解可按式 $\ddot{x}+2\omega\xi\dot{x}+\omega^2x=-\ddot{x}_g$ 积分求得，即杜哈梅积分：

$$q_j(t)=-\frac{1}{\omega_j}\int_0^t\gamma_j\ddot{x}_g(\tau)e^{-\xi_j\omega_j(t-\tau)}\sin\omega_j(t-\tau)d\tau=\gamma_j\Delta_j(t) \tag{5-59}$$

式中：γ_j——第 j 振型的振型参与系数，$\gamma_j=\frac{\{\phi_j\}^T[M]\{1\}}{\{\phi_j\}^T[M]\{\phi_j\}}=\frac{\sum_{i=1}^{n}m_i\phi_{ji}}{\sum_{i=1}^{n}m_i\phi_{ji}^2}$；

$$\Delta_j(t)=-\frac{1}{\omega_{jD}}\int_0^t\ddot{x}_g(\tau)e^{-\xi_j\omega_j(t-\tau)}\sin\omega_{jD}(t-\tau)d\tau \tag{5-60}$$

$\Delta_j(t)$ 为阻尼比为 ξ_j、自振频率为 ω_j 的单质点体系在地震作用下相对于地面的位移反应。这个单质点体系称为 j 振型的相应振子。

分别求出 $1\sim n$ 各个振型的反应 $q_j(t)$，代入得：

$$\{x(t)\}=\sum_{j=1}^{n}q_j(t)\{\phi_j\}=\sum_{j=1}^{n}\gamma_j\Delta_j(t)\{\phi_j\} \tag{5-61}$$

即得多自由度体系的地震反应。由此可知，多自由度体系的地震反应可通过分解为各阶振型地震反应求解，故称为振型分解法。求出多自由度体系的地震反应后，即可计算多自由度体系的地震作用。

5.3.3　振型分解反应谱法

振型分解反应谱法是求解多自由度弹性体系下地震反应的基本方法。它假定建筑结构是纯弹性的多自由度体系，利用振型分解和振型正交性原理，将求解 n 个多自由度体系的地震反应分解为求解 n 个独立的等效单自由度体系的最大地震反应，从而求得对应于每一个振型的作用效应（弯矩、剪力、轴向力和变形），再按一定的法则将每个振型的作用效应组合成总的地震作用效应进行截面抗震验算。

多自由度体系在地震作用下，第 i 质点的地震作用就是第 i 质点所受的惯性力，即：

$$F_i(t)=-m_i[\ddot{x}_g(t)+\ddot{x}_i(t)] \tag{5-62}$$

因为公式（5-61），且利用$\sum_{j=1}^{n}\gamma_j\phi_{ji}=1$，则 $\ddot{x}_g(t)$ 可写为：

$$\ddot{x}_g(t)=(\sum_{j=1}^{n}\gamma_j\phi_{ji})\ddot{x}_g(t)$$

所以公式（5-62）可写为：

$$F_i(t)=-m_i\sum_{j=1}^{n}\gamma_j\phi_{ji}[\ddot{\Delta}_j(t)+\ddot{x}_g(t)] \tag{5-63}$$

式中：$[\ddot{\Delta}_j(t)+\ddot{x}_g(t)]$为 j 振型相应振子的绝对加速度。

j 振型 i 质点的地震作用绝对最大值为：

$$F_i(t)=-m_i\gamma_j\phi_{ji}|\ddot{\Delta}_j(t)+\ddot{x}_g(t)|_{max} \tag{5-64}$$

令：

$$\alpha_j=\frac{|\ddot{\Delta}_j(t)+\ddot{x}_g(t)|_{max}}{g} \tag{5-65}$$

则 j 振型 i 质点的地震作用最大值为：

$$F_{ji}=\alpha_j\gamma_j\phi_{ji}G_i \tag{5-66}$$

式中：α_j——相应于 j 振型自振周期 T_j 的地震影响系数；

γ_j——j 振型的振型参与系数；

ϕ_{ji}——j 振型 i 质点的振型位移；

G_i——集中于质点 i 的重力荷载代表值。

利用抗震规范给出的反应谱曲线，可方便求得对应于各振型的最大地震作用 F_{ji}，所以按 F_{ji} 求得 j 振型下的地震作用效应 S_j（弯矩、剪力、轴力、位移等）也是最大值，但相应于各振型的最大地震作用效应不会同时发生，这时需要考虑 S_j 的组合问题。我国《建筑抗震设计规范》假定地震时地面运动为平稳随机过程，各振型反应之间相互独立，因而采用“平方和开平方”法组合各振型产生的地震作用效应，即：

$$S=\sqrt{\sum S_j^2} \tag{5-67}$$

式中：S_j——j 振型水平地震作用产生的作用效应，包括内力及变形。

一般来说，各个振型在地震总反应中的贡献将随着频率的增加而迅速减小，因此在实际计算中，一般采用前 2～3 个振型即可，当基本自振周期大于 1.5s 或房屋高宽比大于 5 时，振型个数可适当增加。

【例 5-3】试用振型分解反应谱法计算图 5-18 中的框架在多遇地震时的楼层剪力。抗震设防烈度为 8 度（0.20g），Ⅱ类场地，阻尼比 $\zeta=0.05$，设计地震分组为第二组。已知该结构的自振周期及主振型如下：

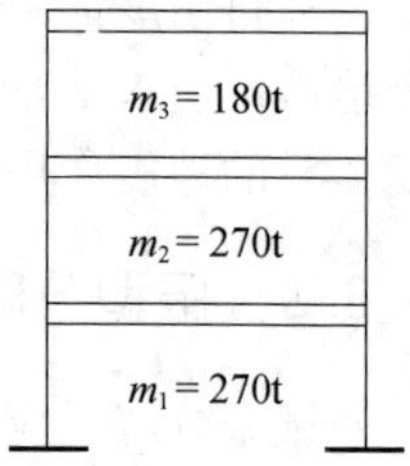

$m_3=180\text{t}$

$m_2=270\text{t}$

$m_1=270\text{t}$

图 5-18　计算简图

$T_1=0.45\text{s},T_2=0.25\text{s},T_3=0.15\text{s}$，

$$\begin{Bmatrix}x_{11}\\x_{12}\\x_{13}\end{Bmatrix}=\begin{Bmatrix}0.334\\0.667\\1.000\end{Bmatrix},\begin{Bmatrix}x_{21}\\x_{22}\\x_{23}\end{Bmatrix}=\begin{Bmatrix}-0.667\\-0.666\\1.000\end{Bmatrix},\begin{Bmatrix}x_{31}\\x_{32}\\x_{33}\end{Bmatrix}=\begin{Bmatrix}4.019\\-3.035\\1.000\end{Bmatrix}$$

解：（1）各振型的地震影响系数

查表得：$\alpha_{\max}=0.16,T_g=0.4\text{s}$，

$$T_1=0.45\text{s},T_g<T_1<5T_g,\alpha_1=\left(\frac{T_g}{T}\right)^{\gamma}\alpha_{\max}=\left(\frac{0.4}{0.45}\right)^{0.9}\times0.16=0.14$$

$$T_2=0.25\text{s},0.1\text{s}<T_2<T_g,\alpha_2=\alpha_{\max}=0.16$$

$$T_3=0.15\text{s},0.1\text{s}<T_2<T_g,\alpha_3=\alpha_{\max}=0.16$$

（2）各振型的振型参与系数

$$\gamma_1=\frac{\sum_{i=1}^{3}m_ix_{1i}}{\sum_{i=1}^{3}m_ix_{1i}^2}=\frac{270\times0.334+270\times0.667+180\times1}{270\times0.334^2+270\times0.667^2+180\times1^2}=1.363$$

$$\gamma_2=\frac{\sum_{i=1}^{3}m_ix_{2i}}{\sum_{i=1}^{3}m_ix_{2i}^2}=\frac{270\times(-0.667)+270\times(-0.666)+180\times1}{270\times(-0.667)^2+270\times(-0.666)^2+180\times1^2}=-0.428$$

$$\gamma_3=\frac{\sum_{i=1}^{3}m_ix_{3i}}{\sum_{i=1}^{3}m_ix_{3i}^2}=\frac{270\times4.019+270\times(-3.035)+180\times1}{270\times4.019^2+270\times(-3.035)^2+180\times1^2}=0.063$$

（3）各振型下各楼层水平地震作用

$$F_{ji}=\alpha_j\gamma_j x_{ji}G_i$$

第一振型：$F_{11}=0.14\times1.363\times0.334\times270\times9.8=168.6(\mathrm{kN})$

$F_{12}=0.14\times1.363\times0.667\times270\times9.8=336.8(\mathrm{kN})$

$F_{13}=0.14\times1.363\times1.000\times180\times9.8=336.6(\mathrm{kN})$

第二振型：$F_{21}=0.16\times(-0.428)\times(-0.667)\times270\times9.8=120.9(\mathrm{kN})$

$F_{22}=0.16\times(-0.428)\times(-0.666)\times270\times9.8=120.7(\mathrm{kN})$

$F_{23}=0.16\times(-0.428)\times1.000\times180\times9.8=-120.8(\mathrm{kN})$

第三振型：$F_{31}=0.16\times0.063\times4.019\times270\times9.8=107.2(\mathrm{kN})$

$F_{32}=0.16\times0.063\times(-3.035)\times270\times9.8=-80.9(\mathrm{kN})$

$F_{33}=0.16\times0.063\times1.000\times180\times9.8=17.8(\mathrm{kN})$

（4）各振型下的各楼层的楼层剪力

第一振型：$V_{11}=168.6+336.8+336.6=842(\mathrm{kN})$

$V_{12}=336.8+336.6=673.4(\mathrm{kN})$

$V_{13}=336.6(\mathrm{kN})$

第二振型：$V_{21}=120.9+120.7-120.8=120.8(\mathrm{kN})$

$V_{22}=120.7-120.8=-0.1(\mathrm{kN})$

$V_{23}=-120.8(\mathrm{kN})$

第三振型：$V_{31}=107.2-80.9+17.8=44.1(\mathrm{kN})$

$V_{32}=-80.9+17.8=-63.1(\mathrm{kN})$

$V_{33}=17.8(\mathrm{kN})$

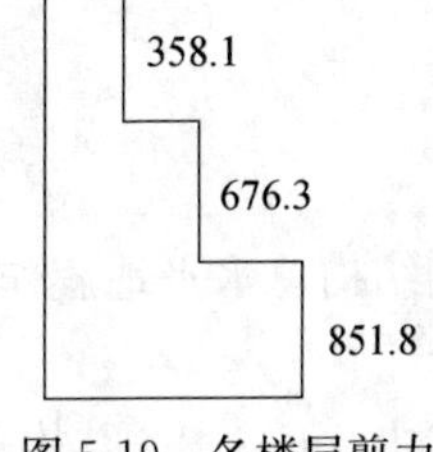

图 5-19　各楼层剪力

（5）各楼层剪力（图 5-19）

$$V_1=\sqrt{V_{11}^2+V_{21}^2+V_{31}^2}=\sqrt{842^2+120.8^2+44.1^2}=851.8(\mathrm{kN})$$

$$V_2=\sqrt{V_{12}^2+V_{22}^2+V_{32}^2}=\sqrt{673.4^2+(-0.1)^2+(-63.1)^2}=676.3(\mathrm{kN})$$

$$V_3=\sqrt{V_{13}^2+V_{23}^2+V_{33}^2}=\sqrt{336.6^2+(-120.8)^2+17.8^2}=358.1(\mathrm{kN})$$

5.3.4　底部剪力法

按振型分解反应谱方法求解多自由度体系的地震反应能够取得比较精确的结果，但是需要先计算结构的各阶自振周期和振型，对于手算而言比较繁琐。为了简化计算，对于满足一定条件的多自由度结构可以使用更为简单的底部剪力法来求解结构的地震反应。

《建筑抗震设计规范》规定高度不超过 40m，以剪切变形为主，质量和刚度沿高度分布比较均匀的多自由度结构。理论分析表明，在满足上述条件的前提下，多层结构在地震作用下的振动以基本振型为主，基本振型接近一条斜直线，如图 5-20 所示，此时可采用底部剪力法计算水平地震作用。这样可以先计算作用于结构的总水平地震作用，即作用于结构底部的剪力，然后将总水平地震作用按一定的规律分配给各个质点。

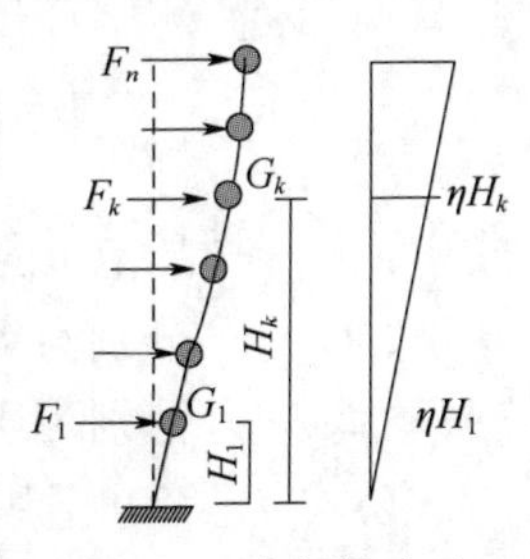

图 5-20　底部剪力法计算简图

在计算各质点上的地震作用时，只考虑第一振型，忽略高阶振

型的影响。这样，任意质点的第一振型位移与其高度成正比：

$$X_{i1}=\eta H_i \tag{5-68}$$

作用在第 i 质点上的水平地震作用标准值可写成：

$$F_{i1}=\alpha_1\gamma_1 G_i X_{i1}=\alpha_1\gamma_1 G_i \eta H_i \tag{5-69}$$

结构总水平地震作用标准值（底部剪力）为：

$$F_{EK}=\sum_{i=1}^{n}F_{i1}=\sum_{i=1}^{n}\alpha_1\gamma_1 G_i\eta H_i \tag{5-70}$$

其中：

$$\gamma_1=\frac{\sum_{i=1}^{n}G_iX_{i1}}{\sum_{i=1}^{n}G_iX_{i1}^2}=\frac{\sum_{i=1}^{n}G_iH_i}{\eta\sum_{i=1}^{n}G_iH_i^2} \tag{5-71}$$

带入上式，得：

$$F_{EK}=\alpha_1\frac{\left(\sum_{i=1}^{n}G_iH_i\right)^2}{\sum_{i=1}^{n}G_iH_i^2}=\alpha_1\frac{\left(\sum_{i=1}^{n}G_iH_i\right)^2}{\sum_{i=1}^{n}G_iH_i^2}\times\frac{\sum_{i=1}^{n}G_i}{\sum_{i=1}^{n}G_i} \tag{5-71}$$

令：

$$\xi=\frac{\left(\sum_{i=1}^{n}G_iH_i\right)^2}{\sum_{i=1}^{n}G_iH_i^2\times\sum_{i=1}^{n}G_i} \tag{5-72}$$

$$G_{eq}=\xi\sum_{i=1}^{n}G_i \tag{5-73}$$

则结构总水平地震作用即结构底部剪力：

$$F_{EK}=\alpha_1 G_{eq} \tag{5-74}$$

式中：F_{EK}——结构总水平地震作用标准值；

α_1——相应于结构基本周期的水平地震影响系数；

G_{eq}——结构等效总重力荷载代表值；

ξ——等效重力荷载系数，当 $i=1$ 时，$\xi=1$，当 $i>1$ 时，$\xi=0.85$；

G_i——集中于质点 i 处的重力荷载代表值。

在求得结构的总水平地震作用后，将其分配到各个质点，可以求得各质点的地震作用。由于质量和刚度沿高度分布比较均匀，高度不高，是以剪切变形为主的多自由度结构，其地震反应以基本振型为主，而结构的基本振型接近于倒三角形。故假定水平地震作用按倒三角形分布。

质点的水平地震作用为：

$$F_i=\frac{G_iH_i}{\sum_{j=1}^{n}G_jH_j}F_{EK} \tag{5-75}$$

式中：F_i——质点 i 的水平地震作用标准值；

G_i、G_j——分别为集中于质点 i、j 的重力荷载代表值；

H_i、H_j——分别为质点 i、j 的计算高度。

公式（5-75）适用于基本周期 $T_1\leqslant 1.4T_g$ 的结构，其中，T_g 为特征周期，它取决于场地类别及近、远震。当 $T_1>1.4T_g$ 时，即当基本周期较长时，要考虑高振型的影响，按上式计算的结构顶部的地震剪力偏小，需在结构顶部设置一个附加水平地震作用表示如下：

$$\Delta F_n = \delta_n F_{EK} \tag{5-76}$$

式中：ΔF_n——顶部附加水平地震作用；

δ_n——顶部附加地震作用系数，由表5-7确定。

表5-7　顶部附加地震作用系数

T_g (s)	$T_1 > 1.4T_g$	$T_1 \leqslant 1.4T_g$
$T_g \leqslant 0.35$	$0.08T_1 + 0.07$	0
$0.35 < T_g \leqslant 0.55$	$0.08T_1 + 0.01$	
$T_g > 0.55$	$0.08T_1 - 0.02$	

则质点 i 的水平地震作用标准值为：

$$F_i = \frac{G_i H_i}{\sum_{j=1}^{n} G_j H_j} F_{EK}(1 - \delta_n) \tag{5-77}$$

底部剪力法适用于重量和刚度沿高度分布比较均匀的结构，当建筑物有凸出屋面的小建筑，如屋顶间、女儿墙、烟囱等时，由于该部分的重量和刚度突然变小，高振型影响较大，将产生鞭端效应，使其地震反应特别强烈，其程度取决于突出物与建筑物的质量比和刚度比，以及场地条件。规范提出，当计算此类小建筑的地震作用效应时，宜乘以增大系数3，此增大部分不应往下传递，即放大系数是针对凸出屋面的小建筑在进行强度验算时采用的。

【例5-4】某两层框架结构简化为两质点体系如图［5-21（a）］所示，各质点的重力荷载代表值分别为 $m_1 = 65t$，$m_2 = 55t$，各层层高均为4m，建造在设防烈度为8度的Ⅱ类场地上，该地区设计基本地震加速度值为0.20g，设计地震分组为第二组，结构的阻尼比为 $\xi = 0.05$，结构的基本自振周期 $T_1 = 0.6$s，试用底部剪力法计算该框架结构的各层地震剪力值。

解：（1）结构总水平地震作用

由已知条件查表知：$T_g = 0.40\text{s}$，$\alpha_{max} = 0.16$

$T_1 = 0.6\text{s}$，$T_g < T_1 < 5T_g$，则 $\alpha_1 = \left(\frac{T_g}{T_1}\right)^{0.9} \cdot \alpha_{max} = \left(\frac{0.4}{0.6}\right)^{0.9} \cdot 0.16 = 0.11$

结构总水平地震作用为：

$$F_{EK} = \alpha_1 G_{eq} = 0.11 \times 0.85 \sum_{i=1}^{2} G_i = 0.11 \times 0.85 \times (65 + 55) \times 9.8 = 109.96(\text{kN})$$

（2）各质点的地震作用

质点 i 的水平地震作用：

$$F_1 = \frac{G_i H_i}{\sum_{j=1}^{n} G_j H_j} F_{EK}(1 - \delta_n)$$

因为 $T_1 = 0.6\text{s} > 1.4\text{T}_g = 1.4 \times 0.40 = 0.56\text{s}$，

所以 $\delta_n = 0.08T_1 + 0.01 = 0.08 \times 0.6 + 0.01 = 0.058$

顶部附加地震作用为：$\Delta F_n = \delta_n F_{EK} = 0.058 \times 109.96 = 6.38$（kN）

则：$F_1 = \frac{G_1 H_1}{\sum_{j=1}^{2} G_j H_j} F_{EK}(1 - \delta_n) = \frac{65 \times 9.8 \times 4}{65 \times 9.8 \times 4 + 55 \times 9.8 \times 8} \times 109.96 \times (1 -$

0.058)＝38.47(kN)

$$F_2=\frac{G_1H_1}{\sum_{j=1}^{2}G_jH_j}F_{EK}(1-\delta_n)=\frac{55\times 9.8\times 8}{65\times 9.8\times 4+55\times 9.8\times 8}\times 109.96\times(1-0.058)=65.11(kN)$$

框架结构各楼层地震剪力分别为〔图 5-21（b)〕：

二层：$V_2=65.11+6.38=71.49$ (kN)

一层：$V_1=65.11+6.38+38.47=109.96$ (kN)

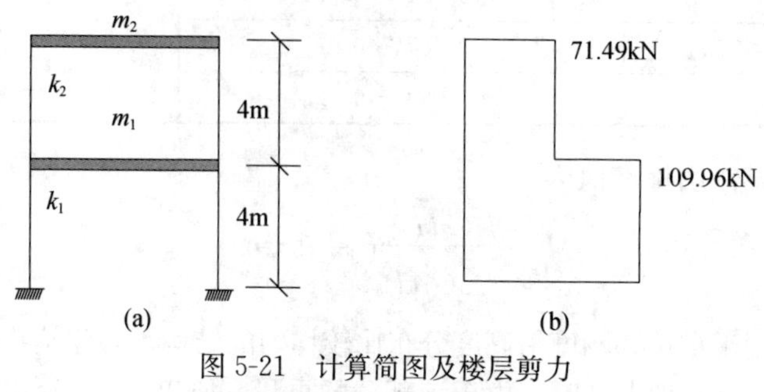

图 5-21　计算简图及楼层剪力

(a) 结构简化图；(b) 各楼层剪力

上述介绍的两种计算水平地震作用的方法都用到了地震反应谱，反应谱理论尽管考虑了结构的动力特性，然而在结构设计中，它仍然把地震惯性力作为静力来对待，所以它是一种拟静力方法；表征地震动的三要素是振幅、频谱和持时。在制作反应谱过程中虽然考虑了振幅和频谱，但始终未能反映地震动持续时间对结构破坏程度的重要影响；反应谱是根据弹性结构地震反应绘制的，引用反映结构延性的结构影响系数后，也只能笼统地给出结构进入弹塑性状态的结构整体最大地震反应，不能给出结构地震反应的全过程，更不能给出地震过程中各构件进入弹塑性变形阶段的内力和变形状态，因而也就无法找出结构的薄弱环节；而时程分析方法是一种相对比较精细的方法，属于动力分析法，这种方法不但可以考虑结构进入塑性后的内力重分布，而且可以记录结构响应的整个过程。但这种方法只反映结构在一条特定地震波作用下的性能，往往不具有普遍性。

思考题

1. 简述地震的类型和成因。
2. 简述构造地震产生的原因。
3. 简述地震波的分类及各类波的特点。
4. 什么是震级和烈度？它们有何区别及联系？
5. 什么是地震作用？如何确定地震作用？
6. 什么是地震加速度反应谱？设计反应谱是如何得到的？
7. 什么是地震系数？什么是动力系数？什么是地震影响系数？它们之间有何关系？
8. 简述振型分解反应谱法的计算步骤。
9. 简述底部剪力法的适用条件及计算步骤。

第6章　其他作用

6.1　温度作用

6.1.1　温度作用及温度应力

温度作用是指结构或构件中由于温度变化所引起的作用，即因温度变化引起的结构变形和附加力。

当结构物所处环境温度发生变化时会产生热变形，如果热变形（即热胀冷缩）受到边界条件约束或相邻部分的制约，不能自由胀缩时，结构内部将产生应力，这个应力称为温度应力。

温度作用是一种荷载作用。温度作用不仅取决于结构物环境的温度变化，还与结构或构件受到的约束条件有关。其中，以混凝土结构和钢结构的温度作用最为明显。

引起温度作用的因素有很多，《建筑结构荷载规范》（GB 50009—2012）指出，温度作用应考虑气温变化、太阳辐射及使用热源等因素，作用在结构或构件上的温度作用应采用其温度的变化来表示。其中，使用热源的结构一般是指有散热设备的厂房、烟囱、储存热物的筒仓、冷库等，其温度作用应由专门规范作规定，或根据建设方和设备供应商提供的指标确定温度作用。

在土木工程中所遇到的许多因温度作用而引发的问题，从约束条件看大致可分为两类。第一类，结构物的变形受到其他物体的阻碍或支承条件的制约，不能自由变形。例如厂房排架结构柱支承于地基，排架上部横梁因温度变化伸长或缩短，横梁的变形使柱子产生侧移、引起内力，而柱子对横梁产生约束，因此在横梁中产生压力（图6-1）。第二类，构件内部各单元体之间相互制约，不能自由变形。例如大坝、桥梁等大体积工程，大体积混凝土由于截面尺寸大，由外荷载引起裂缝的可能性很小，造成大体积混凝土开裂的主要原因是混凝土内部温度与外界温度存在较大的温差。大体积混凝土在施工过程中会产生大量的水泥水化热，且热量不易散发，不均衡的内外温差造成构件截面温度应力的产生（图6-2），而混凝土的抗拉强度很低，当产生的温度应力超过混凝土的抗拉强度时，就会造成混凝土表面开裂，甚至产生贯通裂缝。而且，新浇筑的混凝土与下层已经浇筑好的混凝土相连，当温度发生变化时，上层混凝土会受到下层混凝土的限制而产生约束应力，当约束应力超过混凝土的抗拉强度时，新浇筑的混凝土也会有裂缝产生。

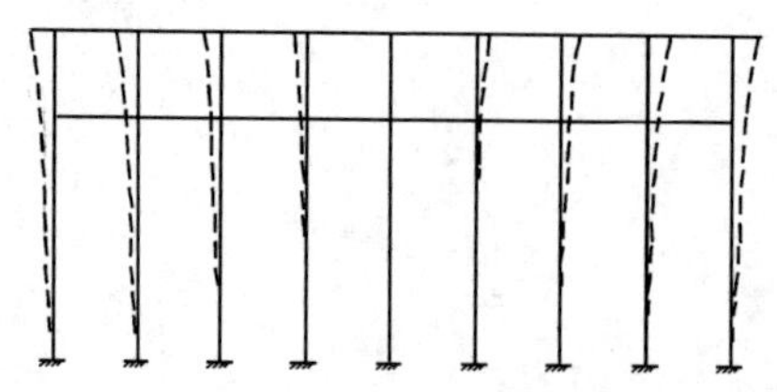
图 6-1　排架结构受到支撑条件的约束

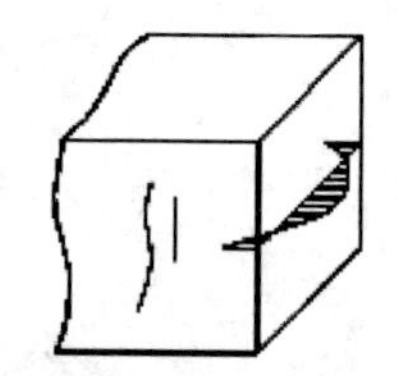
图 6-2　大体积混凝土构件温度应力分布

钢结构的焊接过程是一个不均匀的温度变化过程。施焊时，焊件上会产生不匀均的温度场，从而使材料产生不均匀的膨胀，造成焊缝区焊接残余应力的产生。在低碳钢和低合金钢中，这种拉应力通常很高，甚至达到钢材的屈服强度，它会对结构的强度、刚度、稳定性等造成不利影响。建筑结构设计时，应首先采取有效构造措施来减少或消除温度作用效应，如设置结构的活动支座或节点、设置温度缝、采用隔热保温措施等。当结构或构件在温度作用和其他可能组合的荷载共同作用下产生的效应（应力或变形）可能超过承载能力极限状态或正常使用极限状态时，比如结构某一方向平面尺寸超过伸缩缝最大间距或温度区段长度、结构约束较大、房屋高度较高等，结构设计中一般应考虑温度作用。是否需要考虑温度作用效应的具体条件可参照《混凝土结构设计规范》（GB 50010—2010）、《钢结构设计规范》（GB 50017—2003）等结构设计规范。

6.1.2　温度应力的计算

1. 材料的热胀冷缩

温度变化引起物体材料自由膨胀或收缩，如图 6-3 所示，当温度变化为 T 时，杆件的温度变形（伸长）应为：

$$\Delta L=\alpha_T \cdot T \cdot L \tag{6-1}$$

式中：ΔL——杆件的伸长量；

α_T——材料线膨胀系数；

T——温度差；

L——杆件原来长度。

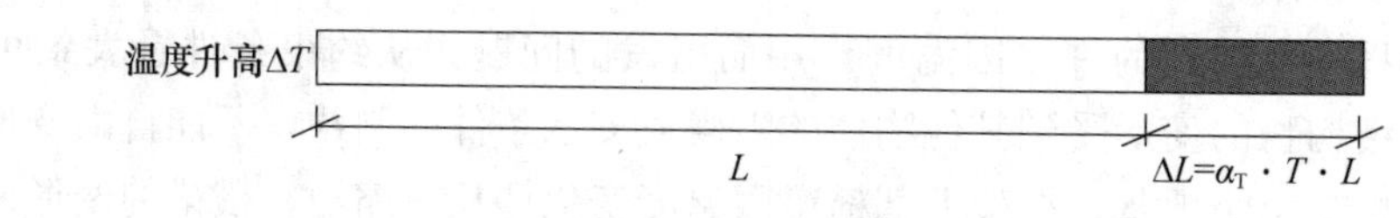

图 6-3　温度变化引起杆件伸长

计算结构或构件的温度作用效应时，常用材料的线膨胀系数主要参考欧洲规范的数据确定，见表 6-1。

表 6-1　常用材料的线膨胀系数 α_T

材料	线膨胀系数 α_T（$\times10^{-6}$/℃）
轻骨料混凝土	7
普通混凝土	10
砌体	6～10

续表

材料	线膨胀系数 α_T（$\times 10^{-6}$/℃）
钢、锻铁、铸铁	12
不锈钢	16
铝、铝合金	24

温度的变化对结构物内部会产生一定的影响，其影响的计算应根据不同结构类型区别对待。

2. 静定结构温度变化引起的变形

静定结构在温度变化时能够自由变形，结构物无约束应力产生，故无内力。但由于任何材料都具有热胀冷缩的性质，因此静定结构在满足其约束条件下可自由产生变形，这时应考虑结构的这种变形是否超过允许范围。此变形可依据变形体系的虚功原理并按下式计算：

$$\Delta_{pt}=\sum(\pm)\alpha_T t_0 \omega_{\overline{N}_p}+\sum(\pm)\frac{\alpha_T \Delta_t}{h}\omega_{\overline{M}_p} \tag{6-2}$$

式中：Δ_{pt}——结构中任意点 P 沿任意方向 $p-p$ 的变形；

α_T——材料的线膨胀系数（1/℃），即温度每升高或降低1℃，单位长度构件的伸长或缩短量；

t_0——杆件轴线处的温度变化，若设杆件体系上侧温度升高为 t_1，下侧温度升高为 t_2，h_1、h_2 分别表示杆件形心轴至上、下边缘的距离，并设温度沿截面高度为线性变化，即在温度变化时截面仍保持为平面，则由几何关系可得到杆件形心轴处的温度升高值为 $t_0=\frac{t_1 h_2+t_2 h_1}{h}$，当杆件截面对称于形心轴时，$h_1=h_2=\frac{h}{2}$，此时 $t_0=\frac{t_1+t_2}{2}$；

h——杆截面高度；

Δ_t——杆件上、下侧温度差的绝对值；

$\omega_{\overline{N}_p}$——杆件的 $\overline{N}_p$ 图的面积，$\overline{N}_p$ 图为虚拟状态下轴力大小沿杆件的分布图；

$\omega_{\overline{M}_p}$——杆件的 $\overline{M}_p$ 图的面积，$\overline{M}_p$ 图为虚拟状态下弯矩大小沿杆件的分布图。

公式中正负号按以下方法确定：当实际温度变形与虚拟内力方向一致时，变形虚功为正，即其乘积为正，反之为负。（如果 t_0 以升高为正，当 $\overline{N}_p$ 为拉力时为正，则第一项乘积为正；Δ_t 取绝对值，当 $\overline{M}_p$ 图位于高温一侧时，第二项乘积为正。）

【例6-1】图6-4所示刚架，施工时温度为20℃，试求冬季当外侧温度为－10℃，内侧温度为0℃时，BC 杆 C 点的竖向位移 Δ_{CV}。已知各杆件均为矩形截面，截面高度 $h=40$cm，杆件长度 $l=4$m，线膨胀系数 $\alpha=1\times10^{-5}$。

解：外侧温度变化值为：$t_1=-10℃-20℃=-30(℃)$

内侧温度变化值为：$t_2=0℃-20℃=-20(℃)$

杆件轴线处的温度变化值：$t_0=\frac{t_1+t_2}{2}=\frac{(-30)+(-20)}{2}=-25(℃)$

则 C 点的竖向位移：由公式（6-2）得：

$$\Delta_{CV}=\alpha\times(-25)\times(-1\times l)-\frac{\alpha\times10}{h}\times\left(\frac{l^2}{2}+l^2\right)$$

$$=25\alpha l-\frac{15\alpha l^2}{h}=25\times10^{-5}\times400-\frac{15\times10^{-5}\times400^2}{40}=-0.50\text{cm}(\uparrow)$$

即：位移方向是竖直向上的。

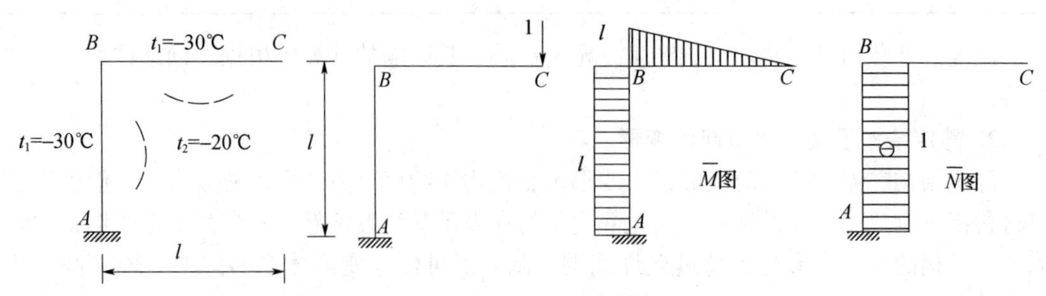

图 6-4　温度作用对刚架的影响

3. 超静定结构温度应力

超静定结构存在有多余约束或物体内部单元体相互制约，温度改变引起的变形将受到约束，从而在结构中产生内力。这是超静定结构不同于静定结构的特征之一。这一温度作用效应的计算，可根据变形协调条件，按结构力学或弹性力学方法确定。

（1）受均匀温差 T 作用的两端固定的梁（图 6-5）。若求此梁温度应力，可将其一端解除约束，成为一静定悬臂梁。悬臂梁在温差 T 作用下产生的自由伸长量 ΔL 及相对变形值 ε 可由下式求得：

$$\Delta L=\alpha_T TL \tag{6-3}$$

$$\varepsilon=\frac{\Delta L}{L}=\alpha_T T \tag{6-4}$$

式中：T——温差，℃；

L——梁跨度，m。

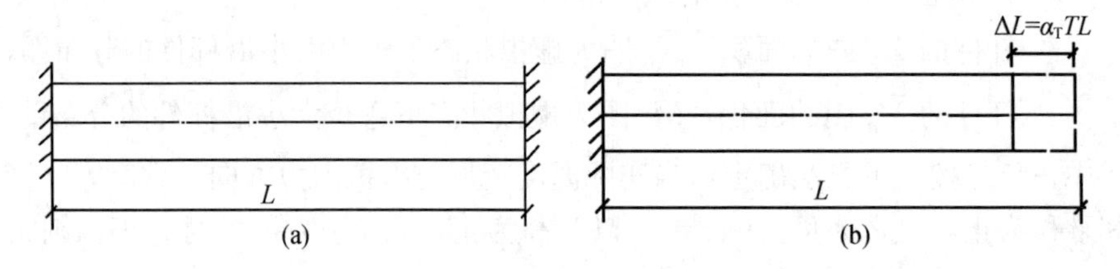

图 6-5　两端固定的梁与自由变形梁示意图

（a）两端嵌固于支座的梁；（b）悬臂梁

如果悬臂梁右端受到嵌固不能自由伸长，梁内便产生内力，约束力 F 的大小等于将自由变形梁压回原位所施加的力（拉为正，压为负），即

$$F=\frac{EA}{L}\Delta L \tag{6-5}$$

由胡克定律：$\sigma=E\varepsilon$，及 $F=\sigma A$

得截面应力：
$$\sigma=-\frac{F}{A}=-\frac{EA}{LA}\cdot\alpha_{\mathrm{T}}TL=-\alpha_{\mathrm{T}}TE \tag{6-6}$$

式中：E——材料弹性模量；

A——材料横截面积；

σ——杆件约束应力。

由上式可以看出，杆件约束应力只与温差、线膨胀系数和弹性模量有关。

（2）排架横梁受到均匀温差 T 作用，如图 6-6 所示。横梁受温度影响伸长 $\Delta L=\alpha_{\mathrm{T}}TL$（若忽略横梁的弹性变形），此即柱顶产生的水平位移。K 为柱顶产生单位位移时所施加的力（柱的抗侧刚度），由结构力学可知：

$$K=\frac{3EI}{H^{3}} \tag{6-7}$$

柱顶所受到的水平剪力（柱受的约束力）为：

$$V=\Delta L\cdot K=\alpha_{\mathrm{T}}TL\cdot\frac{3EI}{H^{3}} \tag{6-8}$$

式中：I——柱截面惯性矩；

H——柱高；

L——横梁长度。

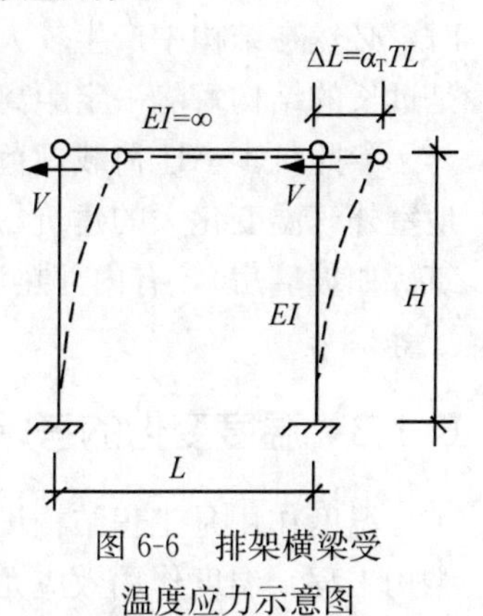

图 6-6　排架横梁受温度应力示意图

【例 6-2】 如图 6-7（a）所示刚架，各杆的内侧温度升高 10℃，各杆的外侧温度不变，各杆线膨胀系数为 α，已知 EI 和截面高度 h 均为常数，试求刚架最终弯矩图。

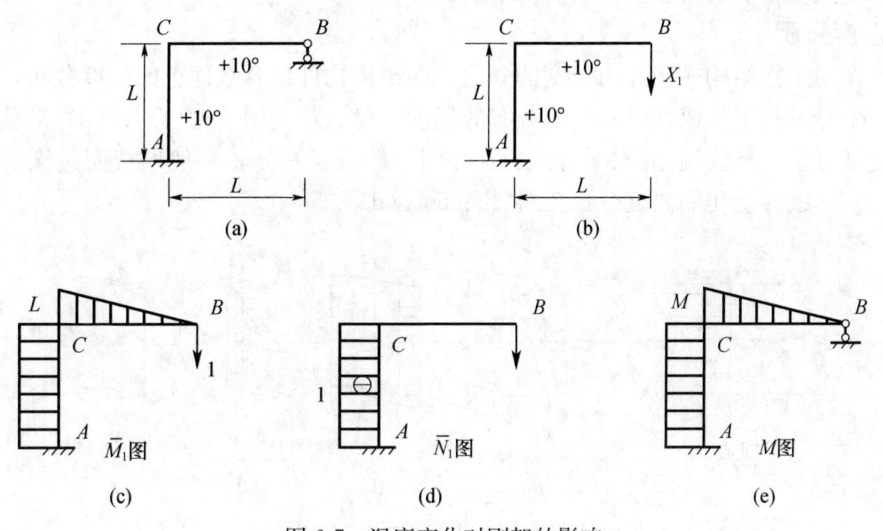

图 6-7　温度变化对刚架的影响

解： 用力法求解超静定问题。

此刚架为一次超静定问题，取图 6-7（b）为基本体系，力法方程为：

$$\delta_{11}X_{1}+\Delta_{1\mathrm{t}}=0$$

求系数和自由项，其中单位弯矩图和轴力图如图 6-7（c）（d）所示。

$$\delta_{11}=\sum\int\frac{\overline{M}_{1}^{2}}{EI}\mathrm{d}x=\frac{1}{EI}\left(L^{2}\times L+\frac{L^{2}}{2}\times\frac{2}{3}L\right)=\frac{4L^{3}}{3EI}$$

$$\Delta_{1t}=\sum(\pm)\alpha t_0\omega_{\overline{N}_p}+\sum(\pm)\frac{\alpha\Delta_t}{h}\omega_{\overline{M}_p}=-\alpha\times\frac{10}{2}(1\times L)-\alpha\times\frac{10}{h}\left(L^2+\frac{L^2}{2}\right)=-5\alpha L\left(1+\frac{3L}{h}\right)$$

求解方程得：$X_1=-\dfrac{\Delta_{1t}}{\delta_{11}}=\dfrac{15\alpha EI}{4L^2}\left(1+\dfrac{3L}{h}\right)$

最终弯矩图可按 $M=\overline{M}_1X_1$ 绘出，如图 6-7（e）所示。

由此可见，温度变化在柱中引起的约束内力与结构长度成正比。当结构物长度很长时，必然在结构中产生较大温度应力。为了降低温度应力，只能缩短结构物的长度，这就是过长的结构每隔一定距离必须设置伸缩缝的原因。

参照日本 AIJ 荷载规范第八章温度作用中的规定，下列建筑应考虑温度荷载：建设场地室外气温变化大的建筑，长度大的建筑，内部空间大的建筑，受太阳辐射直接影响的建筑（如玻璃房），有内部热源（如烟囱）的建筑，储存热物的筒仓，储热罐，冷库以及电厂等。

6.1.3 温度变化的考虑

温度作用是工程结构设计中需要考虑的重要作用之一，尤其对一些超长、超大规模的结构工程，温度作用效应尤为突出，全球范围内因温度作用导致混凝土结构开裂及钢结构整体破坏的事件时有发生。以往荷载规范没有对温度作用作出明确规定，修改后的新规范增加了温度作用的内容，主要指出了温度作用的定义、基本气温、均匀温度作用计算等问题。气温变化是产生温度作用的因素之一，也是引起工程结构温度作用的主要原因，荷载规范仅对气温变化引起的温度作用做出了规定。

1. 温度分量

温度作用是指结构或构件内温度的变化。在结构构件任意截面上的温度分布，一般认为可由三个分量叠加组成：(1) 均匀分布的温度分量 ΔT_u［图 6-8（a）］；(2) 沿截面线性变化的温度分量（梯度温差）ΔT_{My}、ΔT_{Mz}［图 6-8（b）（c）］，一般用截面边缘的温度差表示；(3) 非线性变化的温度分量 ΔT_E［图 6-8（d）］。

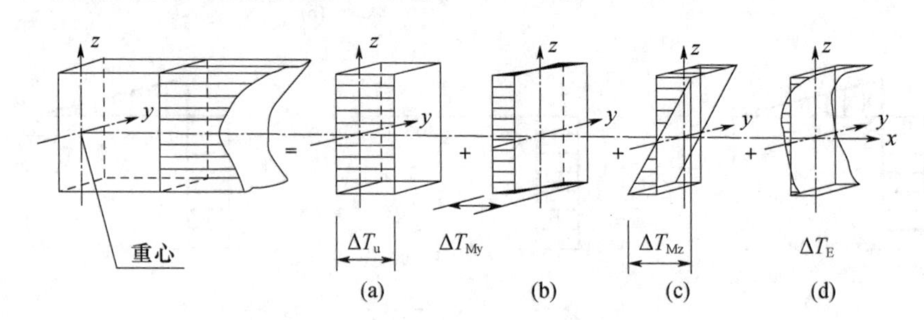

图 6-8 结构构件任意截面上的温度分布

（a）均匀温度分量；（b）y 轴线性温度分量；（c）z 轴线性温度分量；（d）非线性温度分量

这三个分量中，均匀温度分量将会使整个构件产生伸缩，从而会引起整体结构的变形或位移；线性温度分量有可能产生构件内应变或应力，一般不会影响整体结构变形；非线性温度分量引起系统的自平衡应力，在构件内不产生静荷载效应。

结构和构件的温度作用即指上述分量的变化，对超大型结构、由不同材料部件组成的结构等特殊情况，尚需考虑不同结构部件之间的温度变化。对大体积结构，尚需考虑整个温度场的变化。

2. 基本气温

基本气温是气温的基准值，是确定温度作用所需最主要的气象参考。基本气温一般是以气象台站记录所得的某一年极限气温数据为样本，经统计得到的具有一定年超越概率的最高和最低气温。我国荷载规范将基本气温定义为50年一遇的月平均最高和月平均最低气温，分别按最高温度月（一般为七月份）内最高气温的平均值和最低温度月（一般为一月份）内最低气温的平均值确定。我国各城市的基本气温值可按照本书附录B。依据这些数据，以等温线的方式绘制出全国基本气温分布图（参见我国建筑结构荷载规范附录）。对于当地没有气温资料的场地，可通过与附近地区气象和地形条件进行对比分析确定，也可以比照全国基本气温分布图来近似确定基本气温值。

对于热传导速率较慢且体积较大的混凝土及砌体结构，结构温度接近当地月平均气温，可直接采用月平均最高气温和月平均最低气温作为基本气温。

对于热传导速率较快的金属结构或体积较小的混凝土结构，它们对气温的变化比较敏感，这些结构要考虑昼夜气温变化的影响，必要时应对基本气温进行修正。气温修正的幅度大小与地理位置相关，可根据工程经验及当地极值气温与月平均最高和月平均最低气温的差值以及保温隔热性能酌情确定。

3. 均匀温度作用

均匀温度作用对结构影响最大，一般主导结构的变形，并有可能控制整体结构设计，是设计时最常考虑的温度作用分量，温度作用的取值及结构分析方法较为成熟。对室内外温差较大且没有保温隔热面层的结构，或太阳辐射较强的金属结构等，应考虑结构或构件的梯度温度作用，对体积较大或约束较强的结构，必要时应考虑非线性温度作用。对梯度和非线性温度作用的取值及结构分析目前尚没有较为成熟统一的方法。因此，荷载规范仅对均匀温度作用作出规定，其他情况设计人员可参考有关文献或根据设计经验酌情处理。

以结构的初始温度（合拢温度）为基准，结构的温度作用效应要考虑温升和温降两种工况。这两种工况产生的效应和可能出现的控制应力或位移是不同的，温升工况会使构件产生膨胀，而温降则会使结构产生收缩，一般情况两者都应校核。

均匀温度作用的标准值应按下列规定确定：

（1）对结构最大温升的工况，均匀温度作用标准值按下式计算：

$$\Delta T_{\mathrm{k}}=T_{\mathrm{s,max}}-T_{0,\mathrm{min}} \tag{6-9}$$

式中：ΔT_{k}——均匀温度作用标准值，℃；

$T_{\mathrm{s,max}}$——结构最高平均温度，℃；

$T_{0,\mathrm{min}}$——结构最低初始平均温度，℃。

（2）对结构最大温降的工况，均匀温度作用标准值按下式计算：

$$\Delta T_{\mathrm{k}}=T_{\mathrm{s,min}}-T_{0,\mathrm{max}} \tag{6-10}$$

式中：$T_{\mathrm{s,min}}$——结构最低平均温度，℃；

$T_{0,\mathrm{max}}$——结构最高初始平均温度，℃。

气温和结构温度的单位采用摄氏度（℃），零上为正，零下为负。温度作用标准值的单位也是摄氏度（℃），温升为正，温降为负。

影响结构平均温度的因素较多，应根据工程施工期间和正常使用期间的实际情况确定。对暴露于环境气温下的室外结构，最高平均温度和最低平均温度一般可依据基本气温 T_{max} 和 T_{min} 确定。对有围护的室内结构，结构最高平均温度和最低平均温度一般可依据室内和室外的环境温度按热工学的原理确定，当仅考虑单层结构材料且室内外环境温度类似时，结构平均温度可近似地取室内外环境温度的平均值。

在同一种材料内，结构的梯度温度可近似假定为线性分布。

室内环境温度一般可取基本气温，对温度敏感的金属结构，尚应根据结构表面的颜色深浅及朝向考虑太阳辐射的影响，对结构表面温度予以增大。夏季太阳辐射对外表面最高温度的影响，与当地纬度、结构方位、表面材料色调等因素有关，不宜简单近似。经过计算发现，影响辐射量的主要因素是结构所处的方位，在我国不同纬度的地方（北纬 20～50 度）虽然有差别，但不显著。结构外表面的材料及其色调的影响是明显的。表 6-2 为经过计算归纳近似给出围护结构表面温度的增大值。当没有可靠资料时，可参考表 6-2。

表 6-2　考虑太阳辐射的围护结构表面温度增加温度

朝向	表面颜色	温度增加值（℃）
平屋面	浅亮	6
	浅色	11
	深暗	15
东向、南向和西向的垂直墙面	浅亮	3
	浅色	5
	深暗	7
北向、东向和西北向的垂直墙面	浅亮	2
	浅色	4
	深暗	6

地下室与地下结构的室外温度，一般应考虑离地面深度的影响，深度越深，温度变化越小，当离地表面深度超过 10m 时，土体基本为恒温，等于年平均气温。

结构最高平均温度 $T_{s,max}$ 和最低平均温度 $T_{s,min}$ 宜分别根据基本气温 T_{max} 和 T_{min} 按热工学的原理确定。对于有围护的室内结构，结构平均温度应考虑室内外温差的影响；对于暴露于室外的结构或施工期间的结构，宜依据结构的朝向和表面吸热性质考虑太阳辐射的影响。

结构的最高初始平均温度 $T_{0,max}$ 和最低初始平均温度 $T_{0,min}$ 应根据结构的合拢或形成约束的时间确定，或根据施工时结构可能出现的温度按不利情况确定。

结构的初始温度（合拢温度）就是结构形成整体时的温度。混凝土结构的合拢温度一般可取后浇带封闭时的月平均气温。钢结构的合拢温度一般可取合拢时的日平均温度，但当合拢时有日照时，应考虑日照的影响。结构设计时，往往不能准确确定施工工期，因此结构合拢温度通常是一个区间值。这个区间值应包括施工可能出现的合拢温度，即应考虑施工的可行性和工期的不可预见性。

4. 温度作用效应的组合问题

荷载规范把温度作用视为普通的可变作用，温度作用应根据结构施工和使用期间可能同时出现的情况考虑其与其他可变荷载的组合。考虑到结构可靠指标及设计表达式的统一，其荷载分项系数取值与其他可变荷载相同。规范规定的组合值系数、频遇值系数及准永久值系数主要依据设计经验及参考欧洲规范确定。

荷载规范规定，温度作用的分项系数应取 1.4，该值与美国混凝土设计规范（ACI 318—11）的取值相当；温度作用的组合值系数、频遇值系数和准永久值系数分别取 0.6、0.5 和 0.4。

混凝土结构在进行温度作用效应分析时，可考虑混凝土开裂等因素引起的结构刚度的降低。混凝土材料的徐变和收缩效应，可根据经验将其等效为温度作用。

6.2　变形作用的计算

所谓变形作用是指由于外界因素的影响（如结构或构件的支座移动或地基发生不均匀沉降），或因自身原因构件发生伸缩变形（如混凝土构件发生徐变），导致结构或构件被迫发生变形和内力。从广义上讲，这种变形作用也是荷载作用。常见的变形作用有支座移动、基础不均匀沉降、混凝土结构的徐变与收缩。

当静定结构体系发生符合其约束条件的位移时，不会产生内力；而当超静定结构体系的多余约束限制了结构自由变形时，会引起结构内力。同样，当混凝土构件在空气中结硬产生收缩或在长期外力作用下发生徐变时，由于构件内钢筋与混凝土之间、混凝土各单元体之间相互影响、相互制约，不能自由变形，也会引起结构内力。工程中的结构大多属于超静定结构，由变形作用引起的内力较大时，可能会引起房屋结构的开裂，影响到结构的正常使用甚至造成倒塌，因此在结构设计时必须考虑变形作用的影响。

1. 地基变形的影响

当建筑物上部结构荷载差别过大、刚度悬殊时，将产生差异沉降，若是持力层范围内存在不均匀地基，也会产生不均匀沉降。对于超静定结构，地基不均匀沉降会使上部结构产生附加变形和应力，严重时会导致房屋开裂。例如不均匀沉降会使砖砌体承受弯曲而导致砌体因受拉应力过大而产生裂缝；不均匀沉降使中心受压柱体产生纵向弯曲而导致拉裂，严重的可造成压碎失稳；长高比较小的建筑物，特别是高耸构筑物，不均匀沉降将引起建筑物倾斜、倒塌。

砌体结构房屋，房屋中部处于软土地基上，地基不均匀沉降在砌体中引起附加拉力或剪力，当附加内力超过砌体本身强度时便产生裂缝。对于长宽比较大的砖混结构，当中部沉降比两端大时产生八字形裂缝，当两端沉降比中部大时产生倒八字形裂缝，如图 6-9 所示。

超静定结构的变形作用引起的内力和位移应根据力学基本原理确定，即根据静力平衡条件和变形协调条件求解。

2. 混凝土收缩和徐变

钢筋混凝土梁，因混凝土收缩在梁腹部产生梭形裂缝，如图 6-10 所示。混凝土在空气中硬化时，由于水泥胶体的凝缩和干燥失水以及碳化作用而导致混凝土体积缩小，这种现象称为混凝土的收缩。该梁上端受到现浇板的约束，下端受到纵向钢筋的限制，混凝土中会产生拉应力，当混凝土收缩较大且构件截面配筋较多时，这种变形作用往往造成混凝土构件出现收缩裂缝，由于构件中部可以较自由地收缩，从而形成中间宽、两头窄的竖向梭形裂缝。

工程设计中应考虑混凝土收缩变形所引起的附加内力。由于对混凝土的收缩很难做出定量分析，因而在设计和施工中针对影响收缩的因素采取一定构造措施来降低和避免收缩影响，而不再进行收缩应力的计算。此外，在构造上预留施工缝，浇筑混凝土时设置施工后浇带，待混凝土收缩充分发展后再浇筑混凝土，这样可有效地减小温度收缩应力，避免或减少裂缝的发生或发展；控制结构或构件的总长度；在收缩应力较大部位局部加强配筋，以分担混凝土的拉力；还可在适当位置采用膨胀混凝土以减少或消除混凝土体积的收缩，提高其抗裂性；在混凝土搅拌过程中，掺入少量的化学添加剂，补偿混凝土收缩，也是目前许多工程中常用的一种方法。

混凝土在长期外力作用下产生随时间增长的变形称为徐变。徐变对钢筋混凝土结构的影响既有有利方面又有不利方面。有利影响：对钢筋混凝土受压构件，徐变将荷载卸载给钢筋，使构件中钢筋的应力或应变增加，混凝土应力减小，有利于防止或减小结构物裂缝的形成；有利于结构或构件的内力重分布，减少应力集中现象及减少温度应力等。不利影响：由于混凝土的徐变使构件变形增大，在预应力混凝土构件中，徐变会导致预应力损失；徐变使受弯和偏心受压构件的受压区变形加大，故而使受弯构件挠度增加，使偏压构件的附加偏心距增大而导致构件承载力的降低。在超静定结构中，应计算徐变在各杆件中产生的附加应力，以及各杆件之间的内力重分布。

3. 混凝土楼盖

在楼盖的角部或较大房间的角部，两个方向混凝土收缩形成拉应力的合力，使得楼盖处或板角处出现斜裂缝，斜裂缝常常是贯穿板截面的，如图 6-11 所示。因而需要在楼板中配置局部放射筋。

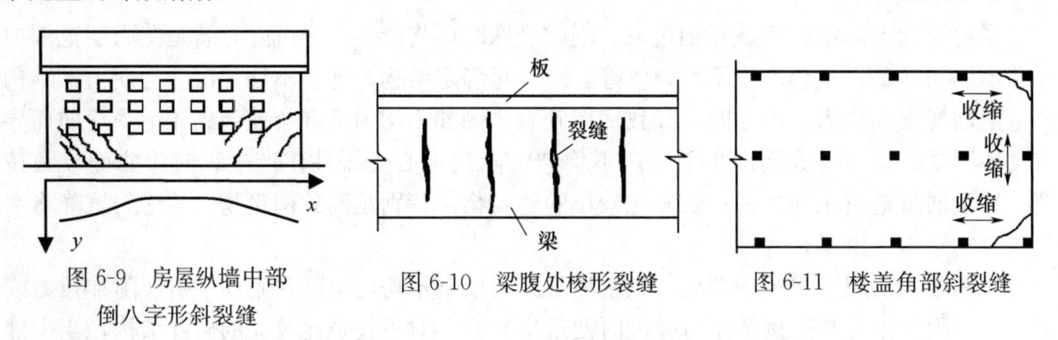

图 6-9　房屋纵墙中部倒八字形斜裂缝　　图 6-10　梁腹处梭形裂缝　　图 6-11　楼盖角部斜裂缝

超静定结构由于变形作用引起的内力和位移计算应遵循力学基本原理，由静力平衡条件和变形协调条件计算构件截面附加内力和附加变形。

【例 6-3】 图 6-12 为一单跨超静定梁，已知 EI 为常数，梁左端支座 A 转动角度为 θ，右端支座下沉位移量为 a，试求此梁的弯矩图。

解： 此梁为一次超静定问题，图 6-12（b）为基本体系，取支座 B 的竖向反力为多余未知力 X_1，力法方程为：

$$\delta_{11}+\Delta_{1c}=-a$$

由图 6-12（d）可知：$\delta_{11}=\sum\int\frac{\overline{M}_1^2}{EI}\mathrm{d}x=\frac{l^3}{3EI}$

基本结构由支座移动引起的位移 Δ_{1c} 可由虚功原理求得，即：$\Delta_{1c}=-\sum\overline{F}_{\mathrm{R}}\cdot C=$

$-(l\cdot\theta)=-\theta l$

带入方程得：$\dfrac{l^3}{3EI}X_1-\theta l=-a$

解方程得：$X_1=\dfrac{3EI}{l^2}\left(\theta-\dfrac{a}{l}\right)$

最终弯矩图按 $M=\overline{M}_1X_1$ 绘出，如图 6-12（e）所示。

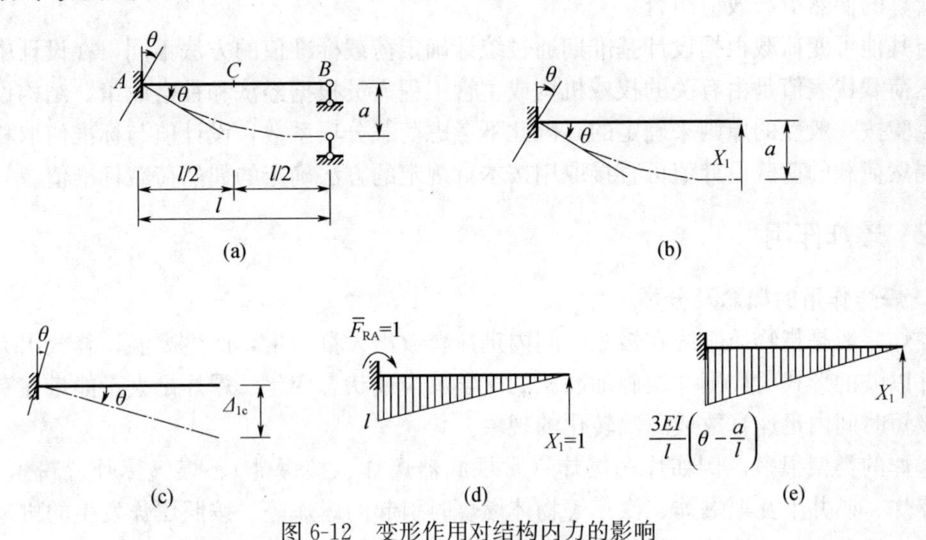

图 6-12　变形作用对结构内力的影响

（a）超静定梁；（b）基本体系；（c）支座移动引起的位移；（d）$\overline{M}_1$ 图；（e）M 图

6.3　偶然荷载

产生偶然荷载的因素很多，如由炸药、燃气、粉尘、压力容器等引起的爆炸，机动车、飞行器、电梯等运动物体引起的撞击，罕遇出现的风、雪、洪水等自然灾害及地震灾害等。随着我国社会经济的发展，人们使用燃气、汽车、电梯、直升机等先进设施和交通工具的比例大大提高。在建筑结构设计中偶然荷载越来越重要，为此，新修订的荷载规范增加了偶然荷载这一章节。

限于目前对偶然荷载的研究和认知水平以及设计经验，荷载规范仅对炸药及燃气爆炸、电梯及汽车撞击等较为常见且有一定研究资料和设计经验的偶然荷载作出规定，对其他偶然荷载，设计人员可以根据荷载规范规定的原则，结合实际情况或参考有关资料确定。

6.3.1　偶然荷载的一般规定

偶然荷载的设计原则应与《工程结构可靠性设计统一标准》（GB 50153—2008）相一致。建筑结构设计中，主要依靠优化结构方案、增加结构冗余度、强化结构构造等措施，避免因偶然荷载作用引起结构发生连续倒塌。在结构分析和构件设计中是否需要考虑偶然荷载作用，要视结构的重要性、结构类型及复杂程度等因素，由设计人员根据经验决定。

当采用偶然荷载作为结构设计的主导荷载时，在允许结构出现局部构件破坏的情况下，应保证结构不致因偶然荷载引起连续倒塌。结构设计中应考虑偶然荷载发生时和偶然荷载发生后两种状况。首先，在偶然事件发生时应保证某些特殊部位的构件具备一定的抵抗偶然荷载的承载能力，结构构件受损可控。此时结构在承受偶然荷载的同时，还要承担永久荷载、活荷载或其他荷载，应采用结构承载能力设计的偶然荷载效应组合。其次，要保证在偶然事件发生后，受损结构能够承担对应于偶然设计状况的永久荷载和可变荷载，保证结构有足够的整体稳固性，不致因偶然荷载引起结构连续倒塌，此时应采用结构整体稳固验算的偶然荷载效应组合。

与其他可变荷载根据设计基准期通过统计确定荷载标准值的方法不同，在设计中所取的偶然荷载代表值是由有关的权威机构或主管工程人员根据经济和社会政策、结构设计和使用经验按一般性的原则来确定的，因此不考虑荷载分项系数，设计值与标准值取相同的值。偶然荷载的荷载设计值可直接取用按本章规定的方法确定的偶然荷载标准值。

6.3.2　爆炸作用

1. 爆炸作用的概念及分类

爆炸一般是指物质系统在极短时间内迅速释放出大量能量，产生高温，释放出大量气体，并以波的形式对周围介质施加高压的化学反应或状态变化。爆炸是大量能量在有限体积和极短时间内迅速释放或急骤转化的现象。

爆炸的类型很多，例如炸药爆炸（常规武器爆炸、核爆炸）、煤气爆炸、粉尘爆炸、锅炉爆炸、矿井下瓦斯爆炸、汽车等物体燃烧时引起的爆炸等。按照爆炸发生的机理和作用性质，可分为物理爆炸、化学爆炸及核爆炸等多种类型。因此，爆炸作用是一种复杂的荷载。

物理爆炸过程中，爆炸物质的形态发生急剧改变，而化学成分没有变化。蒸汽锅炉爆炸是典型的物理爆炸现象。在这种爆炸中，过热的水迅速转化为蒸汽，而大量蒸汽的产生使锅炉内压力不断增高，当蒸汽压力超过锅炉能承受的程度时，锅炉爆裂，发生爆炸。

化学爆炸过程中不仅有物质形态的变化，还有物质化学成分的变化。化学爆炸的特征是爆炸发生前后，物质的组成和性质发生了根本的改变。炸药爆炸属于化学爆炸。化学爆炸是通过化学反应将物质内潜在的化学能，在极短的时间内迅速释放出来，转变为热能，在空气中形成冲击波，伴有大量气体产物。化学爆炸的引发与周围环境无关，不需要氧气助燃。燃气爆炸也是一种化学爆炸，但爆炸的发生与周围环境密切相关，且需要氧气参与，它实质上是可燃气体快速燃烧的过程。另外，蒸汽或粉尘与空气混合物的爆炸也属于化学爆炸。

核爆炸是指某些物质的原子核发生裂变反应或聚变反应，瞬间释放出大量能量而形成的爆炸现象。如原子弹、氢弹的爆炸就属于核爆炸。核爆炸发生时，在爆炸中心形成高压、高温，爆炸能量以冲击波、光辐射和贯穿辐射等形式表现出来，比物理爆炸和化学爆炸具有更为严重的破坏力。因此，核爆炸是更加剧烈的爆炸现象。

2. 爆炸的力学性质

爆炸对建筑物的破坏作用与爆炸类型、爆炸源能量大小、爆炸距离及周围环境、建筑物本身的振动特性等有关。

由于爆炸是在极短的时间内压力达到峰值，使周围气体迅猛地被挤压和推进，从而产生过高的运动速度，形成波的高速推进，这种使气体压缩而产生的压力称为冲击波。它会在瞬间压缩周围空气而产生超压，超压是指爆炸压力超过正常大气压，核爆、化爆和燃爆都产生不同幅度的超压。冲击波的前锋犹如一道运动着的高压气体墙面，被称为波阵面，超压向发生超压空间内的各表面施加挤压力，其作用效应相当于静压。冲击波所到之处，除产生超压外，还带动波阵面后空气质点高速运动引起动压，动压与物体形状和受力面方位有关，类似于风压。燃气爆炸的效应以超压为主，动压很小，可以忽略，所以燃气爆炸波属压力波。

冲击波对结构的作用有两种：冲击波超压和冲击波动压。超压是由于气体压缩而产生的压力，即爆炸压力超过正常大气压；动压是由于空气质点高速运动而产生的压力，类似于风压。

3. 爆炸的破坏作用

爆炸对结构产生破坏作用，其破坏程度与爆炸的性质和爆炸物质的数量有关。爆炸物质数量越大，积聚和释放的能量越多，破坏作用也越剧烈。爆炸发生的环境或位置不同，其破坏作用也不同，在封闭的房间、密闭的管道内发生的爆炸其破坏作用比在结构外部发生的爆炸要严重得多。当爆炸产生的冲击波作用在建筑物上时，结构进入塑性屈服状态，产生较大变形和裂缝，甚至局部破坏或倒塌。

爆炸的破坏作用大体有以下几个方面：震荡作用、冲击波作用、碎片的冲击作用和热作用（火灾）。

（1）震荡作用

指爆炸发生时，在冲击波的作用区域内使物体产生震荡，造成建筑物松散开裂的力，犹如一短暂的地震波作用。

（2）冲击波作用

随着爆炸的出现，冲击波最初出现正压力，而后又出现负压力。负压力是气压下降后空气振动局部产生真空而形成所谓吸收作用，称为吸收作用。冲击波作用会对附近的建筑物造成破坏。爆炸物质的数量与冲击波的温度成正比关系，而冲击波压力与距离成反比关系。

（3）碎片的冲击作用

容器发生粉碎性的爆炸，碎片冲击将造成大面积的伤亡，飞散距离可达100～500m，甚至更远。碎片的体积越小，飞散的速度越大，危害越严重。

（4）热作用（火灾）

一般爆炸气体扩散只发生在极其短促的瞬间，对一般物质来说，不足以造成火灾。但是，在设备破坏之后，从设备内流散到空气中的可燃气体或液体的蒸汽将遇其他火源（电火花等）而被点燃，或被建筑物内遗留的大量热量点燃，在爆炸现场燃起大火，加重爆炸的破坏力。

4. 爆炸荷载计算

结构承受的爆炸荷载是偶然性瞬间作用。爆炸冲击波将对结构物产生荷载作用。爆炸荷载与入射冲击波特性（超压、动压、衰减和持续时间等）以及结构特性（大小、形状、方位等）有关。爆炸发生时，反应区内瞬时形成极高的压力与周围未扰动的空气处于极端的不平衡状态。高压波从爆心向外运动，强烈挤压邻近空气并不断向外扩展压缩空气层，冲击地面建筑物（前墙承受压力，背墙、顶盖和侧墙承受吸力）。

（1）冲击波对地面结构物的作用

当爆炸发生在一密闭结构中时，冲击波遇到结构正面发生反射，形成增大的反射超

压，并产生高压区，这时的冲击波反射超压峰值按下式计算：

$$\Delta P_{R}=K_{f}\cdot\Delta P_{1} \tag{6-11}$$

$$K_{f}=\frac{\Delta P_{R}}{\Delta P_{1}}=2+\frac{6\Delta P_{1}}{\Delta P_{1}+7} \tag{6-12}$$

式中：ΔP_{R}——最大的反射超压，kPa；

ΔP_{1}——入射波波阵面的超压幅值，kPa；

K_{f}——反射系数，取值为 2～8，如果考虑高温高压条件下空气分子的离介和电离效应，此值可达 20 左右。

然后，冲击波绕过结构物继续前进（绕射），对结构物的侧面和顶部产生压力，最后绕到结构物的背面，对其表面产生压力，即前墙压力从 ΔP_{R}（最大的反射超压）经表面阻力系数的作用而衰减为 ΔP_{m}。

结构物前墙单位面积平均压力：

$$\Delta P_{m}(t)=\Delta P(t)+C_{d}\cdot q(t) \tag{6-13}$$

式中：$\Delta P_{m}(t)$ ——整个前墙单位面积平均压力，kPa；

$\Delta P(t)$ ——超压，kPa；

C_{d}——拖拽系数，试验确定，矩形结构物取 1.0；

$q(t)$ ——冲击波产生的动压，kPa。

结构物的顶盖、侧墙及背墙上，平均压力为冲击超压与动压作用之和，计算公式同上。不同的是，由于涡流等原因，侧墙、顶盖和背墙在冲击波压力作用下受到吸力作用，荷载作用削弱，因此 C_{d} 取负值，且作用时间不同。因此，侧墙、顶盖和背墙在冲击波作用下单位面积平均吸力为：

$$\Delta P_{m}(t)=\Delta P(t)-C_{d}\cdot q(t) \tag{6-14}$$

对矩形结构物来讲，作用于前墙和后墙上的压力波不仅数值大小有差别，而且作用时间也不尽相同。因此，结构物受到巨大挤压作用，同时由于前后压力差，使得整个结构物受到巨大的水平推力，可能使整个结构平移和倾覆。而对于烟囱、桅杆、塔楼及桁架等细长形结构物，由于它们的横向线性尺寸很小，则所受合力就只有动压作用，因此结构物容易遭到抛掷和弯折。

（2）冲击波对地下结构物的作用

地面爆炸冲击波对地下结构物的作用与对上部结构的作用有很大不同。爆炸冲击波由地面向地下传播时，由于传播介质的改变，冲击波的波形与强度发生变化，应考虑结构与其所处介质间的相互关系对荷载的影响。

现行的地下抗爆结构计算法应用普遍，采用简化的综合反射系数法的半经验实用计算方法。它是在对土中压缩波的动力荷载作某些简化处理后，以等效静载法为基础建立的一种近似计算法。这种方法考虑了压缩波在传播过程中的衰减，根据结构各部位的埋深不同及对压缩波传播方向的差异，对结构的不同部位规定了不同的计算系数，对地面冲击波超压峰值进行修正。

深度 h 处压缩波峰值压力 P_{h}：

$$P_{h}=\Delta P_{m}\cdot e^{-\alpha h} \tag{6-15}$$

地下结构顶盖动载峰值 P_{d}：

$$P_d = K'_f \cdot P_h \tag{6-16}$$

地下结构侧墙动载峰值 P_c：

$$P_c = \xi \cdot P_h \tag{6-17}$$

地下结构底板动载峰值 P_b：

$$P_b = \eta \cdot P_h \tag{6-18}$$

式中：ΔP_m——地面空气冲击波超压，kPa；

h——地下结构物距地表深度，m；

K'_f——综合反射系数，与结构埋深、所处土壤性质、外包尺寸及形状等复杂因素有关，一般饱和土中结构取1.8，可按《人民防空地下室设计规范》（GB 50038—2005）中的规定取值；

α——衰减系数，饱和土取0.03～0.1；

ξ——压缩波作用下的侧压系数，按表6-3采用；

η——底压系数，非饱和土中结构取0.5～0.75，土壤含水量大时取大值，饱和土取0.8～1.0。

表6-3　侧压系数

土壤类型		ξ
碎石土		0.15～0.25
砂土	地下水位以上	0.25～0.35
	地下水位以下	0.70～0.90
粉土		0.33～0.43
黏土	坚硬、硬塑	0.20～0.40
	可塑	0.40～0.70
	软塑、流塑	0.70～1.00

上述公式（6-16）、（6-17）、（6-18）与《人民防空地下室设计规范》（GB 50038—2005）中的公式一致，不同的是计算压缩波峰值压力 P_h 时采用计算公式：

$$P_h = \left[1 - \frac{h}{v_1 t_2}(1-\delta)\right]\Delta P_{ms} \tag{6-19}$$

式中：h——土的计算深度，计算顶盖时，取顶盖的覆土厚度；计算侧墙时，取侧墙中点至室外地面的深度；

v_1——土的峰值压力波速；

t_2——地面空气冲击波按等冲量简化的等效作用时间，可按表6-4采用；

δ——土的应变恢复比，当无实测资料时，可按表6-5和如下规定采用：

① 地面超压 $\Delta P_m < 16\alpha_1$ 时，δ 按非饱和土取值；

② $\Delta P_m > 20\alpha_1$ 时，取 $\delta = 1$；

③ $16\alpha_1 \leqslant \Delta P_m \leqslant 20\alpha_1$ 时，δ 取线性内插值；

ΔP_{ms}——空气冲击波超压计算值，当不计入地面建筑物影响时，取地面超压值 ΔP_m。

当土的计算深度小于或等于1.5m时，P_h 可近似取 ΔP_{ms}。

表 6-4 地面空气冲击波按等冲量简化的等效作用时间 t_2 值

抗力等级	6	5	4B	4
t_2 (s)	1.46	1.17	0.91	0.78

表 6-5 非饱和土的 δ 值

土的类别	碎石土	砂土				粉土	黏性土				湿陷性黄土	淤泥质土
		粗砂	中砂	细砂	粉砂		粉质黏土	黏土	老黏土	红黏土		
δ	0.9	0.8	0.5	0.4	0.3	0.2	0.1	0.1	0.3	0.2	0.1	0.1

确定动荷载参量后，采用等效静力荷载法将动荷载转换成等效静载。

5. 等效静力荷载法

爆炸荷载属于动力荷载，但如果按动力方法直接进行结构分析和设计，不仅计算过程复杂，而且有些设计参数很难确定，因此荷载规范规定由炸药、燃气、粉尘等引起的爆炸荷载宜按等效静力荷载采用。

(1) 等效均布静力荷载标准值

① 在常规炸药爆炸动荷载作用下，结构构件的等效均布静力荷载标准值，可按下式计算：

$$q_{ce}=K_{dc}p_c \tag{6-20}$$

式中：q_{ce}——作用在结构构件上的等效均布静力荷载标准值；

K_{dc}——动力系数，根据构件在均布动荷载作用下的动力分析结果，按最大内力等效的原则确定；

p_c——作用在结构构件上的均布动荷载最大压力，可按国家标准《人民防空地下室设计规范》(GB 50038—2005) 中的有关规定采用。

② 对于具有通口板（玻璃窗）的房屋结构，当通口板面积 A_V 与爆炸空间体积 V 之比在 0.05～0.15 之间且体积 V 小于 1000m² 时，燃气爆炸的等效均布静力荷载 p_k 可按下列公式计算并取其中较大值：

$$p_k=3+p_V \tag{6-21}$$

$$p_k=3+0.5p_V+0.04\left(\frac{A_V}{V}\right)^2 \tag{6-22}$$

式中：p_V——通口板（一般指窗口的平板玻璃）的额定破坏压力，kN/m²；

A_V——通口板面积，m²；

V——爆炸空间的体积，m³。

当前在房屋设计中考虑燃气爆炸的偶然荷载是有实际意义的。主要参照欧洲规范《由撞击和爆炸引起的偶然作用》(EN 1991-1-7) 中的有关规定。设计的主要思想是通过通口板破坏后的泄压过程，提供爆炸空间内的等效静力荷载公式，以此确定关键构件的偶然荷载。

爆炸过程是十分短暂的，可以考虑提高构件设计抗力，爆炸持续时间可近似取 $t=0.2$s。《由撞击和爆炸引起的偶然作用》给出的抗力提高系数的公式为：

$$\varphi_d=1+\sqrt{\frac{p_{SW}}{p_{Rd}}}\sqrt{\frac{2u_{max}}{g(\Delta t)^2}} \tag{6-23}$$

式中：p_{SW}——关键构件的自重；

p_{Rd}——关键构件在正常情况下的抗力设计值；

u_{max}——关键构件破坏时的最大位移；

g——重力加速度。

（2）确定等效均布静力荷载的基本步骤

爆炸荷载的大小主要取决于爆炸当量和结构离爆炸源的距离，这主要依据《人民防空地下室设计规范》（GB 50038—2005）中有关常规武器爆炸荷载的计算方法制定。确定等效均布静力荷载的基本步骤为：

① 确定爆炸冲击波波形参数，即等效动荷载

常规武器地面爆炸空气冲击波波形可取按等冲量简化的无升压时间的三角形，如图 6-13 所示。

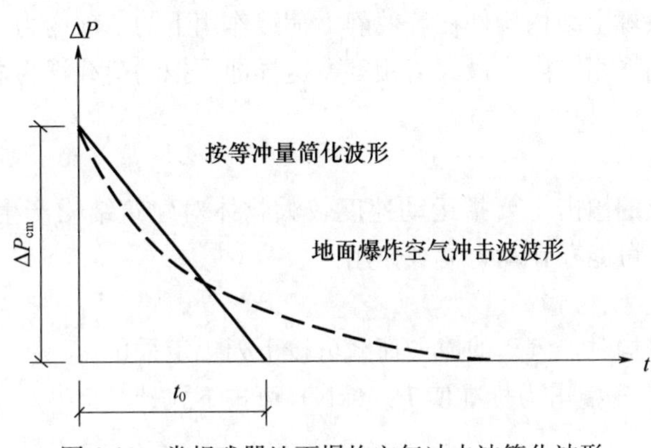

图 6-13　常规武器地面爆炸空气冲击波简化波形

常规武器地面爆炸冲击波最大超压（N/mm^2）ΔP_{cm}可按下式计算：

$$\Delta P_{cm}=1.316\left(\frac{\sqrt[3]{C}}{R}\right)^{3}+0.369\left(\frac{\sqrt[3]{C}}{R}\right)^{1.5} \tag{6-24}$$

式中：C——等效 TNT 装药量，应按国家现行有关规定取值，kg；

R——爆心至作用点的距离，爆心至外墙外侧水平距离应按国家现行有关规定取值，m。

地面爆炸空气冲击波按等冲量简化的等效作用时间 t_0(s)，可按下式计算：

$$t_0=4.0\times10^{-4}\Delta P_{cm}^{-0.5}\sqrt[3]{C} \tag{6-25}$$

② 按单自由度体系强迫振动的方法分析得到构件的内力

从结构设计所需精度和尽可能简化设计的角度考虑，在常规武器爆炸动荷载或核武器爆炸动荷载作用下，结构动力分析一般采用等效静荷载法。试验结果与理论分析表明，对于一般防空地下室结构在动力分析中采用等效静荷载法除了剪力（支座反力）误差相对较大外，不会造成设计上的明显不合理。

研究表明，在动荷载作用下，结构构件振型与相应静荷载作用下挠度曲线很接近，且在动荷载作用下结构构件的破坏规律与在相应静荷载作用下破坏规律基本一致，所以在动力分析时，可将结构构件简化为单自由度体系，运用结构动力学中对单自由度集中质量等效体系分析的结果，获得相应的动力系数。

等效静荷载法一般适用于单个构件。实际结构是多构件体系，如有顶板、底板、墙、梁、柱等构件，其中顶板、底板与外墙直接受到不同峰值的外加动荷载作用，内墙、柱、梁等承受上部构件传来的动荷载。由于动荷载作用的时间有先后，变化规律也不一致，因此对结构体系进行综合的精确分析是较为困难的，故一般采用近似方法，将它拆成单个构件，每一个构件都按单独的等效体系进行动力分析。各构件的支座条件应按实际支承情况来选取。例如对钢筋混凝土结构，顶板与外墙的刚度接近，其连接处可近似按弹性支座（介于固端与铰支之间）考虑。而底板与外墙的刚度相差较大，在计算外墙时可将二者连接处视作固定端。对通道或其他简单、规则的结构，也可近似作为一个整体构件按等效静荷载进行动力计算。

对于特殊结构也可按有限自由度体系采用结构动力学方法，直接求出结构内力。

③ 根据构件最大内力（弯矩、剪力或轴力）等效的原则确定等效均布静力荷载

等效静力荷载法规定结构构件在等效静力荷载作用下的各项内力（如弯矩、剪力、轴力）等与动荷载作用下相应内力最大值相等，这样即可把动荷载视为静荷载。

6.3.3 撞击

偶然荷载中涉及的撞击主要指运动速度较大物体对建筑结构产生较大的动力冲击作用，由于速度较大，可能存在动力荷载作用。

1. 汽车撞击力

（1）设计建筑结构时，汽车的撞击荷载可按下列规定采用：

① 顺行方向的汽车撞击力标准值 P_k（kN）可按下式计算：

$$P_k=\frac{mv}{t} \tag{6-26}$$

式中：m——汽车质量，包括车自重和载重，t；

v——车速，m/s；

t——撞击时间，s。

② 撞击力计算参数 m、v、t 和荷载作用点位置宜按照实际情况采用；当无数据时，汽车质量可取 15t，车速可取 22.2m/s，撞击时间可取 1.0s，小型车和大型车的撞击力荷载作用点位置可分别取位于路面以上 0.5m 和 1.5m 处。

③ 垂直行车方向的撞击力标准值可取顺行方向撞击力标准值的 0.5 倍，二者可不考虑同时作用。

我国公路上 10t 以下中小型汽车约占总数的 80%，10t 以上大型汽车占 20%。因此，《公路桥涵设计通用规范》（JTG D60—2015）规定计算撞击力时撞击车质量取 10t。而《城市人行天桥与人行地道技术规范》（CJJ 69—1995）则建议取 15t。荷载规范建议撞击车质量按照实际情况采用，当无数据时可取为 15t。又据《城市人行天桥与人行地道技术规范》（CJJ 69—1995），撞击车速建议取国产车平均最高车速的 80%。目前高速公路、一级公路、二级公路的最高设计车速分别为 120km/h、100km/h 和 80km/h，综合考虑取车速为 80km/h（22.2m/s）。在没有试验资料时，撞击时间按《公路桥涵设计通用规范》（JTG D60—2015）的建议，取值 1s。

参照《城市人行天桥与人行地道技术规范》（CJJ 69—1995）和欧洲规范《由撞击和

爆炸引起的偶然作用》（EN 1991-1-7），垂直行车方向撞击力取顺行方向撞击力的 50%，二者不同时作用。

建筑结构可能承担的车辆撞击主要包括地下车库及通道的车辆撞击、路边建筑物车辆撞击等，由于所处环境不同，车辆质量、车速等变化较大，因此在给出一般值的基础上，设计人员可根据实际情况调整。

（2）设计桥梁结构时，必要时可考虑汽车的撞击作用。依据《公路桥涵设计通用规范》（JTG D60—2015）中的规定，桥梁结构汽车撞击力设计值在车辆行驶方向取 1000kN，在车辆行驶垂直方向取 500kN，两个方向的撞击力不同时考虑。撞击力作用于行车道以上 1.2m 处，直接分布于撞击涉及的构件上。对于设有防撞设施的结构构件，可视防撞设施的防撞能力，对汽车撞击力设计值予以折减，但折减后的汽车撞击力设计值不应低于上述规定值的 1/6。

2. 直升飞机非正常着陆的撞击力

直升飞机紧急着陆的撞击力可按下列规定采用：

竖向等效静力撞击力标准值 P_k（kN）按下式计算：

$$P_k = C\sqrt{m} \tag{6-27}$$

式中：C——系数，取 $3\text{kN}\cdot\text{kg}^{-0.5}$；

m——直升飞机的质量，kg。

竖向撞击力的作用范围宜包括停机坪内任何区域以及停机坪边缘线 7m 之内的屋顶结构。

竖向撞击力的作用区域宜取 2m×2m。

3. 电梯撞击力

电梯撞击力是指电梯运营中发生非正常事件时可能对结构产生的作用。当电梯运行超过正常速度一定比例后，安全钳首先作用，将轿厢（对重）卡在导轨上。安全钳作用瞬间，将轿厢（对重）传来的冲击荷载作用给导轨，再由导轨传至底坑（悬空导轨除外）。在安全钳失效的情况下，轿厢（对重）才有可能撞击缓冲器，缓冲器将吸收轿厢（对重）的动能，提供最后的保护。因此偶然情况下，作用于底坑的撞击力存在四种情况：轿厢或对重的安全钳通过导轨传至底坑；轿厢或对重通过缓冲器传至底坑。由于这四种情况不可能同时发生，表 6-6 中的撞击力取值为这四种情况下的最大值。根据部分电梯厂家提供的样本，计算出不同的电梯品牌、类型的撞击力与电梯总重力荷载的比值。

表 6-6 撞击力与电梯总重力荷载比值计算结果

电梯类型		品牌 1	品牌 2	品牌 3
无机房	低速客梯	3.7～4.4	4.1～5.0	3.7～4.7
有机房	低速客梯	3.7～3.8	4.1～4.3	4.0～4.8
	低速观光梯	3.7	4.9～5.6	4.9～5.4
	低速医梯	4.2～4.7	5.2	4.0～4.5
	低速货梯	3.5～4.1	3.9～7.4	3.6～5.2
	高速客梯	4.7～5.4	5.9～7.0	6.5～7.1

根据表 6-6 结果，并参考国际建筑规范（IBC—2012）以及我国《电梯制造与安装安全规范》（GB 7588—2003），确定撞击荷载标准值。规定一般电梯竖向撞击荷载标准值可

取电梯总重力荷载的4～6倍。规范值适用于电力驱动的拽引式或强制式乘客电梯、病床电梯及载货电梯，不适用于杂物电梯和液压电梯。电梯总重力荷载为电梯额定载重和轿厢自重之和，忽略了电梯装饰荷载的影响。额定速度较大的电梯，相应的撞击荷载也较大，高速电梯（额定速度不小于2.5m/s）宜取上限值。

4. 船只或漂浮物的撞击力

跨越江、河、海湾的桥梁，必须考虑船舶或漂流物对桥梁墩台的偶然作用。船舶或漂流物与桥梁结构的碰撞过程十分复杂，与碰撞时的环境因素（风浪、气候、水流等）、船舶特性（船舶类型、船舶尺寸、行进速度、装载情况以及船首、船壳和甲板室的强度和刚度等）、桥梁结构因素（桥梁构件的尺寸、形状、材料、质量和抗力特性等）及驾驶员的反应时间等因素有关，因此精确确定船舶或漂流物与桥梁的相互作用力十分困难。

根据通航航道的特点及其通行的船舶特性，可以将需要考虑船舶与桥梁相互作用的河流分为内河和通行海轮的河流（包括海湾）两大类。前者的代表船型主要为内河驳船货船队，依据《内河通航标准》（GB 50139—2014）的规定，一至七级内河航道对应的船舶吨位分别为3000t、2000t、1000t、500t、300t、100t和50t。通行海轮航道的代表船型为海轮。两者与桥梁结构发生撞击的机理有所区别，结果也不一样。

船舶与桥梁的撞击作用有时十分巨大，所以在有可能的情况下应采用实测结果。依据《公路桥涵设计通用规范》（JTG D60—2015）中的规定，通航水域的桥梁墩台，设计时应考虑船舶的撞击作用，其撞击作用设计值可按下列规定采用：

（1）船舶的撞击作用设计值宜按专题研究确定。

（2）对于一、二、三级内河航道船舶撞击作用，鉴于桥梁防撞等级及结构安全等级的重要性，一般设计过程中均通过专题研究来确定。四至七级内河航道当缺乏实际调查资料时，船舶撞击作用的设计值可按表6-7取值，航道内的钢筋混凝土桩墩，顺桥向撞击作用可按表6-7所列数值的50%取值。

表6-7　内河船舶撞击作用设计值

内河航道等级	船舶吨级载重吨（t）	横桥向撞击作用（kN）	顺桥向撞击作用（kN）
四	500	550	450
五	300	400	350
六	100	250	200
七	50	150	125

（3）当缺乏实际调查资料时，海轮撞击作用的设计值可按表6-8采用。

表6-8　海轮撞击作用的设计值

船舶吨级载重吨（t）	横桥向撞击作用（kN）	顺桥向撞击作用（kN）
3000	19600	9800
5000	25400	12700
7500	31000	15500
10000	35800	17900
20000	50700	25350

续表

船舶吨级载重吨（t）	横桥向撞击作用（kN）	顺桥向撞击作用（kN）
30000	62100	31050
40000	71700	35850
50000	80200	40100

（4）规划航道内可能遭受大型船舶撞击作用的桥墩，应根据桥墩的自身抗撞击能力、桥墩的位置和外形、水流流速、水位变化、通航船舶类型和碰撞速度等因素做桥墩防撞设施的设计。当设有与墩台分开的防撞击的防护结构时，桥墩可不计船舶的撞击作用。

（5）内河船舶的撞击作用点，假定为计算通航水位线以上2m的桥墩宽度或长度的中点。海轮船舶撞击作用点需视实际情况而定。

（6）有漂流物的水域中的桥梁墩台，设计时应考虑漂流物的撞击作用，其横桥向撞击力设计值可按下式计算。

$$F=\frac{Wv}{gT} \tag{6-28}$$

式中：W——漂流物重力，应根据河流中漂流物情况，按实际调查确定，kN；

v——水流速度，m/s；

T——撞击时间，s，应根据实际资料估计，在无实际资料时，可用1s；

g——重力加速度，9.81m/s²。

从实际情况来看，在航道顺直、桥位较正的情况下，船舶或漂流物与桥梁发生正面撞击的机会很小，斜向撞击桥梁墩台的机会较大。一般斜向撞击的角度α小于45°。当桥位与航道斜交时，正向与斜向撞击墩台的可能性均存在。由于撞击角度不容易预先确定，故在计算撞击作用时，应根据具体情况加以研究确定。

对于船舶与桥梁撞击力的计算，各国学者通过实验模型分析或结构计算分析，总结得到的计算方法不尽相同，这些实验或计算公式的结果差别也较大。在实际桥梁设计中，应综合考虑船桥相撞的各种因素，通过多方面比较之后再确定。

6.4　浮力作用

水浮力为作用于建筑物基底面由下向上的水压力，等于建筑物排开同体积的水的重力。

如果结构物或基础的底面置于地下水位以下，地下水或地表水通过土的孔隙，联通或溶入到结构物或基础底面是产生水浮力的前提条件，因此水浮力与地基土的透水性、地基与基础的接触情况以及水压大小（水头高低）和漫水时间等因素有关，水浮力的计算主要取决于土的物理特性。只有土的颗粒间的接触面很小，可以把它们作为点接触时，才可以认为土中结构物或土处于完全浮力状态（如对粉土或砂性土等）。假使土颗粒间的接触面或土颗粒与结构物基底间的接触面相当大，而且各个固体颗粒的联结是由胶结性连接而形成的（如对密实的黏性土），则土和结构物不会处于完全的浮力作用状态，因为水不能充分进入土与结构物之间，计算浮力时应乘以由实验来确定的小于1的系数。

对于存在静水压力的透水性土，如砂土、碎石土、粉土等，孔隙存在的自由水，均应

计算水浮力；黏土属于非透水性土，可不考虑水浮力。由于水浮力的存在，对墩台的稳定性不利，故在验算墩台稳定时按设计水位计算；计算基底应力及基底偏心时按常水位计算，这样较为合理。

从安全角度出发，结构物或基础受到的浮力可按如下考虑：

（1）如果结构物置于透水性饱和的地基上，可认为结构物处于完全浮力状态，需计算水浮力。

（2）如果结构物置于不透水性地基上，且结构物或基础底面与地基接触良好，可不考虑水的浮力。

（3）如果结构物置于透水性较差的地基上，可按 50%计算浮力。

（4）由于土的透水性质难以预测，故对于难以确定是否具有透水性质的土，计算基底应力时，不计浮力，计算稳定性时，计入浮力。

（5）如果不能确定地基是否透水，应从透水和不透水两种情况与其他荷载组合，取其最不利者；对于黏性土地基，浮力与土的物理特性有关，应结合实际情况确定。

（6）对有桩基的结构物，作用在桩基承台底部的浮力，应考虑全部面积，但桩嵌入不透水持力层者，计算承台底部浮力时应扣除桩的截面积。

注意两点：①在确定地基承载力设计值时，无论是结构物或基础底面以下的天然重度还是底面以上土的加权平均重度，地下水位以下一律取有效重度；②设计时应考虑到地下水位并不是一成不变的，而是随季节会产生涨落。

浮力作用可根据地基土的透水程度，按照结构物丧失的重量等于它所排开的水重这一浮力原则计算。水的浮力标准值可按下式计算：

$$F=\gamma V_{w} \tag{6-29}$$

式中：F——水的浮力标准值，kN；

γ——水的重度，kN/m^3；

V_{w}——结构排开水的体积，m^3。

6.5 制动力

1. 汽车制动力

汽车制动力是汽车刹车时为克服其惯性运动而在车轮和路面接触之间产生的水平滑动摩擦力，其值为摩擦系数乘以车辆的总重力。

影响制动力的因素有路面粗糙程度、轮胎的粗糙状况及充气压力的大小、制动装置的灵敏性、行车速度等。

《公路桥涵设计通用规范》（JTG D60—2015）中指出汽车荷载制动力应按下列规定计算和分配：

（1）汽车荷载制动力按同向行驶的汽车荷载（不计冲击力）计算，并应按表 2-6 的规定，以使桥梁墩台产生最不利纵向力的加载长度进行纵向折减。

一个设计车道上由汽车荷载产生的制动力标准值按本教材第 2.4.1 节中给出的车道荷载标准值按在加载长度上计算的总重力的 10%计算，但公路-Ⅰ级汽车荷载的制动力标准值不得小于 165kN，公路-Ⅱ级汽车荷载的制动力标准值不得小于 90kN。

同向行驶双车道的汽车荷载制动力标准值应为一个设计车道制动力标准值的2倍，同向行驶三车道应为一个设计车道的2.34倍，同向行驶四车道应为一个设计车道的2.68倍。

（2）制动力的着力点在桥面以上1.2m处，计算墩台时，可移至支座铰中心或支座底座面上。计算钢构桥、拱桥时，制动力的着力点可移至桥面上，但不应计因此而产生的竖向力和力矩。

（3）设有板式橡胶支座的简支梁、连续桥面简支梁或连续梁排架式柔性墩台，应根据支座与墩台的抗推刚度的刚度集成情况分配和传递制动力。设有板式橡胶支座的简支梁刚性墩台，应按单跨两端的板式橡胶支座的抗推刚度分配制动力。

（4）设有固定支座、活动支座（滚动或摆动支座、聚四氟乙烯板支座）的刚性墩台传递的制动力，按表6-9的规定采用。每个活动支座传递的制动力，其值不应大于其摩阻力，当大于摩阻力时，按摩阻力计算。

表6-9 刚性墩台各种支座传递的制动力

桥梁墩台及支座类型		应计的制动力	符号说明
简支梁桥台	固定支座	T_1	T_1—加载长度为计算跨径时的制动力； T_2—加载长度为相邻两跨计算跨径之和时的制动力； T_3—加载长度为一联长度的制动力
	聚四氟乙烯支座	$0.30T_1$	
	滚动（或摆动）支座	$0.25T_1$	
简支梁桥墩	两个固定支座	T_2	
	一个固定支座，一个活动支座	①	
	两个聚四氟乙烯支座	$0.30T_2$	
	两个滚动（或摆动）支座	$0.25T_2$	
连续梁桥墩	固定支座	T_3	
	聚四氟乙烯支座	$0.30T_2$	
	滚动（或摆动）支座	$0.25T_2$	

① 固定支座按T_4计算，活动支座按$0.30T_5$（聚四氟乙烯支座）计算，或$0.25T_5$（滚动或摆动支座）计算，T_4和T_5分别为与固定支座或活动支座相应的单跨跨径的制动力，桥墩承受的制动力为上述固定支座与活动支座传递的制动力之和。

2. 列车制动力、机车牵引力

《铁路桥涵设计基本规范》（TB 10002—2017）指出，对铁路桥涵上行驶的列车而言，列车制动力或牵引力应按计算长度内列车竖向静荷载的10％计算。但当与离心力或列车竖向动力作用同时计算时，制动力或牵引力应按计算长度内列车竖向活荷载的7％计算。

双线桥应按一线的制动力或牵引力计算；三线或三线以上的桥梁按双线的制动力或牵引力计算。

桥头填方破坏棱体范围内的列车竖向活载所产生的制动力或牵引力可不计算。

重载铁路制动力或牵引力作用在轨顶以上2.4m处，其他标准铁路的制动力或牵引力均作用在轨顶以上2m处。当计算桥墩台时移至支座中心处，计算台顶以及刚构桥、拱桥的制动力或牵引力时移至轨底，均不计移动作用点所产生的竖向力或力矩。

采用特种活载时，不计算制动力或牵引力。

6.6 冲击力

6.6.1 汽车冲击力

车辆在桥面上高速度行驶时，由于桥面不平整或车轮不圆或发动机抖动等多种原因，都会引起车体上下振动，使得桥跨结构受到影响，这种动力效应称为冲击作用。车辆在动载作用下产生的应力和变形要大于在同样大小静载作用下产生的应力和变形，这种由于动力作用而使桥梁发生振动造成内力和变形增大的现象称为冲击作用。目前对冲击作用尚不能从理论上作出符合实际的详细计算，一般可根据试验和实测结果或近似地将车辆的重力乘以冲击系数 μ 来计算车辆的冲击作用，即采用静力学的方法考虑荷载增大系数来反映动力作用。冲击系数与结构刚度有关，跨径越大，刚度越小，对荷载的缓冲作用越好。

汽车的冲击系数是汽车过桥时对桥梁结构产生的竖向动力效应的增大系数。冲击作用有车体的振动和桥跨结构自身的变形和振动。当车辆的振动频率与桥跨结构的自振频率一致时，即形成共振，其振幅（即挠度）比一般的振动大很多。振幅的大小与桥梁结构的阻尼大小及共振时间的长短有关。桥梁的阻尼主要与材料和连接方式有关，且随桥梁跨径的增大而减小。所以，增强桥梁的纵、横向连接刚度，对于减小共振影响有一定的作用。

《公路桥涵设计通用规范》（JTG D60—2015）中指出汽车荷载冲击力应按下列规定计算：

（1）钢桥、钢筋混凝土及预应力混凝土桥、圬工拱桥等上部构造和钢支座、板式橡胶支座、盆式橡胶支座及钢筋混凝土柱式墩台，因相对来说自重不大，冲击作用效果显著，故应计算汽车的冲击作用。

（2）填料厚度（包括路面厚度）等于或大于 0.5m 的拱桥、涵洞以及重力式墩台，因相对来说自重大，整体性好，冲击影响小，故不计冲击力。

（3）支座的冲击力，按相应的桥梁取用。

（4）汽车荷载的冲击力标准值为汽车荷载标准值乘以冲击系数 μ。

（5）冲击系数 μ 可按下式计算：

当 $f<1.5\text{Hz}$ 时，$\mu=0.05$；

当 $1.5\text{Hz}\leqslant f\leqslant 14\text{Hz}$ 时，$\mu=0.1767\ln f-0.0157$；　　(6-30)

当 $f>14\text{Hz}$ 时，$\mu=0.45$。

式中：f——结构基频，Hz。

（6）汽车荷载的局部加载及在 T 梁、箱梁悬臂板上的冲击系数采用 1.3。

6.6.2 火车冲击力

对于铁路桥梁，《铁路桥涵设计基本规范》（TB 10002—2017 ）指出，桥涵结构计算应考虑列车活载动力作用，可按竖向静活载乘以动力系数（$1+\mu$）确定。实体墩台、基础计算可不考虑动力作用。

客货共线、重载铁路桥梁结构动力系数应按下列公式计算，且不小于 1.0。

（1）简支或连续的钢桥跨结构和钢墩台

我国现有铁路钢桥最大跨长为192m，对跨度$L=5\sim160$m共53座桥的试验资料或检定资料进行分析，并与各国规范的动力系数作比较后得到动力系数如下：

$$1+\mu=1+\frac{28}{40+L} \tag{6-31}$$

式中：L除承受局部荷载的杆件为其影响线加载长度外，其余均为桥梁跨长，单位为m。对于连续桥跨结构，计算其边跨的动力系数时，L近似取边跨的跨长，计算中间跨的动力系数时，L近似取该中间跨的跨长。

（2）钢与钢筋混凝土板的结合梁

目前，我国采用结合梁不多，这种桥跨结构对于平原填方不高和山区线路坡度大、曲线半径小的条件，将仍有可能继续使用。

$$1+\mu=1+\frac{22}{40+L} \tag{6-32}$$

（3）钢筋混凝土桥跨结构

在铁路桥梁中，钢筋混凝土桥梁占有较大的比重，其结构形式主要为简支梁，而且绝大部分是标准设计。钢筋混凝土、素混凝土、石砌的桥跨结构及涵洞、刚架桥，其顶上填土厚度$h\geqslant3$m（从轨底算起）时，不计列车竖向动力作用。当$h<3$m时：

$$1+\mu=1+\alpha\left(\frac{6}{30+L}\right) \tag{6-33}$$

式中：$\alpha=0.32\times(3-h)^2$，$h<0.5$m时h取0.5m。

（4）空腹式钢筋混凝土拱桥的拱圈和拱肋：

$$1+\mu=1+\frac{15}{100+\lambda}\left(1+\frac{0.4L}{f}\right) \tag{6-34}$$

式中：L——拱桥的跨度，m；

λ——计算桥跨结构的主要杆件时为计算跨度，对于只承受局部活载的杆件，则按其计算图式为一个或数个节间的长度，m；

f——拱的矢高，m。

（5）支座的动力系数计算公式与相应的桥跨结构计算公式相同。

6.7 离心力

6.7.1 汽车离心力

离心力就是物体沿曲线运动或做圆周运动时所产生的离开中心的力。桥梁离心力是一种伴随着车辆在弯道行驶时所产生的惯性力，其以水平力的形式作用于桥梁结构，是弯桥横向受力与抗扭设计计算所考虑的主要因素。

位于曲线桥梁上的汽车，《公路桥涵设计通用规范》（JTG D60—2015）中指出，当弯道桥的曲线半径等于或小于250m时，应计算汽车荷载引起的离心力的作用。汽车荷载离心力的大小与曲线半径成反比，离心力的取值可通过车辆荷载（不计冲击力）标准值乘以离心力系数C得到，离心力系数C可由力学方法导出，如图6-14所示。

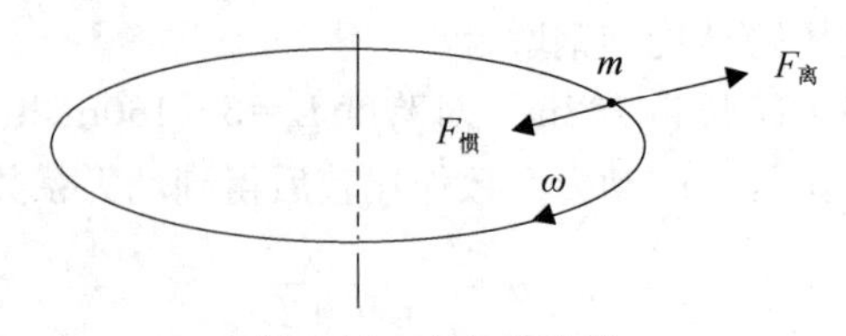

图 6-14　离心力计算

$$F_{离}=-F_{惯}=-ma=-m\omega^2R=-m\left(\frac{v}{R}\right)^2R=-mg\frac{v^2}{gR} \tag{6-35}$$

离心力 $F_{离}$＝车辆重量 P×离心力系数 C

则离心力系数为：

$$C=\frac{v^2}{gR} \tag{6-36}$$

式中：v——行车速度，m/s；

R——弯道半径，m。

若 v 以 km/h 计，$g=9.81\text{m/s}^2$ 带入上式，得：

$$C=\frac{v^2}{9.81\times3.6^2\times R}=\frac{v^2}{127R} \tag{6-37}$$

计算多车道桥梁的汽车荷载离心力时，车辆荷载标准值应乘以表 2-5 规定的横向折减系数。

离心力应作用在汽车的重心上，一般在桥面以上 1.2m 处，为了计算简便，也可移到桥面上，但不计由此引起的力矩。离心力对墩台的影响多按均布荷载考虑，即把离心力均匀分布在桥跨上，由两墩台平均分担。

6.7.2　火车离心力

《铁路桥涵设计基本规范》（TB 10002—2017）指出，桥梁是曲线时，应考虑列车竖向静活载产生的离心力。离心力的计算应符合下列规定：

1. 离心力应按下列公式计算：

$$F=f\cdot C\cdot W=f\cdot\frac{V^2}{127R}\cdot W \tag{6-38}$$

式中：F——离心力，kN；

V——设计速度，km/h，当速度大于 250km/h 时，按 $V=250$km/h 计算；

C——离心力率，应不大于 0.15；

W——列车荷载图式中的集中荷载或分布荷载，kN 或 kN/m；

R——曲线半径，m；

f——列车竖向活载折减系数，按公式（6-39）计算；

L——桥上曲线部分荷载长度，m。

$$f=1.00-\frac{V-120}{1000}\left(\frac{814}{V}+1.75\right)\left(1-\sqrt{\frac{2.88}{L}}\right) \tag{6-39}$$

当 $L\leqslant2.88$m 或 $V\leqslant120$km/h 时，f 值取 1.0；当计算 f 值大于 1.0 时取 1.0；当 $L>150$m 时，取 $L=150$m。城际铁路、重载铁路 f 值取 1.0。

2. 当设计速度大于 120km/h 时，计算离心力和列车竖向活载组合时应考虑以下三种情况：

① 不折减的列车竖向活载和按 120km/h 速度计算的离心力（$f=1.0$）；

② 折减的列车竖向活载和按设计速度计算的离心力（$f<1.0$）；

③ 曲线桥梁还应考虑没有离心力时列车活载作用的情况。

3. 客货共线铁路离心力作用的高度应按水平向外作用于轨顶以上 2.0m 处计算，高速铁路、城际铁路离心力作用高度应按水平向外作用于轨顶以上 1.8m 处计算。重载铁路离心力作用高度应按水平向外作用于轨顶以上 2.4m 处计算。

6.8 预加应力

6.8.1 预加应力的概念

以特定的方式在结构的构件上预先施加的、能产生与构件所承受的外荷载效应相反的应力状态的力称为预加力。预加力在结构构件上引起的应力称为预加应力（预应力）。习惯上将建立了与外荷载效应相反的应力状态的构件称为预应力构件。

6.8.2 预加应力的原理

将预加应力的概念用于混凝土结构是美国工程师于 1886 年首先提出的，1928 年法国工程师提出必须采用高强钢材和高强混凝土以减少混凝土收缩与徐变所造成的预应力损失。预应力混凝土虽然只有几十年的历史，然而人们对预应力原理的应用却由来已久。比如工匠运用预应力的原理来制作木桶，在还没装水之前采用铁箍或竹箍套紧桶壁，便对木桶壁产生一个环向的压应力，水对桶壁产生的环向拉应力不超过环向预压应力，则桶壁木板之间将始终保持受压的紧密状态，木桶就不会开裂和漏水，如图 6-15 所示。此外，建筑工地用砖钳装卸砖块，被钳住的一叠水平砖不会掉落；旋紧自行车车轮钢圈内的钢丝，使车轮受压后而钢丝不折断。

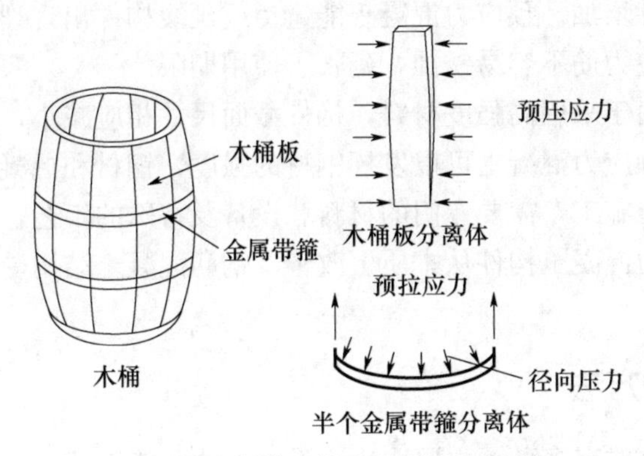

图 6-15　制作木桶应用预应力原理

预加应力又称为预应力，实际中利用预压应力来抵抗结构承受的拉应力或弯矩，又可用预拉应力来抵抗结构承受的压应力。其目的就是通过预加力产生与构件所承受的外荷载效应相反的应力状态。常用于混凝土结构，因混凝土抗拉强度低，容易开裂，因此预先使混凝土受压，可提高混凝土的抗拉承载力，防止开裂。预应力混凝土结构，是在结构构件受外力荷载作用前，先人为地对它施加压力，由此产生的预应力状态用以减小或抵消外荷载所引起的拉应力，即借助混凝土较高的抗压强度来弥补其抗拉强度的不足，达到推迟受拉区混凝土开裂的目的。它从本质上改善了钢筋混凝土结构的受力性能，具有技术革命的意义。

图 6-16 是一简支梁在外荷载作用前后截面的应力变化。预压应力与外荷载引起的压应力叠加后，使构件上不出现拉应力或拉应力很小，不致引起构件开裂。

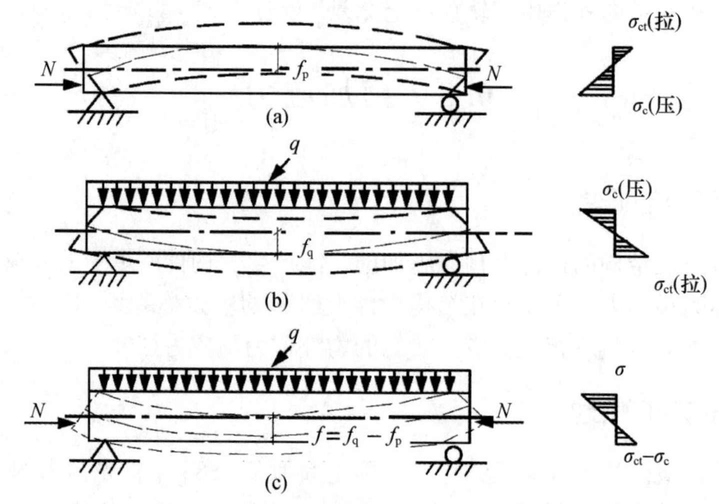

图 6-16　外力作用前后简支梁截面应力变化

(a) 预压应力作用；(b) 荷载作用；(c) 预压力与荷载共同作用

由此可见，预应力混凝土与普通混凝土相比，具有以下特点：

(1) 构件的抗裂度和刚度提高。由于钢筋混凝土中预应力的作用，当构件在使用阶段外荷载作用下产生拉应力时，首先要抵消预压应力。这就推迟了混凝土裂缝的出现，并限制了裂缝的发展，从而提高了混凝土构件的抗裂度和刚度。

(2) 构件的耐久性增加。预应力混凝土能避免或延缓构件出现裂缝，而且能限制裂缝的扩大，构件内的预应力筋不容易锈蚀，延长了使用期限。

(3) 自重减轻。由于采用高强度材料，构件截面尺寸相应减小，自重减轻。

(4) 节省材料。预应力混凝土可以发挥钢材的强度，钢材和混凝土的用量均可减少。

(5) 预应力混凝土施工，需要专门的材料和设备及特殊的工艺，造价较高。

由此可见，预应力混凝土构件从本质上改善了钢筋混凝土结构受力性能，因而具有技术革命的意义。

6.8.3　预加应力的方法

预加应力的施加方式有多种，主要取决于设计方法和施工特点。

1. 外部预加应力和内部预加应力

当结构构件中的预加力来自结构之外时，所加的预应力称为外部预加应力。外部预加应力混凝土是指预应力筋布置在混凝土构件体外。例如，利用桥梁的有利地形和地质条件，采用千斤顶对梁施加压力作用；在连续梁中利用千斤顶在支座施加反力，使内力呈有利分布。此类方法多用于结构内力调整，应用不多。

内部预加应力混凝土是指预应力筋布置在混凝土构件体内，并且混凝土构件中的预加力通过张拉或锚固结构中的高强钢筋，使构件产生预压应力的预应力混凝土。张拉的方式有机械法、电热法、自张法等。目前，大多数工程中采用内部（自平衡）预加力法，即预应力筋与混凝土结构构成一个整体。

2. 先张法和后张法

钢筋混凝土构件中配有纵向受力钢筋，通过张拉这些纵向受力钢筋并使其产生回缩，对构件施加预应力。根据张拉预应力钢筋和浇捣混凝土的先后顺序，将建立预加应力的方法分为先张法和后张法。

在浇筑混凝土之前，先张拉预应力钢筋，并将预应力筋临时固定在台座或钢模上，待混凝土达到一定强度（一般不低于混凝土设计强度标准值的75%），混凝土与预应力筋具有一定的黏结力时，放松预应力筋，混凝土在预应力的反弹力作用下，使构件受拉区的混凝土承受预压应力。先张法的主要工艺如图6-17所示，采用先张法时，预应力的建立主要依靠钢筋与混凝土之间的黏结力。先张法中常用的预应力筋为钢丝或$d<16$mm的钢筋。先张法施工工艺简单，质量容易保证，模板可重复使用，施加预应力比较方便，省去锚具和减少预埋件，生产成本低，但需要专门的张拉台座，适用于在预制构件厂批量生产、方便装运的中小型构件，如预应力混凝土空心板等。图6-18为某工程实践中应用先张法的照片。

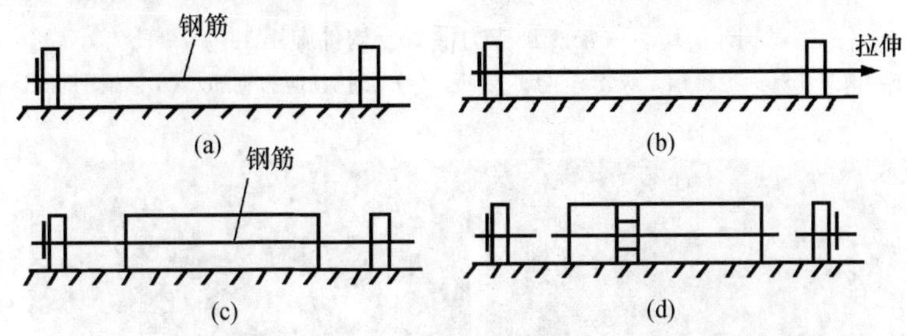

图6-17　先张法预应力混凝土构件施工工艺

（a）钢筋就位；（b）张拉预应力钢筋；（c）临时锚固钢筋，浇筑混凝土；（d）切断预应力筋，混凝土受压图

图6-18　先张法工程应用照片

后张法是先浇筑构件混凝土，并在构件中配置预应力钢筋部位上预留孔道，待混凝土达到一定强度（一般不低于设计强度的75%）后，在孔道内穿筋或将钢筋置于套管内浇筑混凝土，然后安装张拉设备，张拉钢筋（一端锚固，另一端张拉或两端同时张拉），混凝土被压缩获得压应力，当预应力筋张拉应力达到规定值（张拉控制应力）后，将张拉端钢筋用锚具锚紧，锚具留在构件中不再取出，最后往孔道内压力灌浆。

后张法的主要工艺如图6-19所示。采用后张法时，混凝土的预压应力是靠设置在钢筋两端的锚具锚固获得的。后张法不需要专门张拉台座，便于现场施工，预应力筋可根据弯矩或剪力的变化布置成曲线形式。后张法的施工工艺比较复杂，压力灌浆费时，锚具不能重复使用，因此锚具花费较大，导致成本较高。该法适用于粗钢筋或钢铰线配筋的需在现场施工的大型预应力构件，如屋架、吊车梁、屋面梁等。图6-20为某T型梁后张法施工照片。

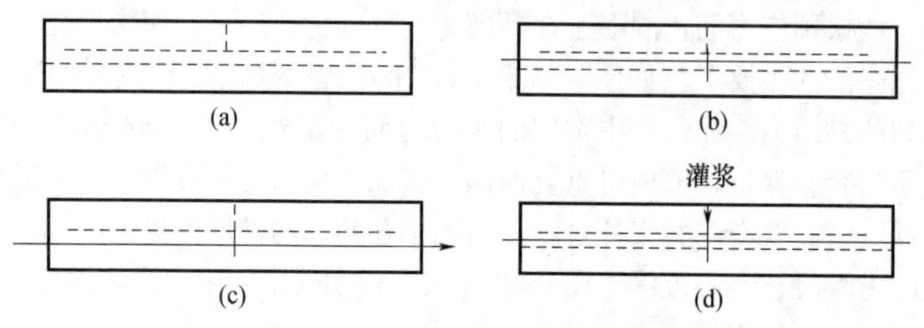

图6-19　后张法预应力混凝土构件施工工艺

(a) 制作构件，预留孔道（塑料管、铁管）；(b) 穿筋；(c) 张拉预应力钢筋；(d) 锚固钢筋，孔道灌浆

图6-20　某T型梁后张法施工照片

思考题

1. 什么是温度作用？温度应力产生的原因是什么？
2. 变形作用是如何产生的？
3. 什么是混凝土的收缩和徐变？对结构会有何影响？
4. 爆炸是如何产生的？爆炸作用对结构物有何影响？
5. 施加预应力的目的是什么？预应力的施加方法有哪些？
6. 先张法和后张法各有何特点？
7. 汽车冲击力产生的原因是什么？它与哪些因素有关？桥梁设计时如何考虑？

第7章　荷载统计分析

目前，我国工程结构的设计方法采用的是以概率论为基础的极限状态设计方法，该方法中荷载是影响结构可靠性最重要的因素之一。在前面的课程中我们了解到，不同荷载具有不同性质的随机性，作用在结构上的荷载多种多样，它们的统计特征差异很大，统计结果较分散，但大量统计结果势必会呈现一定的规律性，最终得到一个通用的概率模型。在结构设计时充分认识各种荷载的统计规律并合理取值，对保证工程结构的安全性具有十分重要的意义。

结构上的作用、作用效应和结构抗力的实际分布各不相同，为了可靠性分析的简便化，常假定它们都是服从正态分布的。如果已知一批测量值的3个特征值参数，正态分布的概率密度函数就能被确定。

① 平均值μ

$$\mu=\frac{1}{n}\sum_{i=1}^{n}x_i \tag{7-1}$$

式中：x_i——第i个随机变量的值；

　　n——随机变量值的总个数。

在正态分布曲线图中，平均值反映了随机变量取值的集中位置，平均值μ越大，分布曲线的峰值距纵坐标越远，如图7-1所示。

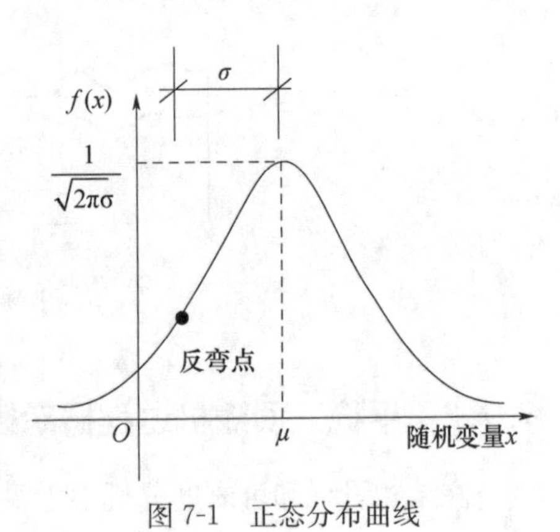

图7-1　正态分布曲线

② 标准差σ

$$\sigma=\sqrt{\frac{1}{n-1}\sum_{i=1}^{n}(x_i-\mu)^2} \tag{7-2}$$

从几何意义上讲，标准差σ表示分布曲线峰值到曲线反弯点之间的水平距离。标准差σ决定正态曲线的陡峭或扁平程度，σ越小，曲线越陡峭，σ越大，曲线越平坦，则随机变量分布的离散性越大，所以标准差是表征随机变量离散程度的一个特征值。

③ 变异系数δ

$$\delta=\frac{\sigma}{\mu} \tag{7-3}$$

变异系数是衡量一批测量值中各个观测值的相对离散程度的另一个特征值。当有两批或多批测量值进行比较时，它们的标准差相同，如果平均值相同可直接利用标准差来比较，但如果平均值不同，就可利用标准差与平均值的比值即变异系数来比较。平均值μ越小的一组，变异系数δ越大，即相对离散程度越大。因而，变异系数可以消除平均值不同的两批或多批测量值变异程度比较的影响。

7.1 荷载的概率模型

结构上的荷载随时间的变异可分为3类：永久荷载、可变荷载和偶然荷载。其中，可变荷载与时间的关系极为密切。施加在结构上的荷载，不仅具有随机性，一般还与时间有关，在数学上可采用随机过程概率模型来描述。

7.1.1 随机过程的几个概念

在一个确定的设计基准期T内，对荷载随机过程做一次连续观测，所获得的依赖于观测时间的数据称为随机过程的一个样本函数，如图7-2所示。每个随机过程都是由大量样本函数构成的。

样本函数$q(t)$：荷载随时间连续变化的函数。样本函数是表示一次试验结果的函数。对随机过程进行一次试验观察，出现的样本函数是随机的。

随机过程$Q(t)$：一组样本函数$q_1(t)$、$q_2(t)$……$q_n(t)$的总称，表示为$\{Q(t), t\in[0, T]\}$。

任意时点荷载$Q(t_i)$：随机过程$Q(t)$在$t=t_i$处可能出现的值组成的一个随机变量分布。记为$Q(t_i)=q_1(t_i)$、$q_2(t_i)$、$q_3(t_i)$……，即随机过程$\{Q(t), t\in[0, T]\}$在$t=t_i$时点的荷载。

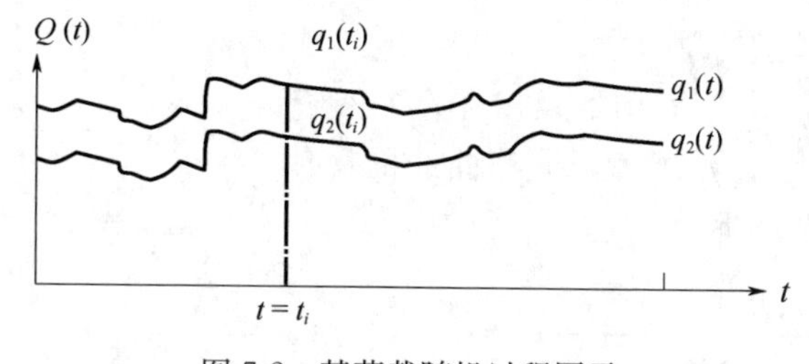

图7-2 某荷载随机过程图示

7.1.2 平稳二项随机过程概率模型

在结构设计和可靠度分析中主要讨论的是结构设计基准期T内的荷载最大值Q_T。不同的T时间内，统计得到的Q_T很可能不同，即Q_T为随机变量。

各类荷载的概率模型必须通过调查实测，根据所获得的资料和数据进行统计分析后确定，以尽可能真实地反映荷载的实际情况。但荷载随机过程的样本函数十分复杂，目前对各类荷载随机过程的样本函数及相关性质了解甚少，为便于对Q_T的统计分析，通常将楼面活荷载、风荷载、雪荷载等处理成平稳二项随机过程，其基本假定如下：

① 建筑结构设计基准期为T年，荷载一次施加于结构上的时段长度$\tau=T/r$，即将T分为r个相等的时段。

② 在每一时段 τ 上荷载出现（即 $Q(t)>0$）的概率为 p，不出现（即 $Q(t)=0$）的概率为 q（$q=1-p$）。

③ 在每一时段上，荷载出现时，其幅值是非负随机变量，且在不同时段上其概率分布函数 $F_{Q_i}(x)$ 相同，称为任意时点的概率分布函数。

④ 不同时段 τ 上荷载幅值随机变量是相互独立的，且与在时段 τ 上是否出现荷载无关。

以上假定所描述的随机过程 $\{Q(t), t\in[T]\}$ 的样本函数模型化为等时段的矩形波函数，如图 7-3 所示。

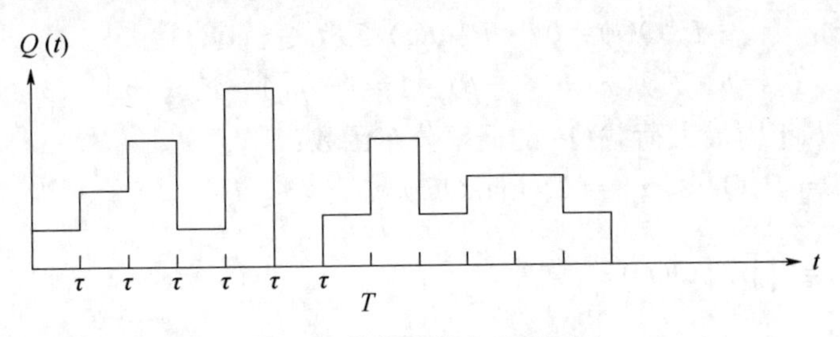

图 7-3　荷载的样本函数图示

随机过程是一组（无限多个）随机变量。一个事物由无限多个随机变量描绘，这就是随机过程。

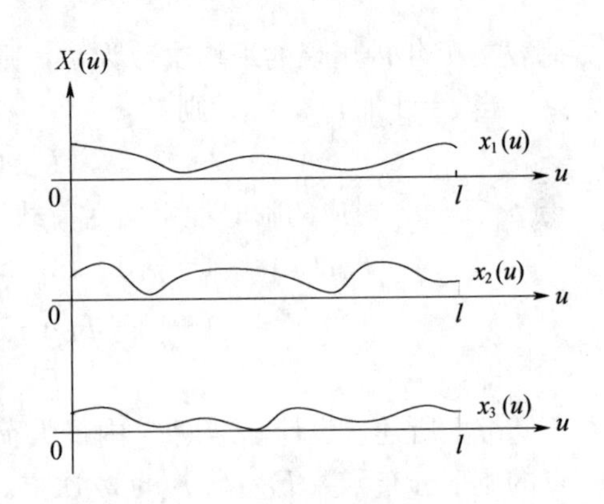

图 7-4　例题随机过程图示

【例 7-1】 如图 7-4 所示，纺纱厂纺出一条长为 l 的细纱，由于纺织过程中随机因素的影响，各处横截面的直径不同。记 $X(u)$ 为坐标为 u 处横截面的直径，$0\leqslant u\leqslant l$。做试验，纺出的第一根纱的各处横截面直径 $x_1(u)$，纺出的第二根纱的各处横截面直径 $x_2(u)$ ……固定 $u=u_0$，$X(u_0)$ 的值在各次试验中分别取 $x_1(u_0)$，$x_2(u_0)$ ……$x_n(u_0)$，所以 $X(u_0)$ 是一个随机变量，$\{X(u), 0\leqslant u\leqslant l\}$ 可以看成是一组随机变量，是一个随机过程。

7.2　荷载的统计参数

荷载的统计参数主要是指荷载取值的平均水平和分散程度的数字特征，如均值、标准差、变异系数等，通常根据实测数据，按照数理统计中相应的参数估计方法确定。进行荷载统计时，必须确定每种荷载的三个统计要素：

① τ：荷载一次持续的时间。

② p：在时段 τ 上荷载 $Q(t)$ 出现的概率。

③ $F_{Q_i}(x)$：任意时点上随机变量的概率分布。

荷载一次施加的时段长度 $\tau=T/r$，把 T 分为 r 个相等的时段。

7.3 设计基准期最大荷载的概率分布函数

结构设计与可靠度分析中主要讨论的是结构设计基准期 T 内荷载最大值 Q_T。下面给出由任意时段上荷载的概率分布函数推导设计基准期最大荷载 Q_T 的概率分布函数。

任意时段 τ 上的荷载概率分布函数：

$$\begin{aligned}F_{Q_\tau}(x)&=P\{Q(t)\leqslant x,t\in\tau\}\\&=P\{Q(t)>0\}\cdot P\{Q(t)\leqslant x,t\in\tau\,|\,Q(t)>0\}\\&\quad+P\{Q(t)=0\}\cdot P\{Q(t)\leqslant x,t\in\tau\,|\,Q(t)=0\}\\&=p\cdot F_{Q_i}(x)+(1-p)\cdot 1=1-p[1-F_{Q_i}(x)]\quad(x\geqslant 0)\end{aligned}\tag{7-4}$$

设计基准期 T 年内最大荷载 Q_T 的概率分布函数：

$$\begin{aligned}F_{Q_T}(x)&=P\{Q_T\leqslant x\}=P\{\max Q(t)\leqslant x,t\in T\}\\&=\prod_{i=1}^{r}P[Q(t_i)\leqslant x,t_i\in\tau_i]\\&=\prod_{i=1}^{r}\{1-p[1-F_{Q_i}(x)]\}=\{1-p[1-F_{Q_i}(x)]\}^{r}\quad(x\geqslant 0)\end{aligned}\tag{7-5}$$

荷载在 T 年内出现的平均次数为 m，则 $m=pr$。

当 $p=1$ 时，$m=r$，则：

$$F_{Q_T}(x)=[F_{Q_i}(x)]^{m}\tag{7-6}$$

当 $p<1$ 时，对应的临时性楼面活荷载、风荷载、雪荷载，利用 $e^{-x}\approx 1-x$ 导出：

$$\begin{aligned}F_{Q_T}(x)&=\{1-p[1-F_{Q_i}(x)]\}^{r}=\{e^{-p[1-F_{Q_i}(x)]}\}^{r}=\{e^{-[1-F_{Q_i}(x)]}\}^{pr}\\&\approx\{1-[1-F_{Q_i}(x)]\}^{pr}\approx[F_{Q_i}(x)]^{m}\end{aligned}$$

即：

$$F_{Q_T}(x)\approx[F_{Q_i}(x)]^{m}\tag{7-7}$$

综上所述，设计基准期 T 内最大荷载 Q_T 的概率分布函数 $F_{Q_T}(x)$ 可表示为任意时点的概率分布函数 $F_{Q_i}(x)$ 的 m 次方。

7.4 常遇荷载的统计分析

7.4.1 永久荷载（恒载）

永久荷载在设计基准期 T 内必然出现，且基本上不随时间变化，故可认为基准期内的时段数 $r=T/\tau=1$，且每一时段荷载出现的概率为 $p=1$。其模型化的样本函数为一条与时间轴平行的直线，如图 7-5 所示。因此，永久荷载可直接用随机变量来描述，记为 G。

以无量纲参数 $K_G=G/G_k$ 作为永久荷载基本统计对象，通过实测得全国钢筋混凝土材料永久荷载的随机变量 K_G 统计参数，其中 G 为实测重量，G_k 为荷载规范中规定的标准值（设计尺寸乘以重度标准值），经统计假设检验，认为 K_G 服从正态分布 $N(1.060G_k,0.074G_k)$，即统计参数：$\mu_{K_G}=1.060$，$\sigma_{K_G}=0.074$，变异系数 $\delta=\dfrac{\sigma}{\mu}=0.07$。

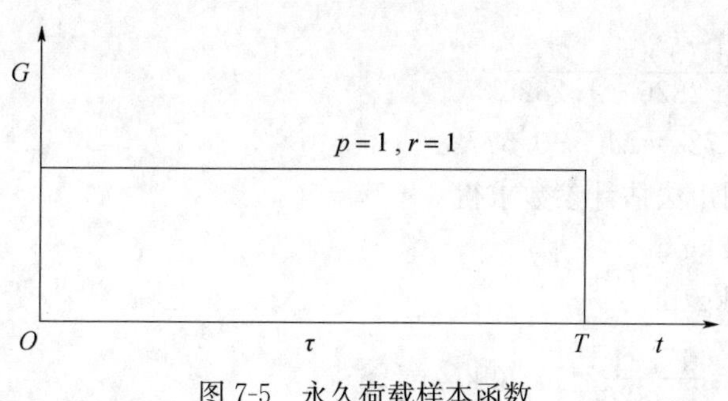

图 7-5　永久荷载样本函数

任意时点概率分布函数为：

$$F_{G_i}(x)=\frac{1}{0.074G_k\sqrt{2\pi}}\int_{-\infty}^{x}\exp\left[-\frac{(u-1.06G_k)^2}{0.011G_k^2}\right]du \tag{7-8}$$

设计基准期 T 内最大值的概率分布函数为：

$$F_{G_T}(x)=[F_{G_i}(x)]^m=F_{G_i}(x)\quad m=pr=1 \tag{7-9}$$

即设计基准期内恒载最大值概率分布函数与任意时点恒载的概率分布函数相同，故统计参数也保持不变。

7.4.2　民用建筑楼面活荷载

民用建筑楼面活荷载一般分为持久性活荷载 L_i（t）和临时性活荷载 L_r（t）两类。持久性活荷载是在设计基准期内，经常出现的荷载，而在某个时段内（如房间内二次搬迁之间）其取值基本保持不变的荷载。如办公楼内的家具、设备、办公用具、文件资料等的重量以及正常办公人员的体重、住宅中的家具、日用品等重量以及常住人员的体重。临时性活荷载是指暂时出现的活荷载，如聚会的人群、临时堆放的物品重量等。持久性活荷载可由现场实测得到，临时性活荷载一般通过口头询问调查。

1. 办公楼楼面持久性活荷载

持久性活荷载 L_i（t）在设计基准期内任何时刻都存在，出现概率 $p=1$。经过全国住宅、办公楼使用情况的调查分析可知，用户每次搬迁后的平均持续使用时间约为 10 年。平均每 10 年搬迁一次，即平均持续使用时间（即荷载变动的平均时间间隔）$\tau=10$ 年，亦即在设计基准期 50 年内，总时段数 $r=T/\tau=5$，荷载出现次数 $m=pr=5$。这样平稳二项随机过程的样本函数如图 7-6 所示。

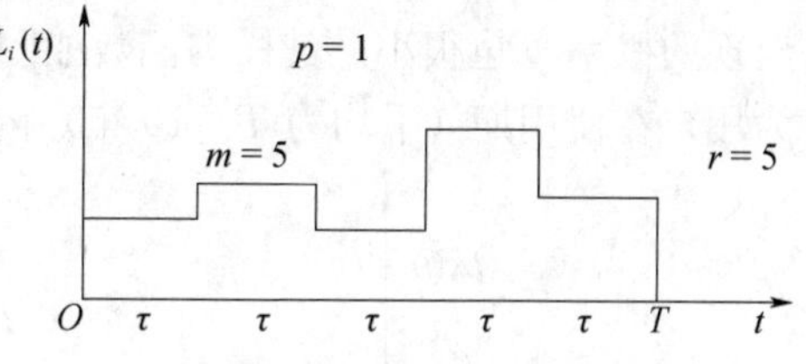

图 7-6　办公楼楼面持久性活荷载样本函数

经假设检验知，可变荷载如楼面活荷载、风载、雪荷载的概率分布服从极值Ⅰ型分布。

当置信度为 0.05 时，经 χ^2 分布假设检验，任意时点持久性活载服从极值Ⅰ型分布，其概率分布函数为：

$$F_{L_i}(x)=\exp\left[-\exp\left(-\frac{x-\mu}{\alpha}\right)\right] \tag{7-10}$$

其中分布参数：$\alpha=\dfrac{\sigma(x)}{1.2826}=\dfrac{\sigma_{L_i}}{1.2826}$

则：$\mu=M(x)-0.5772\alpha=M_{L_i}-0.5772\alpha$

由实测子样数据，用矩法估计参数求得：

平均值：$M_{L_i}=38.62\text{kg/m}^2$

标准差：$\sigma_{L_i}=17.81\text{kg/m}^2$

由 $\alpha=\dfrac{\sigma_{L_i}(x)}{1.2826}$，得 $\alpha=\dfrac{17.81}{1.2826}=13.89\text{kg/m}^2$

由 $M(x)=0.5772\alpha+\mu$，得 $\mu=38.62-0.5772\times13.89=30.60\text{kg/m}^2$

则任意点的概率分布函数为：

$$F_{L_i}(x)=\exp\left[-\exp\left(-\frac{x-30.6}{13.89}\right)\right] \tag{7-11}$$

则 50 年设计基准期内持久性活荷载的最大值概率分布函数为：

$$\begin{aligned}F_{L_{iT}}(x)&=\left\{\exp\left[-\exp\left(-\frac{x-30.6}{13.89}\right)\right]\right\}^5\\&=\exp\left[-\exp\left(-\frac{x-30.6-13.89\ln5}{13.89}\right)\right]\\&=\exp\left[-\exp\left(-\frac{x-52.96}{13.89}\right)\right]\end{aligned} \tag{7-12}$$

其中，分布参数 $\alpha_T=\alpha$，$\mu_T=\mu+\alpha\ln m=30.6+13.89\ln5=52.96\text{kg/m}^2$

由此可知设计基准期内持久性活荷载的统计参数为：

均值：$M_{L_{iT}}=0.5772\alpha_T+\mu_T=0.5772\times13.89+52.96=60.98\text{kg/m}^2$

标准差：$\sigma_{L_{iT}}=\sigma_{L_i}=17.81\text{kg/m}^2$

变异系数 $\delta_{L_{iT}}=\dfrac{\sigma_{L_{iT}}}{M_{L_{iT}}}=\dfrac{17.81}{60.98}=0.29$

2. 办公楼楼面临时性活荷载

临时性活荷载在设计基准期 T 内的平均出现次数很多，持续时间较短，每一时段内出现的概率 p 也很小。其样本函数如图 7-7 所示。临时性活荷载 $L_{rs}(t)$ 的调查实测数据为用户在使用期（平均为 $T=10$ 年）内的最大值。

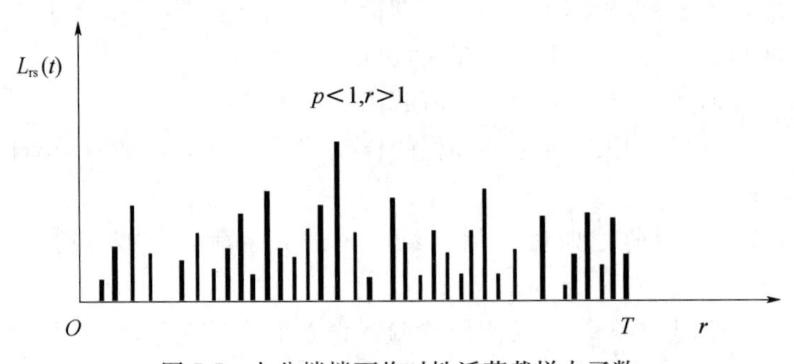

图 7-7　办公楼楼面临时性活荷载样本函数

由于临时性活荷载的特性，如荷载值变化幅度、平均出现次数 m、持续时段长度 τ 等，要取得精确资料是困难的。目前已取得的数据，均来源于用户的回忆，基本上反映用户在其实际使用期 10 年内的极值数据，以 10 年内最大临时性活荷载 L_{rs}（t）作为统计对象时，该荷载始终出现，其概率 $p=1$，总时段数 $r=50/10=5$，$m=pr=5$。

由调查分析所得子样数据，用矩法估计得出 10 年时段最大临时性活荷载 L_{rs}（t）的统计参数为：

平均值：$M_{L_{rs}}=35.52\text{kg/m}^2$

标准差：$\sigma_{L_{rs}}=24.37\text{kg/m}^2$

变异系数：$\delta_{L_{rs}}=\dfrac{\sigma}{M}=0.686$

经 χ^2 假设检验，表明办公楼临时性活荷载 L_{rs}（t）也服从极值Ⅰ型分布。

任意时点临时性活荷载概率分布函数为：

$$F_{L_{rs}}(x)=\exp\left[-\exp\left(-\frac{x-\mu}{\alpha}\right)\right] \tag{7-13}$$

分布参数：$\alpha=\dfrac{\sigma_{L_{rs}}(x)}{1.2826}=\dfrac{24.37}{1.2826}=19.00\text{kg/m}^2$

$$\mu=M_{L_{rs}}(x)-0.5772\alpha=35.52-0.5772\times19.00=24.55$$

带入上式得：

$$F_{L_{rs}}(x)=\exp\left[-\exp\left(-\frac{x-24.55}{19.00}\right)\right] \tag{7-14}$$

临时性活载 L_r（t）以 10 年时段最大临时活荷载 L_{rs}（t）的概率分布为基础。取 $m=5$，则设计基准期内最大临时性活荷载 L_{rT}的概率分布函数为：

$$F_{L_{rT}}(x)=[F_{L_{rs}}(x)]^5=\exp\left[-\exp\left(-\frac{x-55.13}{19.00}\right)\right] \tag{7-15}$$

其中分布参数 $\alpha_T=\alpha=19.00\text{kg/m}^2$，$\mu_T=\mu+\alpha\ln m=24.55+19.00\ln5=55.13\text{kg/m}^2$，即任意时点荷载的概率密度曲线与设计基准期最大荷载的概率密度曲线在 x 轴上相差 $\alpha\ln m$ 的距离。

由此可知设计基准期内临时性活荷载的统计参数为：

平均值：$M_{L_{rT}}=0.5772\alpha_T+\mu_T=0.5772\times19.00+55.13=66.10\text{kg/m}^2$

标准差：$\sigma_{L_{rT}}=\sigma_{L_{rs}}=24.37\text{kg/m}^2$

变异系数：$\delta_{L_{rT}}=\dfrac{\sigma_{L_{rT}}}{M_{L_{rT}}}=\dfrac{24.37}{66.10}=0.37$

3. 办公楼楼面活荷载的统计参数

由上述统计分析结果和 Turkstra 组合规则（由任意时点持久性活荷载 L_i 与设计基准期最大临时性活荷载 L_{rT}组合）可得到设计基准期内办公楼楼面活荷载的统计参数：

组合方式：$L_{T1}=L_i+L_{rT}$

均值：$M_{L_T}=M_{L_i}+M_{L_{rT}}=38.62+66.10=104.72\text{kg/m}^2$

$$\text{标准差 }\sigma_{L_T}=\sqrt{\sigma_{L_i}^2+\sigma_{L_{rT}}^2}=\sqrt{17.81^2+24.37^2}=30.18\text{kg/m}^2 \tag{7-16}$$

变异系数：$\delta_{L_T}=\sigma_{L_T}/M_{L_T}=30.18/104.73=0.288$

也可用基准期最大持久性活荷载 L_{iT}与任意时点临时性活荷载 L_r 组合（$L_{T2}=L_{iT}+L_r$），以同样分析过程得到设计基准期内办公楼楼面活荷载的统计参数。

4. 住宅楼楼面活荷载的统计参数

住宅楼楼面活荷载的统计分析过程与办公楼相同，同理可得到住宅楼楼面活荷载的统计参数：

组合方式：$L_{T1}=L_i+L_{rT}$

均值：$M_{L_T}=M_{L_i}+M_{L_{rT}}=50.35+78.43=128.78\text{kg/m}^2$

标准差 $\sigma_{L_T}=\sqrt{\sigma_{L_i}^2+\sigma_{L_{rT}}^2}=\sqrt{16.18^2+25.25^2}=29.96\text{kg/m}^2$ (7-17)

变异系数：$\delta_{L_T}=\sigma_{L_T}/M_{L_T}=29.96/128.78=0.233$

7.5 荷载代表值

进行结构设计时，首先需要确定荷载的大小。事实上，任何荷载都具有明显的随机性，是一个随机变量，要想在设计中准确确定荷载的量值需要通过复杂的统计计算，这种做法显然是麻烦而且不必要的。从前面的论述中也能了解到，在结构设计基准期内，各种荷载的最大值 Q_T 一般是随机变量，但为了工程设计方便，对于这些荷载都给予了具体取值。

荷载代表值是指在设计中用以验算极限状态所采用的荷载量值。由于任何荷载都具有不同性质的变异性，设计时需要赋予它一个规定的量值，该量值称为荷载代表值。因此在设计中，应根据各种极限状态的设计要求，规定不同的代表值，以使之能更确切地反映它在设计中的特点。荷载规范给出了四种代表值：标准值、组合值、频遇值和准永久值。荷载标准值是荷载的基本代表值，其他代表值都是在荷载标准值的基础上乘以相应的系数后得到的。一般地，永久荷载只有一个代表值，即标准值；可变荷载应根据设计要求采用标准值、频遇值、准永久值或组合值作为代表值。

荷载标准值在概率意义上仅表示它在设计基准期内可能达到的最大值，不能反映荷载（尤其是可变荷载）随机过程随时间变异的特性。因此，对于可变荷载来说，应根据不同的设计要求，选择另外一些荷载代表值。

偶然荷载如地震、爆炸等的代表值，可根据观测和试验数据并结合工程经验，经综合分析判断确定采用何种代表值。

1. 荷载标准值

荷载标准值是荷载的基本代表值，为设计基准期内最大荷载统计分布的特征值（例如均值、众值、中值或某个分位值）。所谓分位值是指在一组数里面，有百分之多少比这个数小，这个百分比就叫百分位，对应的那个数就叫分位值。例如在一组数中，小于 50 的数占总数字个数的 95%，那么，50 就是这组数中 95%分位值。

荷载标准值一般按设计基准期（$T=50$ 年）内最大荷载概率分布的某一分位值确定。荷载标准值可以看成是建筑结构在使用期间正常使用条件下所允许采用的可能出现的最大荷载值。由于荷载本身的随机性，结构在使用期间的最大荷载也是随机变量，原则上也可以用它的统计分布来描述。结构在使用期间，仍有可能出现量值大于标准值的荷载，只是出现的概率比较小。永久荷载标准值可根据尺寸按材料的容重计算；可变荷载标准值可按荷载规范中提供的数值取用。

（1）永久荷载标准值

永久荷载标准值相当于永久荷载概率分布（即设计基准期内最大荷载概率分布）的

0.5 分位值，即正态分布的平均值 μ_G。

自重是建筑结构最主要的永久荷载。结构自重的标准值 G_k，一般是按结构设计图纸规定的尺寸和材料的平均重度进行计算。当自重的变异性很小时，可取其平均值；对某些自重变异性较大的材料或结构（如现场制作的保温材料、混凝土薄壁构件等），自重的标准值应根据结构的最不利状态，通过结构可靠度分析，取其概率分布的某一分位值确定，当其增加对结构不利时，采用高分位值作为标准值，当其增加对结构有利时，采用低分位值作为标准值。

自重一般服从正态分布，当需要使用两个标准值时，可分别采用概率为 0.05 和 0.95 的分位值，如图 7-8 所示。这样低分位值 $G_{k,inf}$ 和高分位值 $G_{k,sup}$ 可分别表示为：

$$
\begin{aligned}
G_{k,inf} &= \mu_G(1-1.645\delta_G) \\
G_{k,sup} &= \mu_G(1+1.645\delta_G)
\end{aligned}
\tag{7-18}
$$

式中：μ_G——自重 G 的平均值；

δ_G——自重 G 的变异系数。

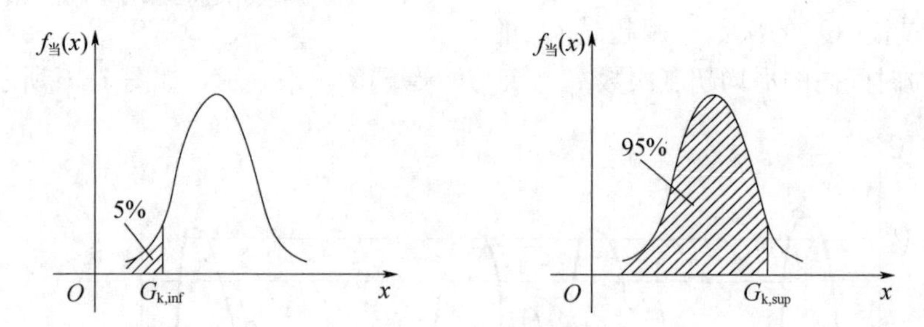

图 7-8　永久荷载自重标准值上下限

结构自重（横载）、土压力、预应力等应采用标准值作为代表值，预应力荷载可采用两个标准值，即高分位值和低分位值，分别用于起不利作用和有利作用的情况，两个值均应考虑时间因素。

（2）可变荷载标准值

可变荷载标准值是由设计基准期内荷载最大值概率分布的某一分位值确定的。但由于目前还没有获得有关所有荷载的充分的资料，难以确定在设计基准期内最大荷载的概率分布，所以当观测和试验数据不足时，可变荷载的标准值可结合工程经验，通过分析判断后确定。

荷载规范指出，可变荷载标准值应按照我国建筑结构荷载规范的具体规定采用。

可变荷载如楼面活荷载、吊车荷载、雪荷载和风荷载等应根据设计要求采用标准值、组合值、频遇值或准永久值作为代表值。

2. 荷载组合值

荷载组合值是对可变荷载而言的。当作用在结构上有两种或两种以上的可变荷载时，荷载不可能同时以最大值出现，此时荷载的代表值可采用其组合值。除主导荷载（产生最大荷载效应的荷载）仍可以用其标准值为代表值外，其他伴随荷载均取小于其标准值的组合值为荷载代表值。

荷载组合值记为 $\psi_c Q_k$，其中 ψ_c 称为组合值系数，是对荷载标准值的一种折减系数，反映组合的最大荷载效应的概率分布对结构可靠度的影响，其取值原则要求结构在单一可变荷载作用下的可靠度与在两个及其以上可变荷载作用下的可靠度保持一致。

3. 频遇值

荷载标准值是在规定的设计基准期内最大荷载的意义上确定的，它不能反映荷载作为随机过程而具有随时间变异的特性。荷载频遇值是指在设计基准期内结构上较频繁出现的较大荷载值，其值显然比对应于设计基准期内最大值的标准值小。主要用于正常使用极限状态的频遇组合中，如要求控制房屋的变形、裂缝、局部损坏以及引起不舒适的振动等。

① 表示荷载超越某个值的方法

可变荷载是随时间变化的，在这个随机变化过程中，荷载超过某水平 Q_x 的表示方法有两种：一种是可变荷载超过 Q_x 的时间。用超过 Q_x 的持续时间 $T_x=\sum t_i$，或其与设计基准期 T 的比值 $\mu_x=T_x/T$ 来表示，如图 7-9 所示。另一种是超过 Q_x 的次数。用超越 Q_x 的次数 n_x 或单位时间内的平均超越次数 $v_x=n_x/T$（跨阈率）来表示，如图 7-10 所示。

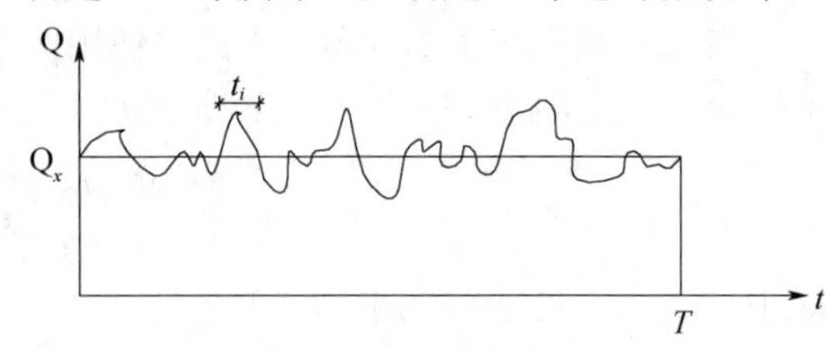

图 7-9　可变荷载按持续时间确定代表值示意图

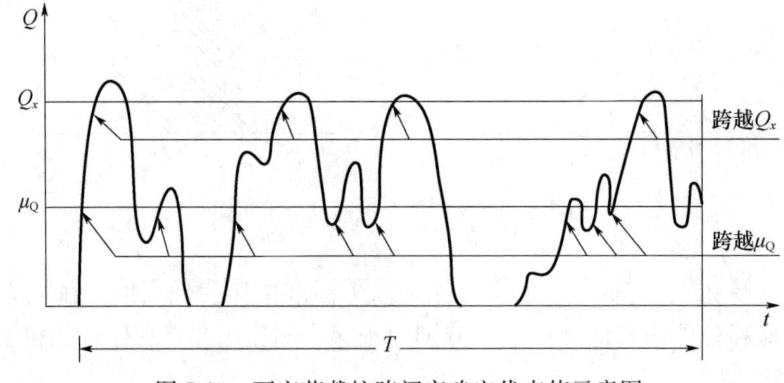

图 7-10　可变荷载按跨阈率确定代表值示意图

② 荷载频遇值

荷载频遇值是对可变荷载而言的。以设计基准期内荷载达到和超过该值的总持续时间 $T_x=\sum t_i$ 与整个设计基准期 T 之比 $\mu_x<0.1$ 的原则确定，即 $T_x/T<0.1$。

荷载概率分布 0.9 的分位值就是可变荷载频遇值。

荷载频遇值记为 $\psi_f Q_k$，其中 ψ_f 为频遇系数，是对荷载标准值的一种折减系数。

4. 准永久值

可变荷载准永久值是指在结构上经常作用的可变荷载值，它在设计基准期内具有较长的总持续时间，其对结构的影响，在性质上类似于永久荷载，将这部分持久性活荷载，称为准永久荷载，其量值称为可变荷载（活载）准永久值。主要用于正常使用极限状态的准永久组合和频遇组合中，其取值是按可变荷载出现的频繁程度和持续时间长短确定的。(如果考虑结构的长期性能，有必要将可变荷载折合为一个等效的永久荷载，相应的荷载值称为可变荷载的准永久值。)

设计基准期内荷载达到和超过该值的总持续时间 $T_x=\sum t_i$ 与整个设计基准期 T 之比

等于 0.5，即 $T_x/T=0.5$。

荷载准永久值是对可变荷载而言的。在结构设计时，准永久值主要用于考虑荷载长期效应的影响。

荷载准永久值 $\psi_q Q_k$ 是指正常使用极限状态，按准永久组合和频遇组合设计时，采用的可变荷载代表值。ψ_q 为准永久系数，也是荷载标准值的折减系数。

图 7-11 表示可变荷载标准值、组合值、频遇值和准永久值之间的关系，即标准值>组合值>频遇值>准永久值，就组合值系数、频遇值系数和准永久值系数而言，有 $1\geqslant\psi_c\geqslant\psi_f\geqslant\psi_q$。图中也给出了可变荷载的设计值 $\gamma_Q Q_k$，可变荷载设计值不属于可变荷载的代表值。可变荷载设计值是将可变荷载分项系数 γ_Q 乘以荷载标准值 Q_k 得到的，γ_Q 不同于可变荷载的组合值系数、频遇值系数和准永久值系数。

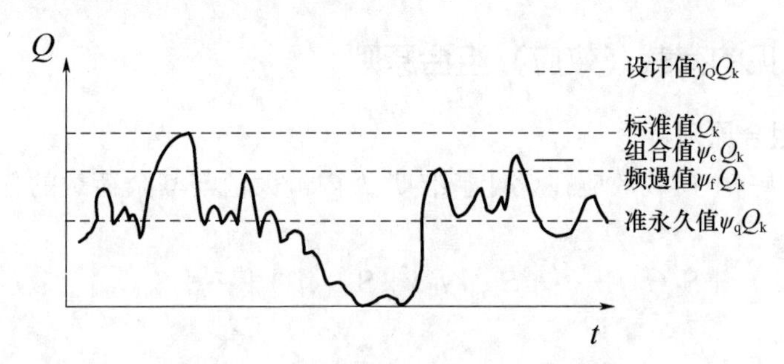

图 7-11　可变荷载的代表值和设计值图示

5. 可变荷载四种代表值的选用

可变荷载的标准值是根据荷载在设计基准期内可能达到的概率意义上的最大量值荷载来确定的，它没有反映荷载随时间变异的特性。例如，荷载值超过某一水平持续的时间、频数。在工程结构设计中，常根据设计的需要，区分可变荷载的短期作用和长期作用。

当只考虑可变荷载的短期作用时，可变荷载的代表值有两种选择：若极限状态被超越，将对结构产生永久性的损害，可变荷载选用标准值；若极限状态未被超越，将对结构产生局部的损害、较大变形、短暂振动或不适感等情况，可变荷载应选用频遇值。

可变荷载的准永久值，是考虑荷载长期作用时采用的荷载代表值。例如，混凝土在长期不变荷载作用下会产生徐变，而混凝土徐变会导致钢筋混凝土受弯构件变形和裂缝宽度增大。因此，在计算钢筋混凝土受弯构件变形或裂缝最大值时，除了要计算由永久荷载、可变荷载使构件产生的变形或裂缝宽度值之外，还应计算在长期不变荷载作用下，由于混凝土徐变，使构件增加的变形或裂缝宽度值。长期不变荷载除永久荷载外，还包括准永久荷载，此时可变荷载的代表值，要选择准永久值。

7.6　荷载组合和荷载效应组合的原则

7.6.1　荷载与荷载效应的关系

荷载效应是指荷载作用在结构上所产生的内力、变形、应变等。对于线弹性结构，结构的荷载效应与荷载之间有简单的线性关系，即

$$S = CQ \tag{7-19}$$

式中：S——荷载效应；

Q——荷载；

C——荷载效应系数，与结构形式、荷载形式及效应类型有关。

结构在设计基准期内，可能经常会遇到同时承受恒载及两种以上可变荷载的情况，如楼面活荷载、风荷载、雪荷载等。在进行结构分析和设计时，必须研究和考虑两种以上可变荷载同时作用而引起的荷载效应组合问题，也就是要研究多个可变荷载是否相遇以及相遇的概率大小问题。在结构设计时，应对使用过程中可能同时出现的荷载进行组合，并取其最不利组合进行设计。各种荷载不能直接进行叠加，但荷载效应可直接进行叠加，因此采用荷载效应组合。

7.6.2 两种常见的荷载（效应）组合原则

1. Turkstra 组合原则

该规则轮流以一个荷载效应在设计基准期 T 内最大值与其余荷载的任一时点值组合，即取：

$$S_{C_i} = \max_{t \in [0,T]} S_i(t) + S_1(t_0) + \cdots + S_{i-1}(t_0) + S_{i+1}(t_0) + \cdots + S_n(t_0) \qquad i = 1, 2, \cdots, n \tag{7-20}$$

式中：t_0——S_i（t）达到最大值的时刻。

图 7-12 为 3 个可变荷载效应组合的示意图。在设计基准期 T 内，荷载效应组合的最大值 S_c 取为上式组合的最大值，即：

$$S_c = \max(S_{C_1}, S_{C_2}, \cdots, S_{C_n}) \tag{7-21}$$

其中任一组的概率分布，可根据式（7-20）中各求和项的概率分布通过卷积运算得到。

这种组合原则不保守，而且比较简单，并且通常与当一种荷载达到最大值时产生的失效的观测结果相一致。因此，它是一种较好的近似组合方法，在工程界广泛应用。

2. JCSS 组合规则

假定可变荷载的样本函数为平稳二项随机过程，将某一可变荷载 Q_1（t）在设计基准期［0，T］内的最大值效应 $\max\limits_{t \in [0,T]} S_1$（$t$）（持续时间为 τ_1），与另一可变荷载 Q_2（t）在时间 τ_1 内的局部最大值效应 $\max\limits_{t \in [0,\tau_1]} S_2$（$t$）（持续时间为 τ_2），以及第三个可变荷载 Q_3（t）在时间段 τ_2 内的局部最大值效应 $\max\limits_{t \in [0,\tau_2]} S_3$（$t$）相组合，即 $\max\limits_{t \in [0,T]} S_1(t) + \max\limits_{t \in [0,\tau_1]} S_2(t) + \max\limits_{t \in [0,\tau_2]} S_3(t)$，依此类推。图 7-13 所示阴影部分为 3 个可变荷载效应组合的示意图。

按该规则确定荷载效应组合的最大值时，可考虑所有可能的不利组合项，取其中最不利者。对于 n 个荷载组合，一般有 2^{n-1} 项可能的不利组合。

两种组合规则各有优劣，Turkstra 组合规则易理解，便于使用，但可能遗漏更不利组合；JCSS 组合规则可考虑所有不利组合，但组合数较多。这两种组合规则虽然能较好地反映荷载效应组合问题，但涉及复杂的概率运算，运用到工程设计中还比较困难。目前的做法是根据不同的设计要求，在设计表达式中采用简单可行的组合形式，并给定各种可变荷载的组合值系数。

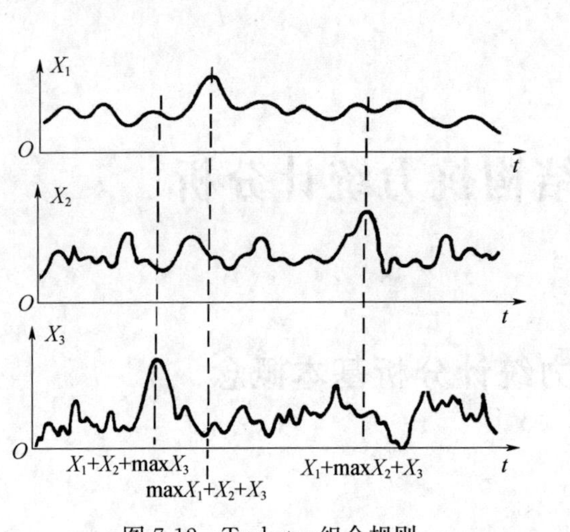

图 7-12 Turkstra 组合规则

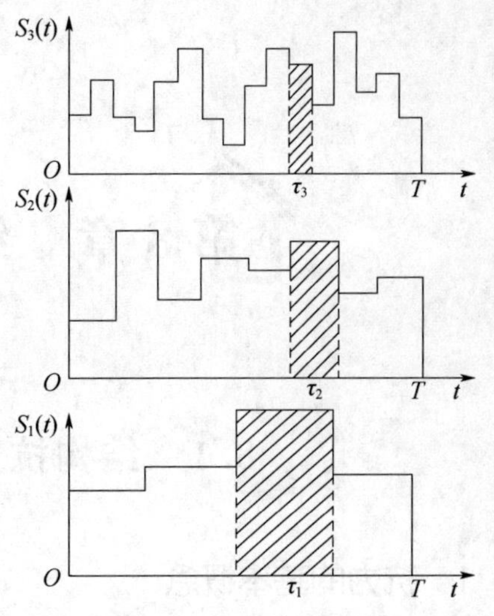

图 7-13 JCSS 组合规则

思考题

1. 荷载统计的三个要素是什么？
2. 简述平稳二项随机概率模型的特点及基本假定。
3. 设计基准期最大荷载的概率分布函数如何建立？
4. 什么是荷载代表值？有哪几类？如何应用？
5. 如何理解荷载效应组合？

第8章　结构抗力统计分析

8.1　结构抗力统计分析基本概念

8.1.1　抗力的基本概念

结构抗力是指结构或构件承受外加作用的能力。抗力是比较广泛的概念，承载能力极限状态和正常使用极限状态都存在抗力。结构抗力与结构荷载效应相对应，当结构设计时所考虑的荷载效应为荷载作用所产生的内力时，则与其对应的抗力为结构承载力；而当结构设计时所考虑的荷载效应为荷载作用所产生的变形时，则与其对应的抗力为结构抵抗变形的能力，即刚度，因此刚度也是一种结构抗力。

例如，为了防止构件破坏，必须使荷载效应小于构件的截面强度，该强度就是抗力。再比如，为了防止在荷载作用下结构构件开裂或变形过大，就要求结构构件具有足够的抗裂能力（抗裂度）和抗变形能力（刚度），此处抗裂度和刚度也都是抗力。

结构抗力的层次分为四层：整体结构抗力、结构构件抗力、构件截面抗力及截面各点抗力。例如，整体结构承受风荷载的能力为整体结构抗力；结构构件在轴力、弯矩作用下的承载能力为结构构件抗力；构件截面抗弯、抗剪的能力为构件截面抗力；而截面各点抵抗正应力、剪应力的能力为截面各点的抗力。

目前结构设计时，变形验算主要针对整体结构和结构构件，而承载力验算主要针对结构构件（含构件截面）。由于承载力验算更重要，因此以下对结构抗力的讨论只针对结构构件（含构件截面）。

8.1.2　不定性的基本概念

所谓不定性是指对结构可靠度有影响的因素的变异性。

影响结构构件抗力不定性的主要因素有：结构构件材料性能、结构构件几何参数和结构构件计算模式的精确性。由于材料性能的变异性、几何参数及计算模式精确性的不确定性，所以由这些因素综合而成的结构抗力也是随机变量。直接对各种结构构件的抗力进行统计很困难，通常先对影响结构构件抗力的各主要因素进行统计分析，确定其统计参数，然后通过抗力与各有关因素的函数关系，由各影响因素的统计参数推出结构构件抗力的统计参数。

严格地说，材料性能和结构构件几何特性也会随时间而变化，例如，混凝土的强度与龄期有关，在正常情况下，它随时间的增长而缓慢地提高；徐变更是与时间有关；钢材的截面会慢慢腐蚀而出现膨胀或缩小等。但这种变化很缓慢，为了简化，对抗力的各影响因素都可当作与时间无关的随机变量来考虑。

推求结构构件抗力及其影响因素的统计参数的一般式：

设随机变量 Y 为随机变量 X_i（$i=1$，$2\cdots\cdots n$）的函数，即

$$Y=\varphi(X_1,X_2,\cdots,X_n) \tag{8-1}$$

则均值：

$$\mu_Y=\varphi(\mu_{X_1},\mu_{X_2},\cdots,\mu_{X_n}) \tag{8-2}$$

方差：

$$\sigma_Y^2=\sum_{i=1}^{n}\left[\frac{\partial\varphi}{\partial X_i}\bigg|_m\right]^2\cdot\sigma_{X_i}^2 \tag{8-3}$$

（下标 m 表示偏导数中的随机变量 X_i 均以其平均值赋值。）

变异系数：

$$\delta_Y=\frac{\sigma_Y}{\mu_Y} \tag{8-4}$$

图 8-1 说明平均值 μ、标准差 σ、变异系数 δ 的意义：

① 在正态分布曲线中，平均值反映了随机变量取值的集中位置。平均值 μ 越大，分布曲线的峰值距纵坐标越远。

$$\mu=\frac{1}{n}\sum_{i=1}^{n}x_i \tag{8-5}$$

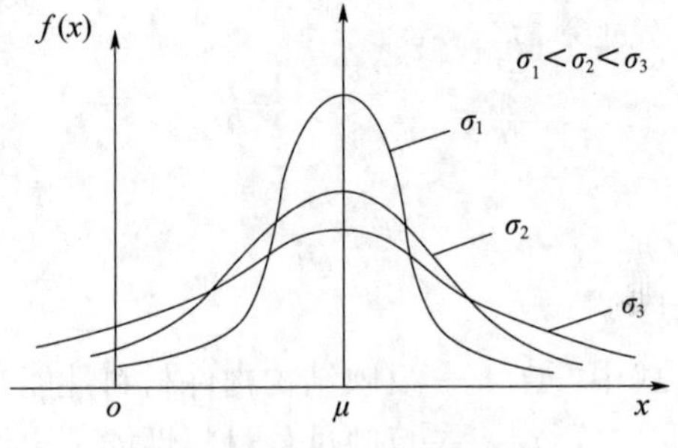

图 8-1 标准差对离散型的影响

② 从几何意义上说，标准差表示分布曲线峰值到曲线反弯点之间的水平距离。从图中可以看出，当标准差越大时，分布曲线越平坦，则随机变量分布的离散性越大，所以标准差表示随机变量的离散程度。

③ 变异系数是衡量一批测量值中各个观测值的相对离散程度的特征数。如果有两批测量值，它们的标准差相同，但平均值不同，利用变异系数可以判断哪一组数据的离散性大。平均值较小的一组测量值的 δ 大，因而相对离散程度较大。

8.2 结构抗力的不定性

8.2.1 材料性能的不定性

材料性能通常指强度、刚度、弹性模量等。结构构件材料性能不定性产生的原因是材料品质、制作工艺、加荷环境、尺寸等因素引起的结构中材料性能的变异性。

例如，按同一配合比配制的混凝土，结果会得到差异相当大的成品。因为每一次配制，混凝土的水泥强度、砂、石的强度、含水率、搅拌时间及当时的气候等都会有所不同，这些因素的随机性就会导致材料性能的不定性。

在实际工程中，材料性能一般是采用标准试件和标准试验方法确定的，并以一个时期内由全国有代表性的生产单位（或地区）的材料性能的统计结果作为全国平均生产水平的代表。因此，对于结构构件的材料性能，还需要考虑实际结构中的材料性能与标准试件材料性能的差别，实际工作条件与标准试验条件的差别。

结构构件材料性能的不定性用随机变量 Ω_f 来表示，即

$$\Omega_f = \frac{f_j}{\omega_0 f_k} = \frac{1}{\omega_0} \cdot \frac{f_j}{f_s} \cdot \frac{f_s}{f_k} \tag{8-6}$$

式中：Ω_f——反映材料性能不定性的随机变量；

ω_0——反映结构构件材料性能的实际值与试件材料性能（试验值）的差异系数，如考虑缺陷、尺寸、施工质量、加荷速度、试验方法、时间等因素影响的系数；

f_j——结构构件中的材料性能实际值；

f_s——试件材料性能值；

f_k——规范规定的试件材料性能标准值。

引入两个随机变量，令：

$$\Omega_0 = \frac{f_j}{f_s}$$

$$\Omega_{f_s} = \frac{f_s}{f_k} \tag{8-7}$$

则：

$$\Omega_f = \frac{1}{\omega_0} \cdot \Omega_0 \cdot \Omega_{f_s} \tag{8-8}$$

式中：Ω_0——反映结构构件材料性能与试件材料性能差别的随机变量；

Ω_{f_s}——反映试件材料性能不定性的随机变量。

则 Ω_f 的平均值、变异系数为：

$$\mu_{\Omega_f} = \frac{\mu_{\Omega_0}\mu_{\Omega_{f_s}}}{\omega_0} = \frac{\mu_{\Omega_0}\mu_{f_s}}{\omega_0 f_k} \tag{8-9}$$

$$\delta_{\Omega_f} = \sqrt{\delta_{\Omega_0}^2 + \delta_{f_s}^2} \tag{8-10}$$

式中：μ_{f_s}、μ_{Ω_0}、$\mu_{\Omega_{f_s}}$——试件材料性能 f_s 的平均值及随机变量 Ω_0、Ω_{f_s} 的平均值；

δ_{f_s}、δ_{Ω_0}——试件材料性能 f_s 的变异系数及随机变量 Ω_0 的变异系数。

标准差：

$$\sigma_{\Omega_f} = \mu_{\Omega_f}\delta_{\Omega_f} \tag{8-11}$$

实际上只要对 Ω_0、Ω_{f_s} 进行实测，再统计、分析，就可以得到统计参数，然后利用公式（8-9）、式（8-10）就能得到 Ω_f 的统计参数。

【例 8-1】 某钢筋材料屈服强度的平均值 $\mu_{f_y}=280.3$MPa，标准差 $\sigma_{f_y}=21.3$MPa。由于加荷速度及上下屈服点的差别，构件中材料的屈服强度低于试件材料的屈服强度，两者比值 Ω 的平均值 $\mu_{\Omega_0}=0.92$，标准差 $\sigma_{\Omega_0}=0.032$。规范规定的构件材料屈服强度值为 $\omega_0 f_k=250$MPa。试求该钢筋材料屈服强度 f_y 的统计参数。

解：（1）求 Ω_0 和 Ω_{f_s} 的变异系数：

$$\delta_{\Omega_0} = \frac{\sigma_{\Omega_0}}{\mu_{\Omega_0}} = \frac{0.032}{0.92} = 0.035$$

$$\delta_{f_y}=\frac{\sigma_{f_y}}{\mu_{f_y}}=\frac{21.3}{280.3}=0.076$$

（2）计算屈服强度 f_y 的统计参数：

$$\mu_{\Omega_f}=\frac{\mu_{\Omega_0}\mu_{f_s}}{\omega_0 f_k}=\frac{0.92\times 280.3}{250}=1.032$$

$$\delta_{\Omega_f}=\sqrt{\delta_{\Omega_0}^2+\delta_{f_y}^2}=\sqrt{0.035^2+0.076^2}=0.084$$

我国对大量常用结构构件材料的强度性能进行过大量的统计研究，得出的统计参数见表 8-1。

表 8-1　各种结构材料强度 Ω_f 的统计参数

材料种类	受力状况及材料品种		μ_{Ω_f}	δ_{Ω_f}
型钢	受拉	Q235 钢 16Mn 钢	1.08 1.09	0.08 0.07
薄壁型钢	受拉	Q235F 钢 Q235 钢 20Mn 钢	1.12 1.27 1.05	0.10 0.08 0.08
钢筋	受拉	HPB235（Q235F） HRB335（20MnSi） 25MnSi	1.02 1.14 1.09	0.08 0.07 0.06
混凝土	轴心受压	C20 C30 C40	1.66 1.41 1.35	0.23 0.19 0.16
砖砌体	轴心受压 小偏心受压 齿缝受弯 受　剪		1.15 1.10 1.00 1.00	0.20 0.20 0.22 0.24
木材	轴心受拉 轴心受压 受　弯 顺纹受剪		1.48 1.28 1.47 1.32	0.32 0.22 0.25 0.22

8.2.2　结构构件几何参数的不定性

结构构件几何参数的不定性，主要是指制作尺寸偏差和安装误差等引起的构件几何参数的变异性，它反映了所设计的构件和制作安装后的实际构件之间几何上的差异。根据对结构构件抗力的影响程度，一般构件可靠度分析中仅考虑截面几何参数（如宽度、有效高度、面积、抵抗矩、惯性矩、箍筋间距及其函数等）的变异，而构件长度和跨度变异的影响相对较小，有时可按定值来考虑。

结构构件几何参数的不定性可用随机变量 Ω_a 来表示：

$$\Omega_a=\frac{a}{a_k} \tag{8-12}$$

式中：Ω_a——反映构件几何参数不定性的随机变量；

a——几何参数的实际值（实测值）；

a_k——几何参数的标准值（一般取设计值）。

则 Ω_a 的平均值 μ_{Ω_a} 和变异系数 δ_{Ω_a} 为：

$$\mu_{\Omega_a}=\frac{\mu_a}{a_k} \tag{8-13}$$

$$\delta_{\Omega_a}=\delta_a \tag{8-14}$$

式中：μ_a——几何参数实际值的平均值；

δ_a——几何尺寸实际值的变异系数。

表 8-2 是通过大量实测得到的部分种类结构构件几何特征 Ω_a 的统计参数。

表 8-2　各种建筑结构构件几何特征 Ω_a 的统计参数

结构构件种类	项目	μ_{Ω_a}	δ_{Ω_a}
型钢构件	截面面积	1.00	0.05
薄壁型钢构件	截面面积	1.00	0.05
钢筋混凝土构件	截面高度、宽度 截面有效高度 纵筋截面面积 混凝土保护层厚度 箍筋平均间距 纵筋锚固长度	1.00 1.00 1.00 0.85 0.99 1.02	0.02 0.03 0.03 0.30 0.07 0.09
砖砌体	单向尺寸（370mm） 截面面积（370mm×370mm）	1.00 1.01	0.02 0.02
木构件	单向尺寸 截面面积 截面模量	0.98 0.96 0.94	0.03 0.06 0.08

一般来说，几何参数的变异系数随几何尺寸的增大而减小，故钢筋混凝土结构和砌体结构截面尺寸的变异系数，通常小于钢结构和薄壁型钢结构的相应值。结构构件截面几何特性的变异对其可靠度影响较大，不可忽视；而结构构件长度、跨度变异的影响则相对较小，有时可按确定量来考虑。

【例 8-2】 已知一钢管的外径 D 的均值 $\mu_D=30.2\text{cm}$，变异系数 $\delta_D=0.05$，壁厚 t 的均值 $\mu_t=1.25\text{cm}$，变异系数 $\delta_t=0.06$。求该钢管面积的统计参数。

解：钢管面积的表达式为：$A=\frac{\pi}{4}[D^2-(D-2t)^2]=\pi t(D-t)$

钢管面积的均值为：$\mu_A=\pi\mu_t(\mu_D-\mu_t)=\pi\times1.25\times(30.2-1.25)=113.7(\text{cm}^2)$

钢管面积的方差为：$\sigma_A^2=\left(\frac{\partial A}{\partial t}\bigg|_m\right)^2\sigma_t^2+\left(\frac{\partial A}{\partial D}\bigg|_m\right)^2\sigma_D^2$

其中：$\frac{\partial A}{\partial t}=\pi(D-2t)$

$\frac{\partial A}{\partial D}=\pi t$

则：$\frac{\partial A}{\partial t}\bigg|_m=\pi(\mu_D-2\mu_t)=\pi(30.2-2\times1.25)=87.0(\text{cm})$

$\frac{\partial A}{\partial D}\bigg|_m=\pi\mu_t=\pi\times1.25=3.9(\text{cm})$

$\sigma_t=\mu_t\delta_t=1.25\times0.06=0.075(\text{cm})$

$\sigma_D=\mu_D\delta_D=30.2\times0.05=1.51(\text{cm})$

所以：$\sigma_A^2=87.0^2\times0.075^2+3.9^2\times1.51^2=77.3(\text{cm}^2)$

钢管面积的变异系数为：$\delta_A=\frac{\sigma_A}{\mu_A}=\frac{\sqrt{77.3}}{113.7}=0.077$

8.2.3 结构构件计算模式的不定性

结构构件计算模式的不定性，主要是指抗力计算中采用的某些基本假定的近似性和计算公式的不精确性等引起的对结构构件抗力估计的不定性，有时被称为“计算模型误差”。例如，在结构构件计算中常采用理想弹性、匀质性、各向同性等假定，采用铰支、固支等理想边界条件来代替实际边界条件，这些近似化处理必将会导致结构构件的计算抗力与实际抗力之间的差异。

例如，在计算钢筋混凝土受弯构件正截面强度时，通常用所谓“等效矩形应力图形”来代替受压区混凝土实际的呈曲线分布的压应力图形以简化计算，这种假定会使计算强度与实际强度之间产生差别。

结构构件计算模式的不定性可采用随机变量 Ω_p 来表示：

$$\Omega_p=\frac{R_0}{R_c} \tag{8-15}$$

式中：Ω_p——反映计算模式不定性的随机变量；

R_0——结构构件的实际抗力值，一般可取其试验值 R_s 或精确计算值；

R_c——按规范公式计算的结构构件抗力计算值，计算时应采用材料性能和几何尺寸的实际值，以排除 Ω_f、Ω_a 对 Ω_p 的影响。

表 8-3 是我国规范通过统计分析得到不同结构构件承载力计算模式 Ω_p 的统计参数。

表 8-3　各种结构构件计算模式 Ω_p 的统计参数

结构构件种类	受力状态	μ_{Ω_p}	δ_{Ω_p}
钢结构构件	轴心受压	1.05	0.07
	轴心受压（Q235F）	1.03	0.07
	偏心受压（Q235F）	1.12	0.10
薄壁型钢结构构件	轴心受压	1.08	0.10
	偏心受压	1.14	0.11
钢筋混凝土结构构件	轴心受拉	1.00	0.04
	轴心受压	1.00	0.05
	偏心受压	1.00	0.05
	受弯	1.00	0.04
	受剪	1.00	0.15
砖结构砌体	轴心受压	1.05	0.15
	小偏心受压	1.14	0.23
	齿缝受弯	1.06	0.10
	受剪	1.02	0.13
木结构构件	轴心受拉	1.00	0.05
	轴心受压	1.00	0.05
	受弯	1.00	0.05
	顺纹受剪	0.97	0.08

8.3 抗力的统计参数和概率分布类型

8.3.1 结构构件抗力的统计参数

结构构件的抗力一般都是多个随机变量的函数。对于由几种材料构成的结构构件，如钢筋混凝土构件，在考虑上述 3 种主要因素的情况下，其抗力 R 可用下列形式表示：

$$R=\Omega_{p}R_{p}=\Omega_{p}R(f_{j1}\cdot a_{1},f_{j2}\cdot a_{2},\cdots,f_{jn}\cdot a_{n}) \tag{8-16}$$

或写成：$R=\Omega_{p}R(f_{ji}\cdot a_{i})\quad(i=1,2,\cdots,n)$

将前面公式带入得：$R=\Omega_{p}R[(\Omega_{f_i}\omega_0 f_{k_i})(\Omega_{a_i}a_{k_i})]\quad(i=1,2,\cdots,n)$ (8-17)

式中：R_p——由计算公式确定的结构构件抗力；

f_{ji}——结构构件中第 i 种材料的性能；

a_i——与第 i 种材料相应的结构构件的几何参数；

ω_0——反映结构构件材料性能的实际值与试件材料性能（试验值）的差异系数；

Ω_{f_i}、f_{k_i}——分别为结构构件中第 i 种材料性能随机变量和试件材料性能标准值；

Ω_{a_i}、a_{k_i}——分别为与第 i 中材料相应的结构构件几何参数随机变量和结构构件几何尺寸的标准值。

利用误差传递公式可求得计算抗力的均值、标准差和变异系数分别为：

均值：
$$\mu_{R_p}=R(\mu_{f_{ci}},\mu_{a_i}) \tag{8-18}$$

标准差：
$$\sigma_{R_p}=\left[\sum_{i=1}^{n}\left(\frac{\partial R_p}{\partial X_i}\bigg|_{\mu}\right)^2\sigma_{X_i}^2\right]^{\frac{1}{2}} \tag{8-19}$$

变异系数：
$$\delta_{R_p}=\frac{\sigma_{R_p}}{\mu_{R_p}} \tag{8-20}$$

式中：X_i——表示与函数 R 有关的变量 f_{ci} 和 a_i；

$\frac{\partial R_p}{\partial X_i}\Big|_{\mu}$——表示计算偏导数时变量均用各自的平均值赋值。

则抗力 R 的统计参数为：

$$\chi_R=\frac{\mu_R}{R_k}=\frac{\mu_{\Omega_p}\cdot\mu_{R_p}}{R_k} \tag{8-21}$$

$$\delta_{\Omega_R}=\sqrt{\delta_{\Omega_p}^2+\delta_{R_p}^2} \tag{8-22}$$

式中：χ_R——抗力均值与抗力标准值之比；

R_k——按规范规定的材料性能、几何参数及计算公式求得的结构构件抗力标准值。

如果结构构件仅由单一材料构成，如素混凝土、钢、木以及砌体等，则抗力计算可简化为：

$$R=\Omega_p(\Omega_f\omega_0 f_k)(\Omega_a a_k)=\Omega_p\Omega_f\Omega_a R_k \tag{8-23}$$

令：
$$R_k=\omega_0 f_{k_i}a_{k_i}\quad(i=1,2,\cdots,n) \tag{8-24}$$

为了运算方便，可将抗力的平均值用无量纲的系数 χ_R 表示，即：

$$\chi_R=\frac{\mu_R}{R_k}=\mu_{\Omega_p}\mu_{\Omega_f}\mu_{\Omega_a} \tag{8-25}$$

则抗力 R 的统计参数，变异系数为：

$$\delta_{\Omega_R}=\sqrt{\delta_{\Omega_p}^2+\delta_{\Omega_f}^2+\delta_{\Omega_a}^2} \tag{8-26}$$

抗力的均值为：

$$\mu_R=\chi_R R_k \tag{8-27}$$

式中：R——结构构件的实际抗力；

χ_R——抗力均值与抗力标准值之比；

R_k——按规范规定的材料性能、几何参数及抗力计算公式求得的抗力的标准值；

$\omega_0 f_k$——规范中规定的结构材料性能值。

【例 8-3】 设随机变量 $Y=\varphi(x_1, x_2)=x_1\cdot x_2$，其中随机变量 x_1、x_2 的均值和标准差分别为 $\mu_{x_1}=38$，$\sigma_{x_1}=3.8$，$\mu_{x_2}=54$，$\sigma_{x_2}=5.4$。求随机变量 Y 的均值 μ_Y 和方差 σ_Y^2。

解： 均值：$\mu_Y=\varphi(\mu_{x_1},\mu_{x_2})=\mu_{x_1}\cdot\mu_{x_2}=38\times54=2052$

方差：$\sigma_Y^2=\sum_{i=1}^{2}\left[\left.\frac{\partial\varphi}{\partial x_i}\right|_{\mu}\right]^2\cdot\sigma_{x_i}^2=\left.\frac{\partial\varphi}{\partial x_1}\right|_{\mu}^2\cdot\sigma_{x_1}^2+\left.\frac{\partial\varphi}{\partial x_2}\right|_{\mu}^2\cdot\sigma_{x_2}^2=x_2|_{\mu}^2\cdot\sigma_{x_1}^2+x_1|_{\mu}^2\cdot\sigma_{x2}^2$

$=54^2\times3.8^2+38^2\times5.4^2=290.2^2$

8.3.2　结构构件抗力的概率分布类型

由公式（8-16）可知，多种材料构成的结构构件，其抗力为若干随机变量乘积之和，由公式（8-23）可知，单一材料构成的结构构件，其抗力为若干随机变量乘积。由于结构构件抗力是多个随机变量的函数，如果已知各随机变量的概率分布，理论上可以通过多维积分求得抗力的概率分布，但是实际上会遇到很大的数学上的困难。目前，在实际工程中，常常根据概率论原理，例如，中心极限定理来假定抗力的概率分布函数。若某抗力随机变量为若干相互独立、影响程度相近的随机变量的乘积，则可近似认为此抗力服从对数正态分布。

8.4　材料的标准强度及其设计取值

由前面的讨论可知材料的性能存在变异性，材料的性能主要包括强度、弹性模量和变形模量等。材料性能的各种统计参数和概率分布函数，应采用随机变量概率分布模型来描述。

8.4.1　材料强度的标准值

力学上，材料在外力作用下抵抗破坏的能力称为强度，材料强度是一个随机变量。材料强度标准值是指结构构件设计时，表示材料强度的基本代表值，由标准试件按标准试验方法经数理统计以概率分布规定的分位数确定。材料强度的概率分布基本符合正态分布或对数正态分布。材料强度标准值 f_k 可取其概率分布的 0.05 分位值确定，即按不小于95％的保证率确定。

混凝土强度标准值，混凝土强度等级是由混凝土立方体强度标准值确定的（指按标准方法制作养护的边长为 150mm 的立方体试件，在 28d 龄期用标准试验方法测得的具有95％保证率的抗压强度），即：

$$f_{cu,k}=\mu_{f_{cu}}-\alpha\sigma_{f_{cu}}=\mu_{f_{cu}}-1.645\sigma_{f_{cu}}=\mu_{f_{cu}}(1-1.645\delta_{f_{cu}}) \tag{8-28}$$

式中：$f_{cu,k}$——混凝土立方体强度标准值；

$\mu_{f_{cu}}$——混凝土立方体抗压强度标准值；

$\sigma_{f_{cu}}$——混凝土立方体抗压强度标准差；

$\delta_{f_{cu}}$——混凝土立方体抗压强度变异系数。

f_k 的概率密度分布图如图 8-2 所示：

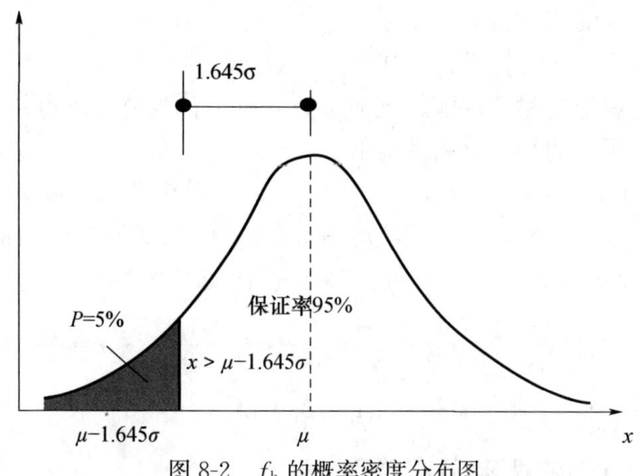

图 8-2 f_k 的概率密度分布图

各种混凝土强度等级的轴心抗压强度标准值、弯曲抗压强度标准值及轴心抗拉强度标准值可直接查规范中的表格。

钢筋抗拉强度的标准值取用国家标准中已规定的每一种钢筋的屈服强度废品限值（保证率为 97.75％>95％，符合材料强度标准值的取值要求）作为确定钢筋强度标准值的依据。

8.4.2 材料强度的设计值

对于钢筋和混凝土，材料强度的设计值为：

$$f=\frac{f_k}{\gamma_f} \tag{8-29}$$

式中：f——材料强度的设计值；

f_k——材料强度的标准值；

γ_f——材料的分项系数。

混凝土强度分项系数 γ_c 为 1.4，钢筋强度分项系数 γ_s 取值范围为 1.1～1.5，具体见表 8-4。

表 8-4 各类钢筋的强度分项系数 γ_s

钢筋种类	γ_s
热轧钢筋 HPB235（Q235）	1.15
热轧钢筋 HRB335、HRB400、RRB400	1.10
预应力钢丝、刻痕钢丝、钢绞线、热处理钢筋	1.20

思考题

1. 什么是结构抗力？影响结构抗力的因素有哪些？
2. 什么是结构构件材料性能的不定性？
3. 什么是结构构件计算模式的不定性？

第 9 章　工程结构可靠度计算方法

9.1　结构的功能函数及极限状态

9.1.1　结构功能要求

工程结构设计的基本目的是，在一定的经济条件下，使结构在预定的使用期限内满足设计所预期的各项功能。《建筑结构可靠度设计统一标准》（GB 50068—2018）规定，结构在规定的设计使用年限内应满足下列功能要求：

① 能承受在正常施工和正常使用时可能出现的各种作用。

② 在正常使用时具有良好的使用性能。

③ 在正常维护下具有足够的耐久性能。

④ 当发生火灾时，在规定的时间内可保持足够的承载力。

⑤ 当发生爆炸、撞击、人为错误等偶然事件时，结构能保持必要的整体稳固性，不出现与起因不相称的破坏后果，防止出现结构的连续倒塌。

上述①、④、⑤项是对结构安全性的要求，第②项是对结构适用性的要求，第③项是对结构耐久性的要求。

这些功能要求概括起来称为结构的可靠性，即结构在规定的时间内（如设计基准期为 50 年），在规定的条件下（正常设计、正常施工、正常使用维护）完成预定功能（安全性、适用性和耐久性）的能力。

① 安全性。结构在预定使用期限内（一般为 50 年），应能承受在正常施工、正常使用情况下可能出现的各种荷载、外加变形（如超静定结构的支座不均匀沉降）、约束变形（如温度和收缩变形受到约束时）等的作用。在偶然事件（如地震、爆炸）发生时和发生后，结构应能保持整体稳定性，不应发生倒塌或连续破坏而造成生命财产的严重损失。

② 适用性。结构在正常使用期间，具有良好的工作性能。如不发生影响正常使用的过大的变形（挠度、侧移）、振动（频率、振幅），或产生让使用者感到不安的宽度过大的裂缝。

③ 耐久性。结构在正常使用和正常维护条件下，应具有足够的耐久性，即在各种因素的影响下（混凝土碳化、钢筋锈蚀），结构的承载力和刚度不应随时间有过大的降低，从而导致结构在其预定使用期间内丧失安全性和适用性，降低使用寿命。

由于连续倒塌的风险对大多数建筑物而言是低的，因而可以根据结构的重要性采取不同的对策，以防止出现结构的连续倒塌。对重要的结构，应采取必要的措施，防止出现结

构的连续倒塌；对于一般的结构，宜采取适当的措施，防止出现结构的连续倒塌；对于次要的结构，可不考虑结构的连续倒塌问题。

9.1.2 结构的功能函数

进行结构可靠度分析时，可以针对功能要求的各种结构性能（如强度、刚度等），建立包括各种变量（荷载、材料性能、几何尺寸等）的函数，称为功能函数。将上述各变量从性质上归纳为两类随机变量，通过结构构件完成预定功能的工作状态来描述，即可以用作用效应 S（action effect）和结构抗力 R（resistance）的关系来描述，这种表达式就称为结构功能函数，用 Z 来表示：

$$Z=g(R,S)=R-S \tag{9-1}$$

它可以用来表示结构的 3 种工作状态，如图 9-1 所示。

当 $Z>0$ 时，结构能够完成预定的功能，处于可靠状态。

当 $Z<0$ 时，结构不能完成预定的功能（破坏），处于失效状态。

当 $Z=0$ 时，即 $R=S$ 结构处于临界的极限状态，$Z=g(R,S)=R-S=0$，称为极限状态方程。

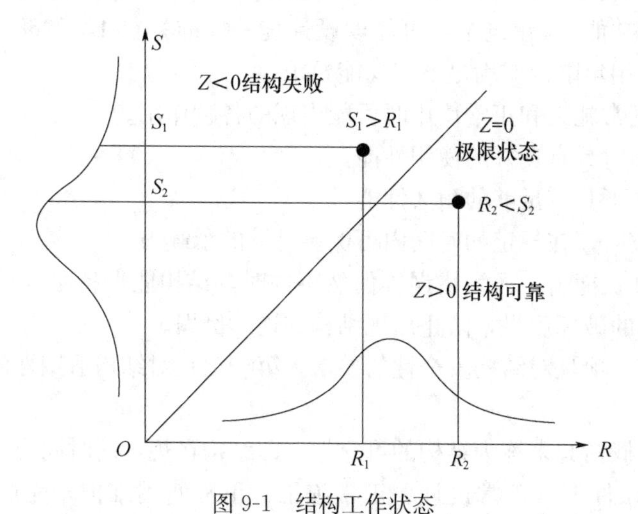

图 9-1　结构工作状态

影响作用效应 S 和结构抗力 R 的随机变量有很多，如荷载、材料性能、几何参数等，设这些变量为 X_1、X_2……X_n，则结构功能函数的一般表达式，$Z=g(X_1, X_2\cdots\cdots X_n)$，由于 R 和 S 都是非确定性的随机变量，故 Z 也是随机变量。

建筑结构可靠度设计规范规定结构的极限状态设计应满足：

$$Z=g(X_1,X_2,\cdots,X_n)\geqslant 0 \tag{9-2}$$

式中的 g 可以是承载能力，也可以是变形或裂缝宽度等。

9.1.3 结构的极限状态

结构的极限状态是结构由可靠转变为失效的临界状态，是判断结构是否满足某种功能要求的标准。如果整个结构或结构的一部分超过某一特定状态就不能满足设计规定的某一功能要求，此特定状态称为该功能的极限状态。极限状态包括承载能力极限状态和正常使用极限状态。

1. 承载能力极限状态

针对结构的安全性，当结构或构件达到最大承载能力或不适于继续承载的变形状态，为承载能力极限状态。结构或结构构件按承载能力极限状态设计时，应考虑下列状态：

① 结构或结构构件的破坏或过度变形，此时结构的材料强度起控制作用。

② 整个结构或其中一部分作为刚体失去静力平衡，此时结构材料或地基的强度不起控制作用。

③ 地基破坏或过度变形，此时岩土的强度起控制作用。

④ 结构或结构构件疲劳破坏，此时结构的材料疲劳强度起控制作用。

承载能力极限状态可理解为结构或构件发挥了允许的最大承载能力的状态，一旦出现或超过承载能力极限状态，后果十分严重，可能会造成人员伤亡和重大财产损失。因此，在设计中应严格控制出现超过承载能力极限状态的概率，并根据四种状态性质的不同，采用不同的设计表达方式与之相应的分项系数数值。

2. 正常使用极限状态

针对结构的适用性和耐久性，结构或构件达到正常使用或耐久性能的某项规定限值的状态，为正常使用极限状态。当结构或结构构件出现下列状态之一时，应认为超过了正常使用极限状态。

① 影响正常使用或外观的变形。

② 影响正常使用或耐久性能的局部损坏（包括裂缝）。

③ 影响正常使用的振动。

④ 影响正常使用的其他特定状态。

正常使用极限状态可理解为结构或构件使用功能的破坏或损坏，或是结构质量的恶化。当正常使用极限状态被超越时，其后果的严重程度与承载能力极限状态相比要轻一些，由于其危害程度小，因而对其出现的概率的控制可以放宽一些，但仍应予以足够的重视。

9.2 结构可靠度

9.2.1 可靠度的定义

结构在规定的时间内，在规定的条件下，完成预定功能的能力称为结构的可靠性。

结构在规定的时间内，在规定的条件下，完成预定功能的概率称为结构的可靠度，它是结构可靠性的概率量度。

其中，规定时间是指结构设计基准期，在同样的条件下，规定时间越长，结构的可靠度越低。规定条件是指正常设计、正常施工、正常使用条件，排除人为错误或过失因素。预定功能是指结构的安全性、适用性和耐久性。

显然，结构的可靠度越高，结构造价越大。因此，如何在结构可靠与经济之间取得均衡，就是设计方法要解决的问题。

9.2.2 结构的可靠指标

结构能够完成预定功能的概率称为可靠概率 P_s；结构不能完成预定功能的概率称为

失效概率 P_f。显然，二者是互补的，即 $P_s+P_f=1.0$。因此，结构可靠性也可用结构的失效概率来度量，失效概率越小，结构可靠性越大。

基本的结构可靠度问题只考虑有一个抗力 R 和一个作用效应 S 的情况，现以此来说明失效概率的计算方法。设结构抗力 R 和荷载效应 S 都是服从正态分布的随机变量，R 和 S 是相互独立的。由概率论知，结构功能函数 $Z=R-S$ 也是正态分布的随机变量。Z 的概率分布曲线如图 9-2 所示。

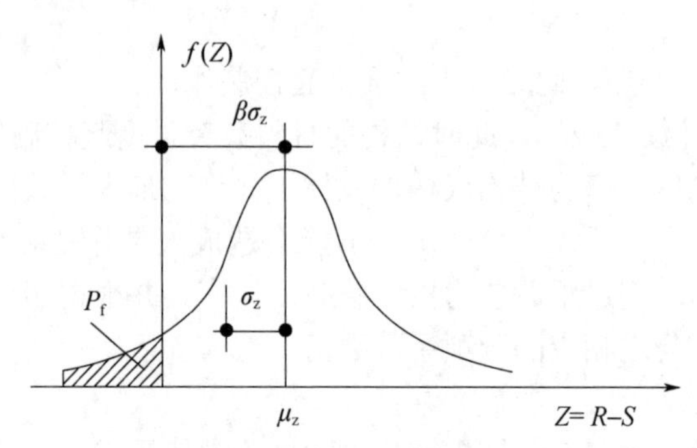

图 9-2　Z 的概率分布曲线

$Z=R-S<0$ 事件出现的概率就是失效概率 P_f：

$$P_f=P(Z=R-S<0)=\int_{-\infty}^{0}f(z)\mathrm{d}z \tag{9-3}$$

式中：$f(z)$ ——结构功能函数 Z 的概率密度函数。

失效概率 P_f 可用图 9-2 中的阴影面积表示。若结构抗力 R 的平均值为 μ_R，标准差为 σ_R，荷载效应 S 的平均值为 μ_S，标准差为 σ_S，则功能函数 $Z=R-S$ 的平均值和标准差为：

$$\mu_Z=\mu_R-\mu_S \tag{9-4}$$

$$\sigma_Z=\sqrt{\sigma_R^2+\sigma_S^2} \tag{9-5}$$

Z 的标准差的推导如下，由于方差 $D_Z=\sigma_Z^2$，则：

$$\begin{aligned}\sigma_Z&=\sqrt{D_Z}=\sqrt{E(Z^2)-[E(Z)]^2}=\sqrt{E(R-S)^2-[E(R-S)]^2}\\&=\sqrt{E(R^2-2RS+S^2)-[E(R)-E(S)]^2}\\&=\sqrt{E(R^2)-2E(R)E(S)+E(S^2)-E^2(R)+2E(R)E(S)-E^2(S)}\\&=\sqrt{D(R)+E^2(R)-2E(R)E(S)+D(S)+E^2(S)-E^2(R)+2E(R)E(S)-E^2(S)}\\&=\sqrt{D(R)+D(S)}=\sqrt{\sigma^2(R)+\sigma^2(S)}\end{aligned} \tag{9-6}$$

结构失效概率 P_f 与功能函数平均值 μ_Z 到坐标原点的距离有关，取 $\mu_Z=\beta\sigma_Z$。由图 9-2 可知，β 与 P_f 之间存在着对应关系。β 值越大，失效概率 P_f 越小。因此，β 和 P_f 一样，可作为度量结构可靠度的一个指标，故称 β 为结构的可靠指标，定义为：

$$\beta=\frac{\mu_Z}{\sigma_Z}=\frac{\mu_R-\mu_S}{\sqrt{\sigma_R^2+\sigma_S^2}} \tag{9-7}$$

由图 9-2 可知，失效概率 P_f 尽管很小，但总是存在的。因此，要使结构设计做到绝对的可靠（$R>S$）是不可能的，合理的解答应该是把所设计的结构失效概率降低到人们可以接受的程度。

在讨论某个结构的失效概率或可靠指标时，是在规定时间内，即结构设计基准期内。那么50年后并不是结构就一定会失效，而是失效概率增加。同时，结构失效也并不表示结构倒塌。

【例 9-1】某钢筋混凝土轴心受压短柱，截面尺寸为 $A_c=b\times h=(300\times500)\ \text{mm}^2$，配有4根直径为25的HRB335钢筋，钢筋面积 $A_s=1964\text{mm}^2$。设荷载服从正态分布，轴力 N 的平均值 $\mu_N=1800\text{kN}$，变异系数 $\delta_N=0.10$。钢筋屈服强度 ϕ_y 服从正态分布，其平均值 $\mu_{f_y}=380\text{N/mm}^2$，变异系数 $\delta_{f_y}=0.06$。混凝土轴心抗压强度 ϕ_c 也服从正态分布，其平均值 $\mu_{f_c}=24.80\text{N/mm}^2$，变异系数 $\delta_{f_c}=0.20$。不考虑结构尺寸的变异和计算模式的不准确性，试计算该短柱的可靠指标 β。

解：(1) 荷载效应 S 的统计参数：

$$\mu_S=\mu_N=1800\text{kN},\sigma_S=\sigma_N=\mu_N\delta_N=1800\times0.1=180(\text{kN})$$

(2) 构件抗力 R 的统计参数：

短柱的抗力由混凝土抗力 $R_c=f_cA_c$ 和钢筋的抗力 $R_s=f_yA_s$ 两部分组成，即：$R=R_c+R_s=f_cA_c+f_yA_s$

混凝土抗力 R_c 的统计参数为：

$$\mu_{R_c}=A_C\mu_{f_c}=500\times300\times24.8=3720(\text{kN})$$

$$\sigma_{R_c}=\mu_{R_c}\delta_{f_c}=3720\times0.2=744(\text{kN})$$

钢筋抗力 R_s 的统计参数：

$$\mu_{R_s}=A_s\mu_{f_y}=1964\times380=746.3(\text{kN})$$

$$\sigma_{R_s}=\mu_{R_s}\delta_{f_y}=746.3\times0.06=44.8(\text{kN})$$

构件抗力 R 的统计参数：

$$\mu_R=\mu_{R_c}+\mu_{R_s}=3720+746.3=4466.3(\text{kN})$$

$$\sigma_R=\sqrt{\sigma_{R_c}^2+\sigma_{R_s}^2}=\sqrt{744^2+44.8^2}=745.3(\text{kN})$$

(3) 可靠指标 β：

$$\beta=\frac{\mu_R-\mu_S}{\sqrt{\sigma_R^2+\sigma_S^2}}=\frac{4466.3-1800}{\sqrt{745.3^2+180^2}}=3.48$$

9.3　结构可靠度计算的基本方法

实际工程中，结构的功能函数往往是由多个随机变量组成的非线性函数，并且这些随机变量并不都服从正态分布或对数正态分布，因此不能直接用公式（9-7）来计算可靠指标，而是需要作出某些近似简化后进行计算。结构可靠度分析的实用方法有中心点法和验算点法。

9.3.1　中心点法

中心点法（又称均值一次二阶矩法）。它不考虑基本变量的实际分布，假定其服从正态或对数正态分布，利用随机变量的平均值（一阶原点矩）和标准差（二阶中心距）来分析结构可靠度，并将极限状态功能函数作泰勒级数在中心点（均值）展开，使之线性化，

然后求解可靠指标。

1. 两个正态分布随机变量的模式

假设抗力 R 和荷载效应 S 相互独立，服从正态分布，则结构功能函数 $Z=R-S$ 也服从正态分布，失效概率 P_f：

$$P_f = P(Z = R - S < 0) = \int_{-\infty}^{0} f(z)\mathrm{d}z = \int_{-\infty}^{0} \frac{1}{\sqrt{2\pi}\sigma_Z} e^{-\frac{1}{2}\left(\frac{Z-\mu_Z}{\sigma_Z}\right)^2} \mathrm{d}z \tag{9-8}$$

令 $t=\dfrac{Z-\mu_Z}{\sigma_Z}$，求导得：$\mathrm{d}Z=\sigma_Z \mathrm{d}t$，带入上式，得到标准正态分布形式：

$$P_f = \frac{1}{\sqrt{2\pi}} \int_{-\infty}^{-\frac{\mu_Z}{\sigma_Z}} \mathrm{e}^{-\frac{1}{2}t^2} \mathrm{d}t = \Phi\left(-\frac{\mu_Z}{\sigma_Z}\right) \tag{9-9}$$

式中：$\Phi()$ ——标准正态分布函数，$\Phi(x) = \int_{-\infty}^{x} \frac{1}{\sqrt{2\pi}} \mathrm{e}^{-\frac{t^2}{2}} \mathrm{d}t$

由于可靠指标：$\beta=\dfrac{\mu_Z}{\sigma_Z}=\dfrac{\mu_R-\mu_S}{\sqrt{\sigma_R^2+\sigma_S^2}}$

结构失效概率为：

$$P_f=P\{Z<0\}=P\left\{\frac{Z}{\sigma_Z}<0\right\}=P\left\{\frac{Z}{\sigma_Z}-\frac{\mu_Z}{\sigma_Z}<-\frac{\mu_Z}{\sigma_Z}\right\}=P\left\{\frac{Z-\mu_Z}{\sigma_Z}<-\frac{\mu_Z}{\sigma_Z}\right\} \tag{9-10}$$

令：$\beta=\dfrac{\mu_Z}{\sigma_Z}$，$t=\dfrac{Z-\mu_Z}{\sigma_Z}$

则：$P_f=P\ \{t<-\beta\}\ =\Phi\ (-\beta)$，$t$ 为标准正态随机变量，$\Phi()$ 为标准正态分布函数。

则：

$$P_f=\Phi(-\beta)=1-\Phi(\beta) \tag{9-11}$$

$$P_s=1-P_f=1-\Phi(-\beta)=\Phi(\beta) \tag{9-12}$$

由此可见，β 与 P_f 具有数值上一一对应的关系，已知 β，就可以求出 P_f。表 9-1 列出了部分 β 与 P_f 的对应关系。

表 9-1　β 与 P_f 的对应关系

β	2	2.7	3.2	3.7	4.2
P_f	2.3×10^{-2}	3.5×10^{-3}	6.9×10^{-4}	1.1×10^{-4}	1.3×10^{-5}

2. 两个对数正态分布随机变量模式

假设抗力 R 和荷载效应 S 相互独立且都服从对数正态分布，功能函数也可写成：$Z=\ln R-\ln S=\ln\dfrac{R}{S}$，则：失效概率 P_f 为：

$$\begin{aligned}P_f &=P\{Z<0\}=P\{R-S<0\}=P\{R<S\}\\ &=P\left\{\frac{R}{S}<1\right\}=P\left\{\ln\frac{R}{S}<\ln 1\right\}=\{\ln R-\ln S<0\}\end{aligned} \tag{9-13}$$

由于 $\ln R$ 和 $\ln S$ 均为正态分布随机变量，由概率论理论可得：

$$\mu_Z=\mu_{\ln R}-\mu_{\ln S} \tag{9-14}$$

$$\sigma_Z=\sqrt{\sigma_{\ln R}^2+\sigma_{\ln S}^2} \tag{9-15}$$

则：

$$\beta=\frac{\mu_Z}{\sigma_Z}=\frac{\mu_{\ln R}-\mu_{\ln S}}{\sqrt{\sigma_{\ln R}^2+\sigma_{\ln S}^2}} \tag{9-16}$$

式中：$\mu_{\ln R}$、$\mu_{\ln S}$分别为 $\ln R$ 和 $\ln S$ 的均值，$\sigma_{\ln R}$、$\sigma_{\ln S}$分别为 $\ln R$ 和 $\ln S$ 的标准差。可以证明，对于对数正态随机变量 X，其对数 $\ln X$ 的统计参数与其本身 X 的统计参数之间的关系为（将 $\beta(\ln R,\ln S)\rightarrow\beta(R,S)$）：

$$\mu_{\ln X}=\ln\mu_X-\frac{1}{2}\sigma_{\ln X}^2 \tag{9-17}$$

$$\sigma_{\ln X}^2=\ln(1+\delta_X^2) \tag{9-18}$$

带入式（9-14）、式（9-15）得：

$$\mu_Z=\mu_{\ln R}-\mu_{\ln S}=\ln\mu_R-\ln\mu_S-\frac{1}{2}(\sigma_{\ln R}^2-\sigma_{\ln S}^2)=\ln\left(\frac{\mu_R}{\mu_S}\sqrt{\frac{1+\delta_S^2}{1+\delta_R^2}}\right) \tag{9-19}$$

$$\sigma_Z=\sqrt{\sigma_{\ln R}^2+\sigma_{\ln S}^2}=\sqrt{\ln(1+\delta_R^2)+\ln(1+\delta_S^2)} \tag{9-20}$$

则可靠指标为：

$$\beta=\frac{\mu_Z}{\sigma_Z}=\frac{\mu_{\ln R}-\mu_{\ln S}}{\sqrt{\sigma_{\ln R}^2+\sigma_{\ln S}^2}}=\frac{\ln\left(\frac{\mu_R}{\mu_S}\sqrt{\frac{1+\delta_S^2}{1+\delta_R^2}}\right)}{\sqrt{\ln(1+\delta_R^2)+\ln(1+\delta_S^2)}} \tag{9-21}$$

上面可靠指标的计算式复杂，利用 e^X 在零点泰勒级数展开后取线性项（泰勒级数：$e^X=1+X+\frac{1}{2!}X^2+\cdots+\frac{1}{n!}X^n+\cdots$），并在两边取对数后的关系式：$X=\ln(1+X)$，则 $\sigma_{\ln R}^2$、$\sigma_{\ln S}^2$简化为：

$$\begin{aligned}\sigma_{\ln R}^2&=\ln(1+\delta_R^2)\approx\delta_R^2\\ \sigma_{\ln S}^2&=\ln(1+\delta_S^2)\approx\delta_S^2\end{aligned} \tag{9-22}$$

当 δ_R、δ_S 很小或两者接近时，有：

$$\ln\frac{(1+\delta_S^2)^{\frac{1}{2}}}{(1+\delta_R^2)}\approx\ln 1=0 \tag{9-23}$$

将式（9-22）、式（9-23）带入式（9-21）得：

$$\beta=\frac{\mu_Z}{\sigma_Z}=\frac{\ln\mu_R-\ln\mu_S}{\sqrt{\delta_R^2+\delta_S^2}} \tag{9-24}$$

3. 多个随机变量服从正态分布的情况

假设随机变量 X_1，$X_2\cdots\cdots X_n$ 服从正态分布，结构的功能函数为 $Z=g(X_1, X_2, \cdots, X_n)$，各随机变量的平均值和标准差分别为 μ_{X_i} 和 σ_{X_i}。在 Z 的均值点处，按泰勒级数展开，保留一次线性项，即：

$$Z=g(X_1,X_2,\cdots,X_n)=g(\mu_{X_1},\mu_{X_2},\cdots,\mu_{X_n})+\sum_{i=1}^{n}\frac{\partial g}{\partial X_i}\bigg|_{\mu_{X_i}}\cdot(X_i-\mu_{X_i}) \tag{9-25}$$

Z 的平均值和标准差为：

$$\mu_Z=E(Z)\approx g(\mu_{X_1},\mu_{X_2},\cdots,\mu_{X_n}) \tag{9-26}$$

$$\sigma_Z=\sqrt{D(Z)}=\sqrt{E[Z-E(Z)]^2}\approx\sqrt{\sum_{i=1}^{n}\left(\frac{\partial g}{\partial X_i}\bigg|_{\mu_{X_i}}\cdot\sigma_{X_I}\right)^2} \tag{9-27}$$

可靠指标为：

$$\beta=\frac{\mu_Z}{\sigma_Z}\approx\frac{g(\mu_{X_1},\mu_{X_2},\cdots,\mu_{X_n})}{\sqrt{\sum_{i=1}^{n}\left(\frac{\partial g}{\partial X_i}\bigg|_{\mu_{X_i}}\cdot\sigma_{X_I}\right)^2}} \tag{9-28}$$

对于结构功能函数为线性函数情况，设结构功能函数具有如下形式：

$$Z=a_0+\sum_{i=1}^{n}a_iX_i \tag{9-29}$$

式中：a_0、a_i（$i=1$，2，…，n）——已知常数；

X_i——功能函数随机自变量。

则功能函数的均值和方差分别为：

$$\mu_Z=a_0+\sum_{i=1}^{n}a_i\mu_{X_i} \tag{9-30}$$

$$\sigma_Z=\sqrt{\sum_{i=1}^{n}(a_i\sigma_{X_i})} \tag{9-31}$$

则可靠指标为：

$$\beta=\frac{\mu_Z}{\sigma_Z}=\frac{a_0+\sum_{i=1}^{n}a_i\mu_{X_i}}{\sqrt{\sum_{i=1}^{n}(a_i\sigma_{X_i})^2}} \tag{9-32}$$

中心点法计算简便，但不能考虑随机变量的分布类型，将非线性功能函数在随机变量的平均值处展开不合理，计算出的可靠指标近似。当结构可靠指标较小，即失效概率较大时，失效概率对功能函数的概率分布类型不敏感。由已有研究得到，当失效概率 $P_f\geqslant 10^{-3}$（相应 $\beta\leqslant 3.09$）时，可以不考虑抗力 R 和荷载效应 S 分布类型的影响，采用中心点法计算失效概率和可靠指标。

【例 9-2】已知某钢梁截面的抗弯截面系数 W 服从正态分布，$\mu_W=9.0\times10^5\text{mm}^3$，$\delta_W=0.04$，钢梁材料的屈服强度 f 服从正态分布，$\mu_f=234\text{N/mm}^2$，$\delta_f=0.12$。钢梁承受确定性弯矩 $M=130\text{kN}\cdot\text{m}$。试用中心点法计算该梁的可靠指标 β。

解：（1）取抗力作为功能函数：$Z=fW-M=fW-130\times10^6$

极限状态方程为：$Z=fW-M=fW-130\times10^6=0$

$$\mu_Z=\mu_f\mu_W-M=234\times9\times10^5-130\times10^6=8.06\times10^7(\text{N}\cdot\text{mm})$$

由公式知：

$$\sigma_Z^2=\sum_{i=1}^{n}\left(\frac{\partial g}{\partial X_i}\bigg|_{\mu_{X_i}}\right)^2\cdot\sigma_{X_i}^2=\mu_W^2\sigma_f^2+\mu_f^2\sigma_w^2=\mu_W^2\mu_f^2(\delta_f^2+\delta_w^2)=7.1\times10^{14}$$

则：$\sigma_Z=2.66\times10^7(\text{N}\cdot\text{mm})$

$$\beta=\frac{\mu_Z}{\sigma_Z}=\frac{8.06\times10^7}{2.66\times10^7}=3.03$$

（2）取应力作为功能函数：$Z=f-\dfrac{M}{W}$

极限状态方程为：$Z=f-\dfrac{M}{W}=0$

$$\mu_Z=\mu_f-\frac{M}{\mu_W}=234-\frac{130\times10^6}{9\times10^5}=89.56(\text{N/mm}^2)$$

$$\sigma_Z^2=\sum_{i=1}^{n}\left(\frac{\partial g}{\partial X_i}\bigg|_{\mu_{X_i}}\right)^2\cdot\sigma_{X_i}^2=\sigma_f^2+\left(\frac{M}{\mu_W^2}\right)^2\cdot\sigma_w^2=\mu_f^2\delta_f^2+\left(\frac{M}{\mu_W^2}\right)^2\cdot\mu_W^2\delta_W^2=821.869$$

则：$\sigma_Z=28.67(\text{N/mm}^2)$

$$\beta=\frac{\mu_Z}{\sigma_Z}=\frac{89.56}{28.67}=3.12$$

从上面计算结果可以看出，对于同一问题，所取的极限状态方程不同，计算出的可靠指标也不同。

【例 9-3】 一简支梁，如图 9-3 所示。其中 P 为跨中集中荷载，q 为均布荷载，L 为梁跨度。则该梁的承载功能函数为：$Z=M-\left(\frac{1}{4}PL+\frac{1}{8}qL^2\right)$，已知：$\mu_P=10\text{kN}$，$\mu_q=2\text{kN/m}$，$\mu_M=18\text{kN}\cdot\text{m}$；$\delta_P=0.10$，$\delta_q=0.15$，$\delta_M=0.05$。$L$ 为常数，$L=4\text{m}$。采用中心点法计算可靠指标。

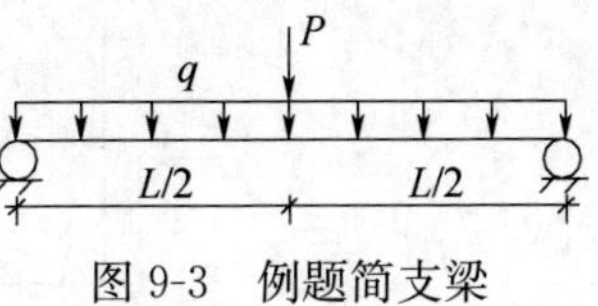

图 9-3　例题简支梁

解： $\mu_Z=\mu_M-\frac{L}{4}\mu_P-\frac{1}{8}L^2\mu_q=18-\frac{4}{4}\times 10-\frac{1}{8}\times 4^2\times 2=4(\text{kN}\cdot\text{m})$

$\sigma_P=\mu_P\delta_P=10\times 0.10=1.0(\text{kN})$

$\sigma_q=\mu_q\delta_q=2\times 0.15=0.3(\text{kN/m})$

$\sigma_M=\mu_M\delta_M=18\times 0.05=0.90(\text{kN}\cdot\text{m})$

$$\sigma_Z=\sqrt{\sigma_M^2+\left(\frac{L}{4}\right)^2\sigma_P^2+\left(\frac{L^2}{8}\right)^2\sigma_q^2}=\sqrt{0.90^2+\left(\frac{4}{4}\right)^2\times 1.0^2+\left(\frac{4^2}{8}\right)^2\times 0.3^2}=1.473$$

由此可计算可靠指标：$\beta=\frac{\mu_Z}{\sigma_Z}=\frac{4}{1.473}=2.715$

9.3.2　验算点法

针对中心点法中基本变量正态分布或对数正态分布的局限性，以及功能函数线性化取点带来的计算误差，提出了改进的二阶矩理论，或称验算点法。该法能够考虑非正态分布的随机变量，可靠指标精度较高，被国际安全度联合委员会（JCSS）推荐，简称为JC法。

1. 两个正态分布随机变量

假设抗力 R 和荷载效应 S 相互独立，服从正态分布，结构抗力 R 的平均值为 μ_R，标准差为 σ_R，荷载效应 S 的平均值为 μ_S，标准差为 σ_S。极限状态方程为：

$$Z=g(R,S)=R-S=0 \tag{9-33}$$

在 SOR 坐标系中，此方程为一条通过原点的直线，与 S 轴夹角为 45°。

第一次变换：将两个坐标分别除以各自的标准差，则一般正态分布 N（μ，σ）通过坐标转换成标准正态分布 N（0，1），如图 9-4 所示。相应地，将极限状态方程进行转换：

$$Z=R-S=0\Rightarrow Z=R'\sigma_R-S'\sigma_S=0 \tag{9-34}$$

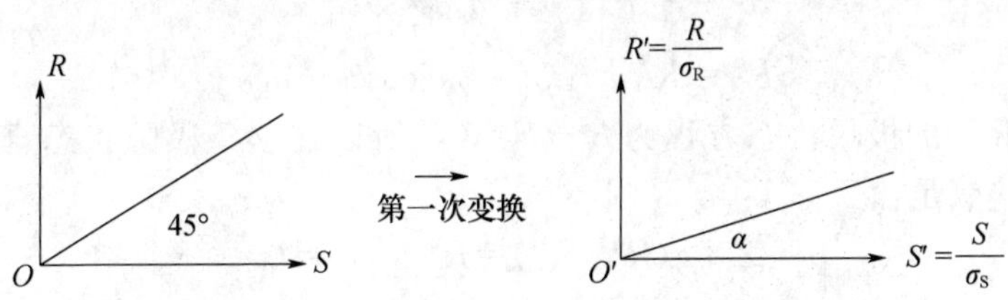

图 9-4　正态分布转换为标准正态分布

第二次变换将 R' 和 S' 两个坐标轴平移至平均值处，成立新的坐标系 $\hat{S}\hat{O}\hat{R}$，$\hat{S}$、$\hat{R}$ 为标准正态随机变量，$\hat{S}\hat{O}\hat{R}$ 为标准正态坐标系，如图 9-5 所示。极限状态方程再转换：

$$Z=R'\sigma_R-S'\sigma_S=0\Rightarrow Z=\hat{R}\sigma_R-\hat{S}\sigma_S+\mu_R-\mu_S=0 \tag{9-35}$$

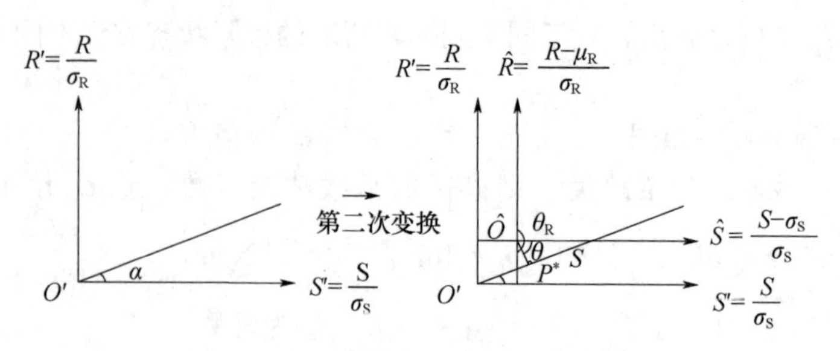

图 9-5 标准正态分布坐标再平移变换

将上式极限状态方程进行变换：$\mu_R-\mu_S=\hat{S}\sigma_S-\hat{R}\sigma_R$

两端同除以$-\sqrt{\sigma_R^2+\sigma_S^2}$，得：

$$\beta=\frac{\mu_R-\mu_S}{\sqrt{\sigma_R^2+\sigma_S^2}}=\frac{\hat{S}\sigma_S-\hat{R}\sigma_R}{\sqrt{\sigma_R^2+\sigma_S^2}} \tag{9-36}$$

令：

$$\cos\theta_S=\frac{\sigma_S}{\sqrt{\sigma_R^2+\sigma_S^2}}$$

$$\cos\theta_R=-\frac{\sigma_R}{\sqrt{\sigma_R^2+\sigma_S^2}} \tag{9-37}$$

则：

$$\beta=\hat{S}\cos\theta_S+\hat{R}\cos\theta_R \tag{9-38}$$

新坐标系 $\hat{S}\hat{O}\hat{R}$ 中的极限状态直线方程可改写为：

$$\hat{R}\cos\theta_R+\hat{S}\cos\theta_S-\beta=0 \tag{9-39}$$

由解析几何知，上式正是 $\hat{S}\hat{O}\hat{R}$ 坐标系极限状态方程标准型的法线方程。可靠指标 β 的几何意义为标准化正态坐标系中原点到极限状态方程直线的最短距离，即 $\hat{O}$ 到极限状态直线的最短距离$\overline{\hat{O}P^*}$（P^* 为垂足），$\cos\theta_S$、$\cos\theta_R$ 是法线对坐标向量的方向余弦。

β 的计算转化为求$\overline{\hat{O}P^*}$的长度，P^* 是极限状态直线上的一点，称为设计验算点，其坐标值为：

$$\begin{aligned}\overline{S^*}&=\overline{\hat{O}P^*}\cos\theta_S=\beta\cos\theta_S\\ \overline{R^*}&=\overline{\hat{O}P^*}\cos\theta_R=\beta\cos\theta_R\end{aligned} \tag{9-40}$$

将 P^* 换算到原坐标系 SOR 中，则：

$$\begin{aligned}S^*&=\hat{S}^*\sigma_S+\mu_S=\sigma_S\beta\cos\theta_S+\mu_S\\ R^*&=\hat{R}^*\sigma_R+\mu_R=\sigma_R\beta\cos\theta_R+\mu_R\end{aligned} \tag{9-41}$$

坐标系 SOR 中的极限状态方程为 $R-S=0$，所以在这条极限状态直线上的验算点 P^*，其坐标也应满足：

$$Z=g(R^*,S^*)=R^*-S^*=0 \tag{9-42}$$

$$\beta=|\overline{\hat{O}P^*}|=\sqrt{(R^*)^2+(S^2)^2} \tag{9-43}$$

如果已知均值 μ_R、μ_S，标准差 σ_R、σ_S，则由公式（9-37）、式（9-41）、式（9-42）即可计算出可靠指标 β 和设计验算点的坐标 R^*、S^*。

2. 多个正态分布随机变量

通过迭代法求解可靠指标 β。

设影响结构可靠度的因素为多个相互独立的随机变量，且均服从正态分布，则极限状态方程为：

$$Z=g(X_1,X_2,\cdots,X_n)=0 \tag{9-44}$$

该方程可以是线性的也可以是非线性的。

首先对变量作标准化变换，引入标准正态随机变量 $\hat{X}_i$，即：

$$\hat{X}_i=\frac{X_i-\mu_i}{\sigma_i} \tag{9-45}$$

则标准正态空间坐标系中，极限状态方程为：

$$Z=g(\hat{X}_1\sigma_1+\mu_1,\hat{X}_2\sigma_2+\mu_2,\cdots,\hat{X}_n\sigma_n+\mu_n)=0 \tag{9-46}$$

在多维情况下，极限状态方程（或称为边界条件）表示为一曲面。因此，问题转化为如何求得原点到曲面的最短距离。图 9-6 为三个随机变量是可靠指标与极限状态方程的关系。P^* 点为设计验算点，其坐标为（$\hat{X}_1^*$，$\hat{X}_2^*$，$\hat{X}_3^*$），在 P^* 点作极限状态曲面的切平面，则切平面到新坐标系原点的法线距离即为 β 值。

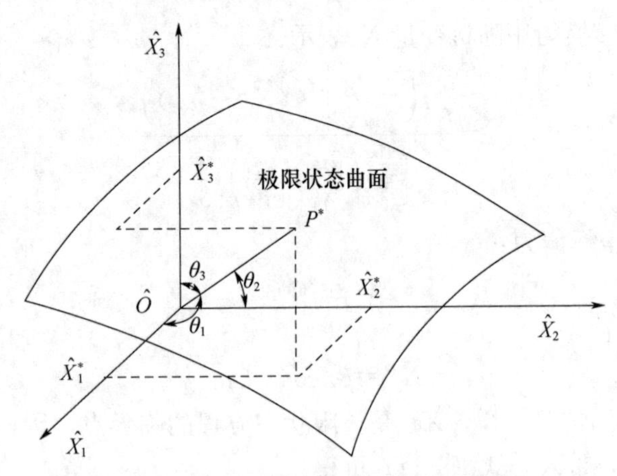

图 9-6　三个随机变量的极限状态曲面

将公式（9-46）在 P^* 按泰勒级数展开且只保留线性项：

$$Z=g(\hat{X}_1^*\sigma_1+\mu_1,\hat{X}_2^*\sigma_2+\mu_2,\cdots,\hat{X}_n^*\sigma_n+\mu_n)+\sum_{i=1}^{n}\frac{\partial g}{\partial\hat{X}_i}\bigg|_{P^*}(\hat{X}_i-\hat{X}_1^*)=0 \tag{9-47}$$

将上式改写为：

$$\sum_{i=1}^{n}\frac{\partial g}{\partial\hat{X}_i}\bigg|_{P^*}\hat{X}_i-\sum_{i=1}^{n}\frac{\partial g}{\partial\hat{X}_i}\bigg|_{P^*}\hat{X}_1^*+g(\hat{X}_1^*\sigma_1+\mu_1,\hat{X}_2^*\sigma_2+\mu_2,\cdots,\hat{X}_n^*\sigma_n+\mu_n)=0 \tag{9-48}$$

与两个正态随机变量情况相似，将上式乘以$\dfrac{-1}{\left[\sum_{i=1}^{n}\left(\dfrac{\partial g}{\partial\hat{X}_i}\bigg|_{P^*}\right)^2\right]^{\frac{1}{2}}}$，则：

$$\frac{\sum_{i=1}^{n}\left(-\dfrac{\partial g}{\partial\hat{X}_i}\bigg|_{P^*}\right)}{\left[\sum_{i=1}^{n}\left(\dfrac{\partial g}{\partial\hat{X}_i}\bigg|_{P^*}\right)^2\right]^{\frac{1}{2}}}\hat{X}_i-\frac{\sum_{i=1}^{n}\left(-\dfrac{\partial g}{\partial\hat{X}_i}\bigg|_{P^*}\right)}{\left[\sum_{i=1}^{n}\left(\dfrac{\partial g}{\partial\hat{X}_i}\bigg|_{P^*}\right)^2\right]^{\frac{1}{2}}}\hat{X}_i^*+\frac{g(\hat{X}_1^*\sigma_1+\mu_1,\hat{X}_2^*\sigma_2+\mu_2,\cdots,\hat{X}_n^*\sigma_n+\mu_n)}{\left[\sum_{i=1}^{n}\left(\dfrac{\partial g}{\partial\hat{X}_i}\bigg|_{P^*}\right)^2\right]^{\frac{1}{2}}}=0 \tag{9-49}$$

则法线 $\hat{O}P^*$ 的方向余弦为：

$$\cos\theta_i=\frac{-\left.\dfrac{\partial g}{\partial\hat{X}_i}\right|_{P^*}}{\left[\sum\limits_{i=1}^{n}\left(\left.\dfrac{\partial g}{\partial\hat{X}_i}\right|_{P^*}\right)^2\right]^{\frac{1}{2}}}=\frac{-\left.\dfrac{\partial g}{\partial\hat{X}_i}\right|_{P^*}\sigma_i}{\left[\sum\limits_{i=1}^{n}\left(\left.\dfrac{\partial g}{\partial\hat{X}_i}\right|_{P^*}\sigma_i\right)^2\right]^{\frac{1}{2}}} \tag{9-50}$$

公式（9-49）改写为高斯平面标准方程，式中 θ_i 为各坐标向量 Z_i 对平面法线的方向角。

$$\sum_{i=1}^{n}Z_i\cos\theta_i-\beta=0 \tag{9-51}$$

上式中常数项的绝对值就是该平面到坐标系原点的法线距离，即可靠指标 β：

$$\beta=\frac{\sum\limits_{i=1}^{n}\left(-\left.\dfrac{\partial g}{\partial\hat{X}_i}\right|_{P^*}\right)}{\left[\sum\limits_{i=1}^{n}\left(\left.\dfrac{\partial g}{\partial\hat{X}_i}\right|_{P^*}\right)^2\right]^{\frac{1}{2}}}\hat{X}_i^*+\frac{g(\hat{X}_1^*\sigma_1+\mu_1,\hat{X}_2^*\sigma_2+\mu_2,\cdots,\hat{X}_n^*\sigma_n+\mu_n)}{\left[\sum\limits_{i=1}^{n}\left(\left.\dfrac{\partial g}{\partial\hat{X}_i}\right|_{P^*}\right)^2\right]^{\frac{1}{2}}} \tag{9-52}$$

由于 X_i^* 为极限状态曲面上的一点，所以：

$$Z=g(\hat{X}_1^*\sigma_1+\mu_1,\hat{X}_2^*\sigma_2+\mu_2,\cdots,\hat{X}_3^*\sigma_n+\mu_n)=0 \tag{9-53}$$

带入公式（9-52）并转换为用随机变量 X_i 表示：

$$\beta=\frac{\sum\limits_{i=1}^{n}\left(-\left.\dfrac{\partial g}{\partial\hat{X}_i}\right|_{P^*}(X_i^*-\mu_{X_i})\right)}{\left[\sum\limits_{i=1}^{n}\left(\left.\dfrac{\partial g}{\partial\hat{X}_i}\right|_{P^*}\sigma_i\right)^2\right]^{\frac{1}{2}}} \tag{9-54}$$

则设计验算点 P^* 的坐标值为：

$$X_i^*=\beta\cos\theta_i \tag{9-55}$$

变换到原坐标系中为：

$$X_i^*=\beta\sigma_i\cos\theta_i+\mu_i \tag{9-56}$$

与两个随机变量的情况一样，X_i^* 是极限状态方程的临界点，因此 X_i^* 可作为设计验算点。将公式（9-56）带入公式（9-44）可得：

$$g(\beta\sigma_1\cos\theta_1+\mu_1,\beta\sigma_2\cos\theta_2+\mu_2,\cdots,\beta\sigma_n\cos\theta_n+\mu_n) \tag{9-57}$$

当 $i=1$，2，…，n 时，公式（9-50）、（9-56）和（9-57）中包含 $2n+1$ 个未知量的方程组，当对所有的 X_i 求导时都需要在 P^* 点赋值，而在求 β 之前 P^* 点是未知的，因此需要对上面三式联立，通过迭代法求解上述方程组，获得可靠指标 β 的值。

因此，对于多个正态随机变量的情况，如果已知基本随机变量的均值和方差，则根据前述内容中的公式求出 β 值，但预先不知道验算点，所以在展开成泰勒级数时，必须先假定一个验算点，例如基本随机变量的均值点，计算过程中用迭代法逐步逼近真正的验算点，修正所得到的 β 值，直到得到满意的结果，这称为改进的二阶矩理论。

3. 非正态变量

前面讨论的问题都是功能函数的基本变量均服从正态分布的情况，实际上荷载效应多为极值Ⅰ型分布，而抗力多为对数正态分布。因此，在采用验算点法计算可靠指标时，需要先将非正态变量 X_i 在验算点 P^* 处转化为正态变量 X'_i，即将非正态分布的随机变量“当量正态化”，也就是要找到一个正态随机变量，使得在验算点处满足：非正态随机变量的分布函数、密度函数与正态随机变量的分布函数、密度函数分别相等，这样的正态变量称为非正态变量相对于验算点处的当量正态变量，如图 9-7 所示。

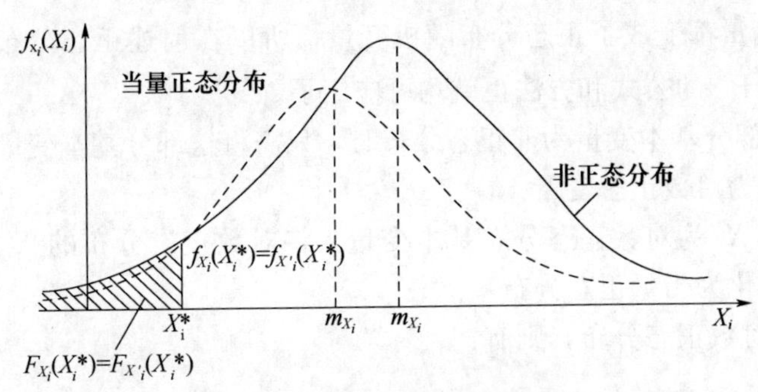

图 9-7　非正态变量的当量正态化

(1) 随机变量为非正态变量

设原非正态随机变量 X_i 的平均值和标准差分别为 μ_{X_i} 和 σ_{X_i}，其概率分布函数和概率密度函数分别为 F_{X_i} 和 $f_{X_i}(X)$。等效转换后的当量正态随机变量 X_i' 的平均值和标准差分别为 $\mu_{X'_i}$ 和 $\sigma_{X'_i}$，其概率分布函数和概率密度函数分别为 $F_{X'_i}(X)$ 和 $f_{X'_i}(X)$。由已知条件，x^* 处正态变量的分布函数与非正态分布函数相等可知：

$$F_{X_i}(X_i^*)=F_{X'_i}(X_i^*)=\Phi\left(\frac{X_i^*-\mu_{X'_i}}{\sigma_{X'_i}}\right) \tag{9-58}$$

式中：Φ() ——标准正态分布函数。

则：

$$\left(\frac{X_i^*-\mu_{X'_i}}{\sigma_{X'_i}}\right)=\Phi^{-1}[F_{X_i}(X_i^*)] \tag{9-59}$$

从而求得当量正态分布的平均值 $\mu_{X'_i}$ 为：

$$\mu_{X'_i}=X_i^*-\Phi^{-1}[F_{X_i}(X_i^*)]\sigma_{X'_i} \tag{9-60}$$

由当量正态化已知条件，x^* 处正态变量的概率密度函数与非正态概率密度函数相等可知：

$$\begin{aligned} f_{X_i}(X_i^*)&=f_{X'_i}(X_i^*)=\frac{1}{\sqrt{2\pi}\sigma_{X'_i}}\exp\left[-\frac{(X_i^*-\mu_{X'_i})^2}{2\sigma_{X'_i}^2}\right] \\ &=\frac{1}{\sigma_{X'_i}}\frac{1}{\sqrt{2\pi}}\exp\left[-\frac{\left(\frac{X_i^*-\mu_{X'_i}}{\sigma_{X'_i}}\right)^2}{2}\right]=\frac{1}{\sigma_{X'_i}}\phi\left[\frac{X_i^*-\mu_{X'_i}}{\sigma_{X'_i}}\right] \end{aligned} \tag{9-61}$$

式中：ϕ() ——标准正态分布概率密度函数。

又由公式 (9-60) 的推导过程知：

$$\frac{X_i^*-\mu_{X'_i}}{\sigma_{X'_i}}=\Phi^{-1}[F_{X_i}(X_i^*)] \tag{9-62}$$

所以有：

$$f_{X_i}(X_i^*)=\frac{1}{\sigma_{X'_i}}\phi\left[\frac{X_i^*-\mu_{X'_i}}{\sigma_{X'_i}}\right]=\frac{1}{\sigma_{X'_i}}\phi(\Phi^{-1}(F_{X_i}(X_i^*))) \tag{9-63}$$

即得：

$$\sigma_{X'_i}=\phi(\Phi^{-1}(F_{X_i}(X_i^*)))/f_{X_i}(X_i^*) \tag{9-64}$$

对于非正态随机变量，以从公式 (9-60)、式 (9-64) 求得的 $\mu_{X'_i}$ 和 $\sigma_{X'_i}$ 分别代替 μ_{X_i} 和

σ_{X_i}，所有的随机变量都变成了正态分布随机变量，所以在前述正态分布基本变量情况下求 β 和设计验算点 P^* 的公式和方法也就均可应用了。

当 X^* 中仅有部分基本变量为非正态分布时，只需将这部分基本变量当量正态化。

（2）随机变量为对数正态变量

如果随机变量 X_i 为对数正态分布基本变量，将对数正态分布的 X_i 直接根据当量化处理的两个条件转化为当量正态分布：

因为 X_i 服从对数正态分布，则有：

$$f_{X_i}(x)=\frac{1}{\sqrt{2\pi}\sigma_{\ln X_i}x}e^{-\frac{(\ln x-\mu_{\ln X_i})^2}{2\sigma_{\ln X_i}^2}} \quad (0<x<\infty) \tag{9-65}$$

所以：

$$F_{X_i}(x)=p(X\leqslant x)=\int_0^x\frac{1}{\sqrt{2\pi}\sigma_{\ln X_i}y}e^{-\frac{(\ln y-\mu_{\ln X_i})^2}{2\sigma_{\ln X_i}^2}}dy \tag{9-66}$$

令：$s=\dfrac{\ln y-\mu_{\ln X_i}}{\sigma_{\ln X_i}}$

则：$dy=y\sigma_{\ln X_i}ds$ 带入上式得：

$$F_{X_i}(x)=\frac{1}{\sqrt{2\pi}}\int_{-\infty}^{\frac{\ln x-\mu_{\ln X_i}}{\sigma_{\ln X_i}}}e^{-\frac{s^2}{2}}ds=\Phi\left(\frac{\ln x-\mu_{\ln X_i}}{\sigma_{\ln X_i}}\right) \tag{9-67}$$

此式实际上将对数正态分布的分布函数转化为了正态分布的分布函数，因此可以利用公式（9-67）从正态分布来计算对数正态分布。

由公式（9-64）、式（9-67），针对随机变量 X_i 为对数正态分布情况得到：

$$\begin{aligned}\sigma_{X'_i}&=\phi(\Phi^{-1}(F_{X_i}(X_i^*)))/f_{X_i}(X_i^*)=\phi\left(\Phi^{-1}\left(\Phi\left(\frac{\ln X_i^*-\mu_{\ln X_i}}{\sigma_{\ln X_i}}\right)\right)\right)/f_{X_i}(X_i^*)\\&=\phi\left(\frac{\ln X_i^*-\mu_{\ln X_i}}{\sigma_{\ln X_i}}\right)/f_{X_i}(X_i^*)=\frac{1}{\sqrt{2\pi}}e^{-\frac{(\ln X_i^*-\mu_{\ln X_i})^2}{2\sigma_{\ln X_i}^2}}\Big/\frac{1}{\sqrt{2\pi}\sigma_{\ln X_i}X_i^*}e^{-\frac{(\ln X_i^*-\mu_{\ln X_i})^2}{2\sigma_{\ln X_i}^2}}=X_i^*\sigma_{\ln X_i}\end{aligned} \tag{9-68}$$

由公式（9-60）、式（9-67）和式（9-68）得：

$$\begin{aligned}\mu_{X'_i}&=X_i^*-\Phi^{-1}[F_{X_i}(X_i^*)]\sigma_{X'_i}=X_i^*-\Phi^{-1}\left[\Phi\left(\frac{\ln X_i^*-\mu_{\ln X_i}}{\sigma_{\ln X_i}}\right)\right]\sigma_{X'_i}\\&=X_i^*-\left[\frac{\ln X_i^*-\mu_{\ln X_i}}{\sigma_{\ln X_i}}\right]\sigma_{X'_i}=X_i^*-\left[\frac{\ln X_i^*-\mu_{\ln X_i}}{\sigma_{\ln X_i}}\right]X_i^*\sigma_{\ln X_i}\\&=X_i^*(1-\ln X_i^*+\mu_{\ln X_i})\end{aligned} \tag{9-69}$$

以从公式（9-68）、式（9-69）求得的 $\mu_{X'_i}$ 和 $\sigma_{X'_i}$ 分别代替 μ_{X_i} 和 σ_{X_i} 后，即可将对数正态随机变量变成正态分布随机变量，接着可按前述公式和方法求 β 和设计验算点 P^*。

【例 9-4】试求一轴压短柱的承载能力可靠指标。已知柱子截面边长 $b=300\text{mm}$，轴压荷载 $P=100\text{kN}$，$\mu_{f_c}=22\text{N/mm}^2$，$\sigma_{f_c}=5\text{N/mm}^2$，$\mu_b=300\text{N/mm}^2$，$\sigma_b=6\text{N/mm}^2$，取短柱材料强度 f_c 及 b 为相互独立的正态随机变量，P 为常数，试用改进二阶矩法求解。

解：该短柱受压承载能力极限状态方程为：

$$Z=g(f_c,b)=b^2 f_c-P=0$$

由于：$\left.\frac{\partial Z}{\partial b}\right|_{P^*}=2b^* f_c^*,\left.\frac{\partial Z}{\partial f_c}\right|_{P^*}=(b^*)^2$

取 $b^*=300$，$f_c^*=22$

由公式（9-50）得：

$$\cos\theta_b=-\frac{2\times300\times22\times6}{\sqrt{(2\times300\times22\times6)^2+(300^2\times5)^2}}=-0.1733$$

$$\cos\theta_{f_c}=-\frac{300^2\times5}{\sqrt{(2\times300\times22\times6)^2+(300^2\times5)^2}}=-0.9849$$

由公式（9-54）得：

$$\beta=-\frac{300^2\times22-100000}{\sqrt{(2\times300\times22\times6)^2+(300^2\times5)^2}}=4.1145$$

由公式（9-56）计算新的设计验算点 X_i^* 坐标为：

$$b^*=300-6\times4.1145\times0.1733=295.7217$$

$$f_c^*=22-5\times4.1145\times0.9849=1.7381$$

以新的 b^* 和 f_c^* 重复以上步骤，计算过程见表 9-2。

表 9-2　β 的迭代求解过程

迭代次数	f_c^*	b^*	β
1	1.7381	295.7217	4.1145
2	1.0973	299.6460	4.1809
3	1.1128	299.7797	4.1776
4	1.1128	299.7797	4.1176

最后得到轴压短柱的承载能力可靠指标为 $\beta=4.1776$。

9.4　相关随机变量的结构可靠度

前面介绍的可靠度分析方法都是以随机变量相互独立为前提的，实际工程中遇到的随机变量之间可能存在着一定的相关性。研究表明，随机变量间的相关性对结构的可靠度有着显著的影响。因此，若随机变量相关，则在结构可靠度分析中应予以考虑。例如，在实际工程中，地震作用效应与重力荷载效应，风荷载与雪荷载，构件截面尺寸与构件材料强度等都具有相关性。结构重力荷载的增大会加大地震作用，这属于正相关；由于风对雪具有飘积作用，风荷载的增大会减小雪荷载（不考虑局部堆雪），这属于负相关。

坐标系中各坐标轴之间不正交，这种坐标系称为广义空间，则前面运用的直角坐标系（笛卡尔空间）就是广义随机空间的一种特例。目前相关随机变量可靠度的研究为在广义空间（仿射坐标系）内建立求解可靠指标的迭代公式。

假设 R 和 S 均为服从正态分布的随机变量，其均值和标准差分别为 μ_R、μ_S 和 σ_R、σ_S，相关系数为 ρ_{RS}，结构功能函数为 $Z=R-S$，则 Z 也服从正态分布。

其均值和标准差分别为：

$$\mu_Z=\mu_R-\mu_S \tag{9-70}$$

$$\sigma_Z=\sqrt{\sigma_R^2-2\rho_{RS}\sigma_R\sigma_S+\sigma_S^2} \tag{9-71}$$

则结构的可靠指标为：

$$\beta=\frac{\mu_Z}{\sigma_Z}=\frac{\mu_R-\mu_S}{\sqrt{\sigma_R^2-2\rho_{RS}\sigma_R\sigma_S+\sigma_S^2}} \tag{9-72}$$

如果结构中的随机变量并不全部服从正态分布，且结构的功能函数也并不一定是线性的，因而就不能再用上面的公式来计算结构的可靠指标。这时，需要利用笛卡尔空间的正态随机变量验算点法，引入灵敏系数 a_i 代替原来的方向余弦，在广义随机空间内引入设计验算点 x^* 来求解结构可靠指标。

9.4.1 正态随机变量和线性功能函数

设 X_1，X_2，…，X_n 为广义随机空间内的 n 个正态随机变量，均值为 μ_{X_i}（$i=1,2,\cdots,n$），标准差为 σ_{X_i}，且 X_i 与 X_j（$i\neq j$）之间的相关系数为 $\rho_{X_iX_j}$，线性功能函数为：

$$Z=a_0+\sum_{i=1}^{n}a_iX_i \tag{9-73}$$

式中，a_0，a_1，…，a_n 为常数。

由于 Z 为正态随机变量的线性函数，所以 Z 也服从正态分布，其平均值和标准差分别为：

$$\mu_Z=a_0+\sum_{i=1}^{n}a_i\mu_{X_i} \tag{9-74}$$

$$\sigma_Z=\sqrt{\sum_{i=1}^{n}\sum_{j=1}^{n}\rho_{X_iX_j}a_ia_j\sigma_{X_i}\sigma_{X_j}} \tag{9-75}$$

可靠指标为：

$$\beta=\frac{\mu_Z}{\sigma_Z}=\frac{a_0+\sum_{i=1}^{n}a_i\mu_{X_i}}{\sqrt{\sum_{i=1}^{n}\sum_{j=1}^{n}\rho_{X_iX_j}a_ia_j\sigma_{X_i}\sigma_{X_j}}} \tag{9-76}$$

为了确定验算点，将 σ_Z 展开成 $a_i\sigma_{X_i}$ 的线性组合，将公式（9-75）改写为：

$$\sigma=-\sum_{i=1}^{n}a_{X_i}a_i\sigma_{X_i} \tag{9-77}$$

式中：a_{X_i}——灵敏系数，表示为：

$$a_{X_i}=\cos\theta_{X_i}=-\frac{\sum_{i=1}^{n}\rho_{X_iX_j}a_i\sigma_{X_i}}{\sqrt{\sum_{i=1}^{n}\sum_{j=1}^{n}\rho_{X_iX_j}a_ia_j\sigma_{X_i}\sigma_{X_j}}} \tag{9-78}$$

公式（9-78）定义的灵敏系数反映了 Z 与 X_i 之间的线性相关性。

由公式（9-75）～（9-78）可知：

$$a_0+\sum_{i=1}^{n}a_iX_i=\mu_Z-\beta\sigma_Z=0 \tag{9-79}$$

即：

$$\sum_{i=1}^{n}a_i(X_i-\mu_{X_i}-\beta a_{X_i}\sigma_{X_i})=0 \tag{9-80}$$

由上式可引入验算点 $x^*=(x_1^*,x_2^*,\cdots,x_n^*)$

其中：

$$x_i^* = \mu_{X_i} + \beta \alpha_{X_i} \sigma_{X_i} \quad (i=1,2,\cdots,n) \tag{9-81}$$

则设计验算点 x^* 是失效面上距离标准化坐标原点最近的点。

9.4.2　非正态随机变量和非线性功能函数

对于非线性功能函数以及非正态分布随机变量的情况，常用方法是将非线性功能函数在验算点处线性展开并保留至一次项，通过当量正态化，将非正态随机变量的可靠度分析问题转化为正态分布随机变量的可靠度分析问题。其中，非正态分布随机变量的当量正态化不改变随机变量间的线性相关性，即 $\rho_{X'_i X'_j} \approx \rho_{X_i X_j}$，其中的方向余弦用灵敏系数代替。计算步骤与变量不相关时的迭代计算过程一样。

9.5　结构体系的可靠度

前面介绍的结构可靠度分析方法，计算的是结构某一种失效模式、一个结构或一个截面的可靠度，其极限状态是唯一的。在实际工程中，结构的构成是复杂的。从构成的材料来看，有脆性材料和延性材料；从力学的图式来看，有静定结构和超静定结构；从结构构件组成的系统来看，有串联系统、并联系统和混联系统等。不论从何种角度来研究其构成，它总是由许多构件所组成的一个体系，根据结构的力学图式、不同材料的破坏形式、不同系统等来研究它的体系可靠度才能较真实地反映其可靠度。

结构体系的失效是结构整体行为，单个构件的可靠度并不能代表整个体系的可靠度。对于结构的设计者来说，最关心的是结构体系的可靠度。由于整体结构的失效总是由结构构件的失效引起的，因此由结构各构件的失效概率估算整体结构的失效概率成为结构体系可靠度分析的主要研究内容。

9.5.1　结构体系基本模型

由于组成结构的方式不同，构件的失效形式不同，从而由构件失效所引起的结构失效方式也各有其特点。按照结构体系失效与构件之间失效的逻辑关系，将结构体系失效模型区分为三种基本形式。

1. 串联模型

如果结构体系中任一构件失效，整个结构也会失效，这种体系称为串联体系，具有这种逻辑关系的结构系统可用串联模型表示。所有静定结构的失效分析均可用串联模型。例如静定桁架结构，其中的一个杆件失效，整个系统就失效，如图 9-8 所示。

2. 并联模型

如果结构中单个构件的失效不会引起体系失效，只有当多个构件都失效后，整个结构才失效，这种体系称为并联体系，超静定结构失效可用并联模型表示。例如，一个多跨排架结构，当所有柱子均失效后，该结构体系失效，如图 9-9 所示。

3. 串并联模型

实际的超静定结构通常有多种失效模式，其中每一种失效模式都可用一个并联体系来模拟，这些并联体系又组成串联体系，构成串并联体系。例如，一单跨刚架结构，在荷载作用下，最终形成塑性铰机构而失效，失效的模式有 3 种，只要其中一种模式出现，结构体系就失效了，如图 9-10 所示。

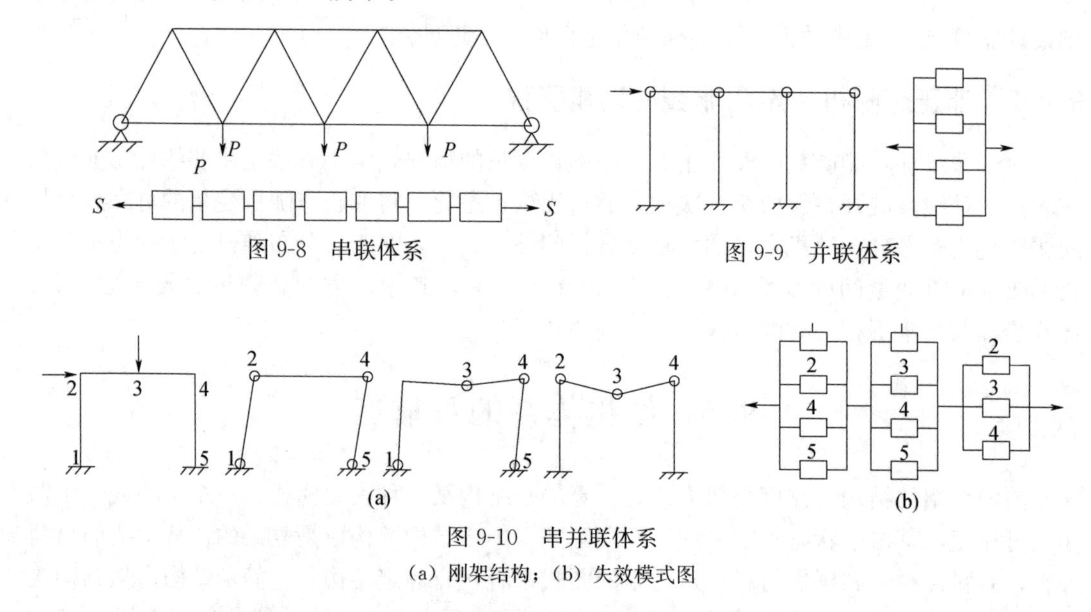

图 9-8　串联体系

图 9-9　并联体系

图 9-10　串并联体系

（a）刚架结构；（b）失效模式图

9.5.2　结构体系可靠度计算的近似计算方法

结构体系可靠度分析可能会涉及两种形式的相关性，即构件间的相关性和失效模式的相关性。目前，这些相关性通常由它们相应的功能函数间的相关性来反映，这就加大了结构体系可靠度计算的复杂性（其复杂性表现在结构抗力间的相关性、构件荷载效应间的相关性、构件失效形态的不唯一性等），使得结构体系可靠度计算非常困难，因而采用近似方法。其中区间估计法是较为常见的一种方法。

思考题

1. 结构功能的要求有哪些？
2. 结构的极限状态分为哪几类？请具体说明主要内容。
3. 什么是结构的可靠度和可靠指标？可靠指标的意义是什么？
4. 简述中心点法和验算点法的基本思路。

第10章　概率极限状态设计法

10.1　土木工程结构设计方法演变简况

工程结构设计方法是随着混凝土结构的产生和发展，经历了从无到有，从经验到科学理论的变化，结构设计方法的演变过程，也就是如何科学合理地保证结构可靠性的过程。随着人们对结构材料及其力学性能认识的深入，以及工程实践经验的积累，结构设计方法也逐步完善，更趋合理。

我国工程结构设计方法经历了以下四个阶段。

10.1.1　容许应力设计方法

从19世纪起，由于较理想的弹性材料（钢材）的广泛应用和弹性分析力学方法的发展，以弹性理论为基础的容许应力法广泛应用于结构设计。在规定的标准荷载作用下，按弹性方法计算的构件截面任一点的应力，应小于或等于材料容许应力值。

容许应力设计法是建立在弹性理论基础上的设计方法。其表达式为：

$$\sigma \leqslant [\sigma]=\frac{f}{K} \tag{10-1}$$

式中：σ——构件在使用阶段（使用荷载作用下）截面上的最大应力；

$[\sigma]$——材料的容许应力；

f——材料的极限强度，由试验而定；

K——安全系数。

容许应力设计法简便、实用，是工程结构中的一种传统设计方法（目前在公路、铁路工程设计中仍在应用）。这种方法存在很多缺点：

① 假定材料是匀质的弹性材料，没有考虑材料塑性性质，设计偏于保守。

② 没有对作用阶段给出明确的定义，只考虑结构承载能力，没有考虑其正常使用时的裂缝和变形情况。

③ 把影响结构可靠性的各种因素（荷载的变异、施工的缺陷、计算公式的误差等）统统归结在反映材料的容许应力上，显然不够合理。

④ 容许应力值的取值凭经验确定，缺乏科学依据。

⑤ 安全系数的取值依据工程经验和主观判断确定。

10.1.2 破损阶段设计方法

钢筋混凝土结构的材料，尤其混凝土是弹塑性材料，采用容许应力法不能正确反映结构的实际受力性能。容许应力方法的缺陷使研究者转向对极限强度理论的探索，奠定了极限强度理论基础。到19世纪40年代，出现了考虑材料塑性的按破损阶段设计方法。

针对容许应力设计方法存在的缺陷，假定材料已达到塑性状态，依据截面所能抵抗的破损内力建立计算公式。按此法设计时，要求作用在截面上的弯矩（轴力、剪力等）不大于极限弯矩除以安全系数K。此法是以构件破坏时的受力状态为依据，其设计表达式为：

$$M \leqslant M_u / K \tag{10-2}$$

式中：M——构件在正常使用阶段由使用荷载产生的截面弯矩。

M_u——构件最终破坏时的极限弯矩。

K——安全系数，用来考虑影响结构安全的所有因素。

破损阶段设计方法的优点：

① 考虑了材料塑性和强度的充分发挥，结束了长期以来假定混凝土为弹性体的局面。

② 采用安全系数，使构件有了总的安全度的概念。

破损阶段设计方法的缺点：

① 没有考虑结构功能的多样性，构件在破损阶段的承载力得以保证，但却无法了解构件在正常使用时能否满足正常使用要求。

② 安全系数K的取值仍须以经验确定，并无严格的科学依据。

③ 采用笼统的单一安全系数，无法就不同荷载、不同材料结构构件安全的影响加以区别对待，不能正确度量结构的安全度。

10.1.3 多系数极限状态设计方法

20世纪50年代至80年代，出现了按极限状态的设计方法，对钢筋混凝土结构提出了承载能力极限状态及正常使用极限状态的要求。在保证满足结构安全性的同时，又提出了满足正常使用的变形和裂缝要求，这就包含了安全性和适用性的设计要求。同时对安全度的考虑也有了进一步的发展，把单一的完全由经验确定的安全系数改变为多系数，其中考虑了荷载变异的荷载系数、材料强度变异的材料强度系数以及工作条件影响系数。其中，部分荷载系数和材料强度系数首次采用概率和统计数学的方法加以确定，这是一个很大的进步。

极限状态设计法的主要概念是明确结构或构件超过某一特定状态就不能满足设计规定的某一功能要求，这种状态被称为极限状态。承载力极限状态要求结构构件可能的最小承载力不小于可能的最大外荷载所产生的截面内力。正常使用极限状态是指对构件的变形及裂缝的形成或开展宽度的限制。

1. 承载能力极限状态

其一般表达式为：

$$M\left(\sum n_i q_{ik}\right) \leqslant m M_u(k_s f_{sk}, k_c f_{ck}, a, \cdots) \tag{10-3}$$

式中：q_{ik}——标准荷载或其效应；

n_i——相应荷载的超载系数；

m——结构构件的工作条件系数；

f_{sk}、f_{ck}——钢筋和混凝土的标准强度；

k_s、k_c——钢筋和混凝土的材料均质系数；

a——结构构件的截面几何特征。

2. 正常使用极限状态

（1）变形验算

按荷载效应的标准组合并考虑荷载长期作用影响后的最大挠度不应超过规范规定的限值来进行验算：

$$f_{max} \leqslant [f_{max}] \tag{10-4}$$

式中：f_{max}——结构构件在荷载标准值作用下的最大挠度；

$[f_{max}]$——容许挠度。

（2）裂缝宽度验算

按荷载效应的标准组合并考虑荷载长期作用影响后的最大裂缝宽度不应超过规范规定的限值来进行验算：

$$\omega_{max} \leqslant [\omega_{max}] \tag{10-5}$$

式中：ω_{max}——结构构件在荷载标准值作用下的最大裂缝宽度；

$[\omega_{max}]$——裂缝宽度容许值。

3. 多系数极限状态设计理论的特点

① 明确提出了结构极限状态的概念，并规定了结构设计的承载能力、变形、裂缝出现和开展三种极限状态，比较全面地考虑了结构的不同工作状态。

② 在承载能力极限状态设计中，不再采用单一的安全系数，而是采用了多个系数来分别反映荷载、材料性能及工作条件等方面随机因素的影响。

③ 将部分荷载及材料强度作为随机变量，采用数理统计手段进行调查分析后确定。

④ 结构分析时，承载能力极限状态以塑性理论为基础，正常使用极限状态以弹性理论为基础，从而继承了容许应力方法和破损阶段方法各自的优点。

多系数极限状态设计法具有近代可靠度理论的一些思路，相比容许应力和破损阶段设计法有很大进步。其安全系数的选取，已经从纯经验性过渡到部分采用概率统计值，因此该方法本质上属于一种半经验半概率的方法。

10.1.4　基于可靠性理论的概率极限状态设计方法

前三种方法存在共同的问题：没有把影响结构可靠性的各类参数都视为随机变量，而是看成定值；在确定各系数取值时，不是用概率的方法，而是用经验或半经验、半统计的方法，因此都属于定值设计法。

20世纪70年代，国际上以概率论和数理统计为基础的结构可靠度理论在土木工程领域逐步进入实用阶段。我国在20世纪70年代中期开始进行建筑结构工程领域的结构可靠度理论及其应用的研究工作，并先后出版了一系列国家标准。我国现行的《混凝土结构设计规范》（GB 50010—2010）是遵照当时颁布的《建筑结构设计统一标准》（GBJ 68—84）的要求，采用了以概率理论为基础的极限状态设计方法。此方法是以概率理论为基础，将作用效应和影响结构抗力的主要因素作为随机变量，经过统计分析来确定结构的失效概率

或可靠指标，以此来度量结构可靠性的结构设计方法。该方法考虑了基本随机变量的概率分布类型，采用分项系数表达式来进行截面计算，因而称为近似概率极限状态设计法。

以概率论为基础的极限状态设计法按照其发展进程和精确程度分为三个水准：

水准Ⅰ——半概率极限状态设计方法。只对影响结构可靠度的部分基本变量进行数理统计分析，并与工程经验结合，引入某些经验系数，此法尚不能定量地估计结构的可靠性。

水准Ⅱ——近似概率极限状态设计法。该法运用概率论和数理统计的方法来度量结构可靠性，建立可靠度与极限状态方程之间的数学关系，在计算可靠度指标时考虑了基本变量的概率分布类型，在设计截面时一般采用分项系数的实用设计表达式。这种方法本是一种严格的概率方法，但因为在分析中忽略或简化了变量随时间变化的关系，在处理极限状态方程和非正态随机变量时又采用了线性化处理，所以这种方法也称为近似概率法。这种方法是我国现阶段颁布的各种规范所采用的设计方法。

水准Ⅲ——全概率极限状态设计法。该法将结构的各种基本变量采用随机变量和随机过程进行描述，以概率论为基础对整个结构进行概率分析，以结构的失效概率作为结构的直接度量。由于这种方法无论在基础数据的统计方面还是在可靠度计算方面都不成熟，目前尚处于研究探索阶段。

目前，我国采用分项系数表达的以概率理论为基础的极限状态设计方法，用可靠指标β度量结构可靠度，按分项系数的设计表达式进行设计。

10.2 结构设计的目标和原则

结构设计的目标是在一定的经济条件下，赋予结构一定的可靠度，使结构在规定的设计使用年限内能满足设计规定的各种功能要求。

10.2.1 结构的安全等级和设计状况

1. 结构的安全等级

结构可靠度设计标准用结构的安全等级来表示房屋的重要性，将建筑结构安全等级划分为三级，而高耸结构设计规范将高耸结构安全等级划分为两级。《建筑结构可靠性设计统一标准》（GB 50068—2018）中指出，建筑结构设计时，应根据结构破坏可能产生的后果，即危及人的生命、造成经济损失、对社会或环境产生影响等的严重性，采用不同的安全等级。建筑结构安全等级的划分应符合表 10-1 的要求。

表 10-1 房屋建筑结构的安全等级

安全等级	破坏后果
一级	很严重：对人的生命、经济、社会或环境影响很大
二级	严重：对人的生命、经济、社会或环境影响较大
三级	不严重：对人的生命、经济、社会或环境影响较小

其中，大量的一般结构宜列入中间等级；重要结构应提高一级；次要结构可降低一级。重要结构和次要结构的划分，应根据建筑结构的破坏后果，即危及人的生命、造成经济损失、对社会或环境产生影响等的严重程度确定。结构安全等级示例，见表 10-2。

表 10-2　结构安全等级

安全等级	示例
一级	大型的公共建筑等重要结构
二级	普通的住宅和办公楼等一般结构
三级	小型的或临时性储存建筑等次要结构

建筑结构抗震设计中的甲类建筑和乙类建筑，其安全等级宜规定为一级；丙类建筑，其安全等级宜规定为二级；丁类建筑，其安全等级宜规定为三级。

建筑物中各类结构构件的安全等级，宜与整个结构的安全等级相同。对其中部分结构构件的安全等级可进行调整，但不得低于三级。如提高某一结构构件的安全等级所需额外费用很少，又能减轻整个结构的破坏从而大大减少人员伤亡和财务损失，则可将该结构构件的安全等级比整个结构的安全等级提高一级；相反，如某一结构构件的破坏并不影响整个结构或其他结构构件，则可将其安全等级降低一级。

2. 设计基准期和设计使用年限

设计基准期是指结构设计时，为统一确定可变荷载及与时间有关的材料性能等取值而规定的年限，它通常是一个固定值。设计基准期是一个基准参数，它的确定不仅涉及可变荷载，还涉及材料性能，是在对大量实测数据进行统计的基础上提出来的，一般情况下不能随意更改。可变荷载是一个随机过程，其标准值是指在结构设计基准期内可能出现的最大值，由设计基准期最大荷载概率分布的某个分位值来确定。例如，现行的建筑结构设计规范中的荷载统计参数是按设计基准期为 50 年确定的，桥梁结构为 100 年，水泥混凝土路面结构不大于 30 年，沥青混凝土路面结构不大于 15 年。

设计使用年限指结构在正常设计、正常施工、正常使用和维护下所应达到的使用年限，在这个年限内，结构只需要进行正常的维护而不需要进行大修就能够按预期目的使用。它不是一个固定值，而是与结构的用途和重要性有关。如果达不到这个年限，则意味着在设计、施工、使用和维护的某一环节上出现了不正常情况，应查找原因。“大修”一般是指对结构的修复会影响结构的使用，如停工、停产或停止使用等。建筑结构设计时，应规定结构的设计使用年限，而无需标明结构的设计基准期、耐久年限、寿命等。

结构设计使用年限是设计中对结构规定的目标使用年限（不同于结构的使用寿命，使用寿命是结构的实际使用年限）。尽管结构设计使用年限与结构设计基准期含义上是不同的，但两者有着一定的联系。设计基准期规定了可变荷载取值时所针对的时间段，当结构设计使用年限与这一时间段不同时，显然采用针对这一时间段的荷载值是不合理的，必须将荷载值调整到设计使用年限所对应的值。

结构的可靠度或失效概率与结构的使用年限长短有关。当结构的实际使用年限超过设计使用年限后，结构失效概率将会比设计时的预期值大，但并不意味着该结构立即丧失功能或报废。《建筑结构可靠性设计统一标准》（GB 50068—2018）中规定了各类建筑结构设计使用年限，见表 10-3。对于普通房屋和构筑物，在设计文件的总说明中应明确结构（含基础）的设计使用年限为 50 年，纪念性建筑和特别重要的建筑结构应为 100 年。设计文件中，不需要给出设计基准期。

表 10-3　建筑结构设计使用年限分类

类别	设计使用年限/年	示例
1	5	临时性结构
2	25	易于替换的结构构件
3	50	普通房屋和构筑物
4	100	纪念性建筑和特别重要的建筑结构

建筑结构的设计基准期应为 50 年，即房屋建筑结构的可变作用取值是按 50 年确定的。

3. 设计状况

结构在施工及使用过程中，其性能及环境条件随时间发生变化，因此进行工程结构设计时，应考虑结构的设计状况。设计状况代表一定时段的一组物理条件，设计应做到结构在该时段内不超越有关的极限状态。

由于结构物在建造和使用过程中所承受的作用和所处环境不同，设计时所采用的结构体系、可靠度水准、设计方法等也应有所区别。因此，建筑结构在设计时，应根据结构在施工和使用中的环境条件和影响，区分 4 种设计状况，结构设计应分别考虑持久设计状况、短暂设计状况、偶然设计状况，对处于地震设防区的结构尚应考虑地震设计状况。

① 持久设计状况：适用于结构使用时的正常情况。

在结构使用过程中一定出现、其持续期很长的状况。持续期一般与设计使用年限为同一数量级，如房屋结构承受家具和正常人员荷载的状况。

② 短暂设计状况：适用于结构出现的临时情况，包括结构施工和维修时的情况等。

在结构施工和使用过程中出现概率较大，而与设计使用年限相比持续时间很短的状况，如结构施工和维修时承受堆料和施工荷载的状况。

③ 偶然设计状况：适用于结构出现的异常情况，包括结构遭受活载、爆炸、撞击时的情况等。

在结构使用过程中出现的概率很小，且持续期很短的状况，如结构遭受火灾、爆炸、撞击、罕遇地震等作用的状况。

④ 地震设计状况：适用于结构遭受地震时的情况。

对于不同的设计状况，应采用相应的结构体系，可考度水平、基本变量和作用组合等进行建筑结构可靠性设计。

4. 基本设计原则

考虑到结构的 4 种设计状况出现概率不同、持续期不同，对结构功能的影响也不同，因此《建筑结构可靠性设计统一标准》（GB 50068—2018）指出，对于建筑结构的 4 种设计状况应分别进行下列极限状态设计：

① 对 4 种设计状况，均应进行承载能力极限值状态设计。

② 对持久状况，尚应进行正常使用极限状态设计，并宜进行耐久性极限状态设计。

③ 对短暂状况和地震设计状况，可根据需要进行正常使用极限状态设计。

在对工程结构设计和建筑结构进行设计时，对各种设计状况，应按不同的极限状态确定相应的结构作用效应的最不利组合。

① 进行承载能力极限状态设计时，应根据不同的设计状况采用下列作用组合：

a. 对于持久设计状况或短暂设计状况，应采用作用的基本组合；

b. 对于偶然设计状况，应采用作用的偶然组合；

c. 对于地震设计状况，应采用作用的地震组合。

② 进行正常使用极限状态设计时，应根据不同设计目的，分别选用下列作用效应的组合：

a. 对于不可逆正常使用极限状态设计，宜采用作用的标准组合；

b. 对于可逆正常使用极限状态设计，宜采用作用的频遇组合；

c. 对于长期效应是决定性因素的正常使用极限状态设计，宜采用作用的准永久组合。

10.2.2　结构构件的目标可靠指标

为了使结构设计既安全又经济合理，必须确定一个公众所能接受的建筑结构的失效概率或可靠指标，这个失效概率或可靠指标就称为目标失效概率（允许失效概率）或目标可靠指标（允许可靠指标），它代表了设计预期所要达到的结构可靠度，是预先给定作为结构设计依据的可靠指标。

1. 确定设计可靠指标的方法

（1）类比法

类比法是参照人们所经历的各种风险，确定一个为公众所能接受的失效概率。通过分析，提出建议，即建筑结构的年失效概率为 1×10^{-5}，相当于房屋在设计基准期 50 年内的失效概率为 4.8×10^{-4}，相当于可靠指标 $\beta=3.29$。由于此法因人而异，所以不易被接受。

（2）校准法

校准法就是根据各基本变量的统计参数和概率分布类型，采用一次二阶矩方法（中心点法）来计算可靠度，通过综合分析和调整，找出适用于现有结构今后进行设计所采用的目标可靠指标的方法。此法是一种比较切实的确定结构可靠指标的方法，被各国采用。《建筑结构可靠度设计统一标准》（GB 50068—2001）中规定的设计可靠指标就是采用此类方法。

2. 结构构件设计的目标可靠指标

（1）承载能力极限状态的可靠指标

结构可靠度设计标准根据结构的安全等级和破坏类型，在校准法的基础上，规定了持久设计状况承载能力极限状态设计的目标可靠指标 $[\beta]$ 值，见表 10-4。可靠指标 β 是度量结构构件可靠性大小的尺度，对有充分的统计数据的结构构件，其可靠性大小可通过可靠指标 β 度量和比较。各类结构构件的安全等级每相差一级，其可靠指标的取值宜相差 0.5。表中规定的 β 值是房屋建筑各种材料结构设计规范应采用的最低值。

表 10-4　结构构件承载能力极限状态设计的可靠指标

破坏类型	安全等级		
	一级	二级	三级
延性破坏	3.7	3.2	2.7
脆性破坏	4.2	3.7	3.2

《公路工程结构可靠度设计统一标准》(GB/T 50283—1999）根据结构的安全等级和破坏类型，在“校准法”的基础上规定了承载能力极限状态设计时的目标可靠指标［β］值，见表10-5、表10-6。

表10-5 公路桥梁结构承载能力极限状态的目标可靠指标［β］值

破坏类型	安全等级		
	一级	二级	三级
延性破坏	4.7	4.2	3.7
脆性破坏	5.2	4.7	4.2

表10-6 公路桥面结构的目标可靠指标［β］值

安全等级	一级	二级	三级
目标可靠指标	1.64	1.28	1.04

(2）正常使用极限状态下的可靠指标

结构构件正常使用的可靠指标，根据其作用效应的可逆程度宜取0～1.5。可逆程度较高的结构构件取较低值；可逆程度较低的结构构件取较高值。

可逆极限状态指产生超越状态的作用被移去后，将不再保持超越状态的一种极限状态；不可逆极限状态指产生超越状态的作用被移去后，仍将永久保持超越状态的一种极限状态。例如，有一简支梁在某一数值的荷载作用后，其挠度超过了允许值，卸去该荷载后，若梁的挠度小于允许值，则为可逆极限状态，其可靠指标取0，若卸去该荷载后，梁的挠度还是超过允许值，则为不可逆极限状态，其可靠指标取1.5。当可逆程度介于可逆与不可逆之间时，可靠指标取0～1.5之间的值。

结构构件持久设计状况耐久性极限状态设计的可靠指标，宜根据其可逆程度取1.0～2.0。

10.3 直接概率设计法

10.3.1 概念

直接概率设计法就是要使所设计结构的可靠度满足某个规定的概率值。也就是说要使失效概率 P_f 在规定的时间段内不应超过目标失效概率（允许失效概率［P］)。其表达式为：

$$P_f \leqslant [P] \tag{10-6}$$

由于可靠指标与失效概率具有一一对应的关系，则失效概率可以用可靠指标 β 来代替，因此也可用下面的表达式：

$$\beta \geqslant [\beta] \tag{10-7}$$

式中：［β］——目标可靠指标（允许可靠指标)。

目前，直接概率设计法主要应用于以下方面：

① 在特定情况下，直接设计某些重要的工程（如核电站的安全壳、海上采油平台、大坝等)。

② 根据规定的可靠度，核准分项系数模式中的分项系数。

③ 对不同设计条件下的结构可靠度进行一致性对比。

10.3.2　直接概率法的基本思路

当结构抗力 R 和荷载效应 S 都服从正态分布时，并且已知统计参数 μ_R、μ_S 和 σ_R、σ_S，结构功能函数为 $Z=R-S$，可靠指标为：

$$\beta=\frac{\mu_Z}{\sigma_Z}=\frac{\mu_R-\mu_S}{\sqrt{\sigma_R^2+\sigma_S^2}} \tag{10-8}$$

给定结构的目标可靠指标 β_0，上式变为：

$$\mu_R-\mu_S-\beta_0\sqrt{(\mu_R\delta_R)^2+(\mu_S\delta_S)^2}=0 \tag{10-9}$$

解之，可得到抗力 R 的平均值 μ_R，利用下面公式可求得结构抗力的标准值，然后进行截面设计。

$$R_k=\mu_R/\chi_R \tag{10-10}$$

10.4　基于分项系数表达的概率极限状态设计法

荷载设计值为荷载代表值乘以荷载分项系数。荷载效应组合简称为荷载组合，对极限状态而言，荷载效应组合是指在所有可能同时出现的荷载作用下，结构或构件内产生的总效应。

从数理统计学的观点来讲，荷载效应组合问题是研究同时出现的几种荷载效应随机过程叠加后的统计特性，因为当结构或构件上同时作用有多种可变荷载时，各种可变荷载不可能同时均以其设计基准期内最大值出现，在同一时点、各种不同值的可变荷载相遇的概率很小。对不同的荷载组合形式，可靠度最小的就是起控制作用的荷载效应组合。

我国《建筑结构可靠度设计统一标准》（GB 50068—2001）和《公路工程结构可靠度设计统一标准》（GB/T 50283—1999）中规定，工程结构设计应根据使用过程中在结构上可能同时出现的荷载，按承载能力极限状态和正常使用极限状态分别确定相应的结构作用效应的最不利组合，并取各自的最不利组合进行设计。

10.4.1　承载能力极限状态下的荷载效应组合

1. 承载能力极限状态设计表达式

结构或结构构件按承载能力极限状态设计时，应按下列规定选用。

（1）结构或结构构件的破坏或过度变形的承载能力极限状态设计，应采用下式进行设计：

$$\gamma_0 S_d \leqslant R_d \tag{10-11}$$

式中：γ_0——结构重要性系数，其值按表 10-7 的规定采用；

S_d——作用组合的效应设计值；

R_d——结构或结构构件抗力的设计值，指这个结构或构件承受作用效应（即内力和变形）的能力，如构件的承载能力、刚度等，应按各有关建筑结构设计规范的规定采用。

表 10-7　结构重要性系数 γ_0

结构重要性系数	对持久设计状况和短暂设计状况			对偶然设计状况和地震设计状况
	安全等级			
	一级	二级	三级	
γ_0	1.1	1.0	0.9	1.0

(2) 结构整体或其一部分作为刚体失去静力平衡的承载能力极限状态设计，应符合下式规定：

$$\gamma_0 S_{d,dst} \leqslant S_{d,stb}$$

式中：$S_{d,dst}$——不平衡作用效应的设计值；

$S_{d,stb}$——平衡作用效应的设计值。

(3) 地基的破坏或过度变形的承载能力极限状态设计，可采用分项系数法进行，但其分项系数的取值与式（10-11）中所包含的分项系数的取值有区别；地基的破坏或过度变形的承载力设计，也可采用容许应力法等方法进行。

(4) 结构或结构构件的疲劳破坏的承载能力极限状态设计，可按现行有关标准的方法进行。

2. 承载能力极限值状态设计表达式中的作用组合，应符合下列规定：

(1) 作用组合应为可能同时出现的作用的组合。

(2) 每个作用组合中应包括一个主导可变作用或一个偶然作用或一个地震作用。

(3) 当结构中永久作用位置的变异，对静力平衡或类似的极限状态设计结果很敏感时，该永久作用的有利部分和不利部分应分别作为单个作用。

(4) 当一种作用产生的几种效应非全相关时，对产生有效效应的作用，其分项系数的取值应予以降低。

(5) 对不同的设计状况应采用不同的作用组合。

3. 承载能力极限状态的荷载效应设计值

(1) 对持久设计状况和短暂设计状况，应采用作用的基本组合并符合下列规定：

① 基本组合的效应设计值按下式中最不利值确定：

由可变荷载控制的组合的荷载效应设计值：

$$S_d = S\left(\sum_{i\geqslant 1}\gamma_{G_i}G_{ik} + \gamma_P P + \gamma_{Q_1}\gamma_{L_1}Q_{1k} + \sum_{j>1}\gamma_{Q_j}\psi_{cj}\gamma_{L_j}Q_{jk}\right) \tag{10-12}$$

式中：S_d——设计荷载效应组合值；

G_{ik}——第 i 个永久作用的标准值；

S（·）——作用组合的效应函数；

P——预应力作用的有关代表值；

Q_{1k}——第 1 个可变作用的标准值（第 1 个可变作用为主导可变作用，即产生最大效应的可变作用）；

Q_{jk}——第 j 个可变作用的标准值；

γ_{G_i}——第 i 个永久作用的分项系数，按表 10-8 采用；

γ_P——预应力作用的分项系数，按表 10-8 采用；

γ_{Q_1}——第 1 个可变作用的分项系数，按表 10-8 采用；

γ_{Q_j}——第 j 个可变作用的分项系数，按表 10-8 采用；

为了达到规定的目标可靠指标值，分项系数的含义是考虑荷载超过其标准值的可能性而对标准值采用的提高系数。基本组合的荷载分项系数按表 10-8 的规定采用：

表 10-8　建筑结构的作用分项系数

适用情况 / 作用分项系数	当作用效应对承载力不利时	当作用效应对承载力有利时
γ_G	1.3	≤1.0
γ_P	1.3	≤1.0
γ_Q	1.5	0

γ_{L_1}、γ_{L_j}——第 1 个和第 j 个考虑结构设计使用年限的荷载调整系数，按表 10-9 采用；

表 10-9　建筑结构考虑结构设计使用年限的荷载调整系数 γ_L

结构的设计使用年限（年）	γ_L
5	0.9
50	1.0
100	1.1

注：对设计使用年限为 25 年的结构构件，γ_L 应按各种材料结构设计标准的规定采用。

新荷载规范引入了可变荷载考虑设计使用年限的调整系数，其目的是为解决设计使用年限与设计基准期不同时对可变荷载标准值的调整问题。当设计使用年限与设计基准期不同时，采用调整系数 γ_L 对可变荷载的标准值进行调整，见表 10-9。

设计基准期是为了统一确定荷载和材料的标准值而规定的年限，它通常是一个固定值。结构上的可变荷载是一个随机过程，其标准值是根据设计基准期来确定的，是指在结构基准期内可能出现的最大值，由设计基准期最大荷载概率分布的某个分位值来确定。

设计使用年限是指设计规定的结构或结构构件不需要进行大修即可按其预定目的使用的时期，它不是一个固定值，与结构的用途和重要性有关。设计使用年限长短对结构设计的影响要从荷载和耐久性两个方面考虑。设计使用年限越长，结构使用中荷载出现“大值”的可能性越大，所以设计中应提高荷载标准值；相反，设计使用年限越短，结构使用中荷载出现“大值”的可能性越小，设计中可降低荷载标准值，以保持结构安全和经济的一致性。耐久性是决定结构设计使用年限的主要因素，这方面应在结构设计规范中考虑。

对设计使用年限为 50 年的结构，其设计使用年限与设计基准期相同，不需调整可变荷载的标准值，取 $\gamma_L=1.0$。本教材附录 B 给出的我国各城市基本风压和基本雪压的重现期（R）为 50 年，当设计中采用了 50 年以上重现期的风压和雪压值作为标准值时，实际上是提高了设计基准期和结构的安全性，不需要再考虑设计使用年限的调整。所以，当采用 100 年重现期的风压和雪压为荷载标准值时，设计使用年限大于 50 年时风、雪荷载的 γ_L 取 1.0。

永久荷载不随时间而变化，因而与 γ_L 无关。

当设计使用年限大于基准期时，除在荷载方面需考虑 γ_L 外，在抗力方面也需要采取相应措施，如采用较高的混凝土强度等级，加大混凝土保护层厚度或对钢筋作涂层处理等，使结构在较长的时间内不致因材料性能劣化而降低可靠度。

ψ_{cj}——第 j 个可变作用的组合值系数，按表 10-10 的规定采用。

表 10-10　可变荷载的组合值系数 ψ_{cj}

可变荷载种类		组合值系数
民用建筑楼面均布活荷载	书库、档案库、储藏室、密集柜书库、通风机房、电梯机房	0.9
	其他	0.7
吊车荷载	工作级别为 A1～A7 的软钩吊车	0.7
	硬钩吊车及工作级别为 A8 的软钩吊车	0.95
雪荷载		0.7
风荷载		0.6
屋面积灰荷载		0.9
温度作用		0.6

公式（10-12）作用组合的效应函数 $S(\cdot)$ 中，符号“$\sum$”和“$+$”均表示组合，即同时考虑所有作用对结构的共同影响，而不表示代数相加。

② 当作用与作用效应按线性关系考虑时，基本组合的效应设计值按下式中最不利值计算：

$$S_d = \sum_{i\geqslant 1}\gamma_{G_i}S_{G_{ik}} + \gamma_P S_P + \gamma_{Q_1}\gamma_{L_1}S_{Q_{1k}} + \sum_{j>1}\gamma_{Q_j}\psi_{cj}\gamma_{L_j}S_{Q_{jk}} \tag{10-13}$$

式中：$S_{G_{ik}}$——第 i 个永久作用的标准值的效应；

S_P——预应力作用的有关代表值的效应；

$S_{Q_{1k}}$——第 1 个可变作用的标准值的效应；

$S_{Q_{jk}}$——第 j 个可变作用的标准值的效应。

当对 $S_{Q_{1k}}$ 无法明显判断时，应轮次以各可变作用效应作为 $S_{Q_{1k}}$，并选取其中最不利的组合效应设计值。

（2）对偶然设计状况，应采用作用的偶然组合，并应符合下列规定：

① 偶然组合的效应设计值按下式确定：

$$S_d = S\left(\sum_{i\geqslant 1}G_{ik} + P + A_d + (\psi_{f1}\text{ 或 }\psi_{q1})Q_{1k} + \sum_{j>1}\psi_{qj}Q_{jk}\right) \tag{10-14}$$

式中：A_d——偶然作用的设计值；

ψ_{f1}——第 1 个可变作用的频遇值系数，应按有关标准的规定采用；

ψ_{q1}、ψ_{qj}——第 1 个和第 j 个可变作用的准永久值系数，应按有关标准的规定采用。

② 当作用与作用效应按线性关系考虑时，偶然组合的效应设计值按下式计算：

$$S_d = \sum_{i\geqslant 1}S_{G_{ik}} + S_P + S_{A_d} + (\psi_{f1}\text{ 或 }\psi_{q1})S_{Q_{1k}} + \sum_{j>1}\psi_{qj}S_{Q_{jk}} \tag{10-15}$$

式中：S_{A_d}——偶然作用设计值的效应。

作用的偶然组合适用于偶然事件发生时的结构验算和发生后受损结构的整体稳固性验算。

（3）多遇烈度下的地震作用效应和其他荷载效应组合后，方可用于构件截面抗震承载力验算。多遇烈度下的地震作用，应视为可变作用而不是偶然作用。结构构件的地震作用内力效应和其他荷载内力效应组合的设计值，可按下式计算：

$$S = \gamma_G S_{GE} + \gamma_{Eh} S_{Ehk} + \gamma_{Ev} S_{Evk} + \psi_W \gamma_W S_{Wk} \tag{10-16}$$

式中：S——结构构件内力组合的设计值，包括组合的弯矩、轴向力和剪力设计值；

γ_G——重力荷载分项系数，一般情况下取 1.2，当重力荷载效应对构件承载能力有利时，不应大于 1.0；

γ_W——风荷载分项系数，一般取 1.5；

γ_{Eh}、γ_{Ev}——分别为水平、竖向地震作用分项系数，按表 10-11 采用；

表 10-11　地震作用分项系数

地震作用	γ_{Eh}	γ_{Ev}
仅计算水平地震作用	1.3	0.0
仅计算竖向地震作用	0.0	1.3
同时计算水平和竖向地震作用（水平地震为主）	1.3	0.5
同时计算水平和竖向地震作用（竖向地震为主）	0.5	1.3

ψ_W——风荷载组合系数，一般结构取 0，风荷载起控制作用的高层建筑可取 0.2，风荷一般不考虑，对烟囱、水塔、高层时才考虑；

S_{GE}——重力荷载代表值的效应，按下面规定取值，有吊车时，尚应包括悬吊物重力标准值的效应；

计算地震作用时，建筑的重力荷载代表值应取结构和构配件自重标准值和各可变荷载组合值之和。各可变荷载的组合值系数，应按表 10-10 采用。

S_{Ehk}——水平地震作用标准值的效应，尚应乘以相应的增大系数或调整系数；

S_{Evk}——竖向地震作用标准值的效应，尚应乘以相应的增大系数或调整系数；

S_{Wk}——风荷载标准值的效应。

10.4.2　正常使用极限状态下荷载效应组合

1. 正常使用极限状态设计表达式

对于正常使用极限状态，主要是验算构件的变形、抗裂度、裂缝宽度等。进行正常使用极限状态验算时，采用荷载的标准值且不考虑结构的重要性，即不考虑荷载分项系数 γ。但要考虑荷载作用时间的长短对变形和裂缝宽度的影响。

对于正常使用极限状态，应根据不同的设计要求，采用荷载的标准组合、频遇组合或准永久组合，并应按下列设计表达式进行设计：

$$S_d \leqslant C \tag{10-17}$$

式中：S_d——作用组合的效应设计值；

C——设计对变形、裂缝等规定的相应限值，应按有关的结构设计标准的规定采用。

2. 正常使用极限状态的荷载效应设计值

按正常使用极限状态设计时，宜根据不同情况采用作用的标准组合、频遇组合或准永久组合，并应符合下列规定：

(1) 标准组合应符合下列规定：

① 荷载标准组合的效应设计值

$$S_d = S(\sum_{i\geqslant1} G_{ik} + P + Q_{1k} + \sum_{j>1} \psi_{cj} Q_{jk}) \tag{10-18}$$

标准组合宜用于当一个极限状态被超越时，将产生严重的永久性损害的情况，即不可逆正常使用极限状态。

② 当作用与作用效应按线性关系考虑时，标准组合的效应设计值按下式计算：

$$S_d = \sum_{i\geqslant1} S_{G_{ik}} + S_P + S_{Q_{1k}} + \sum_{j>1} \psi_{cj} S_{Q_{jk}} \tag{10-19}$$

(2) 频遇组合应符合下列规定：

① 荷载频遇组合的效应设计值

$$S_d = S(\sum_{i\geqslant1} G_{ik} + P + \psi_{f1} Q_{1k} + \sum_{j>1} \psi_{qj} Q_{jk}) \tag{10-20}$$

频遇组合宜用于当一个极限状态被超越时，将产生局部损害、较大变形或短暂振动等情况，即可逆正常使用极限状态。

②当作用与作用效应按线性关系考虑时，频遇组合的效应设计值按下式计算：

$$S_d = \sum_{i\geqslant1} S_{G_{ik}} + S_P + \psi_{f1} S_{Q_{1k}} + \sum_{j>1} \psi_{qj} S_{Q_{jk}} \tag{10-21}$$

式中：$\psi_{f1} S_{Q_{1k}}$——在频遇组合中起控制作用的第一个可变荷载频遇值效应；

$\psi_{qj} S_{Q_{jk}}$——第 i 个可变荷载准永久值效应。

(3) 准永久组合应符合下列规定：

① 荷载准永久组合的效应设计值

$$S_d = S(\sum_{i\geqslant1} G_{ik} + P + \sum_{j\geqslant1} \psi_{qj} Q_{jk}) \tag{10-22}$$

准永久组合宜用于长期效应起决定因素时的正常使用极限状态。

② 当作用与作用效应按线性关系考虑时，准永久组合的效应设计值按下式计算：

$$S_d = \sum_{i\geqslant1} S_{G_{ik}} + S_P + \sum_{j\geqslant1} \psi_{qj} S_{Q_{jk}} \tag{10-23}$$

值得注意的是：组合值系数仅存在于基本组合以及标准组合之中；频遇组合中，当可变荷载多于一种时，除第一可变荷载采用频遇值外，其他可变荷载采用准永久值；通常情况下，针对同一工况，基本组合下的荷载效应值>标准组合下荷载效应值>频遇组合下的荷载效应值>准永久组合下的荷载效应值，根据这一点可验算计算结果的正确性。

10.4.3 结构抗震验算

对结构应采用极限状态设计方法进行抗震设计。抗震规范采用“二阶段”设计法。第一阶段为满足“小震不坏”而进行构件截面抗震承载力验算及结构的弹性变形验算；第二阶段为满足“大震不倒”而进行结构薄弱部位的弹塑性层间变形验算。

1. 截面抗震设计表达式

结构的地震作用效应不应大于结构抗力：

$$S \leqslant R/\gamma_{RE} \tag{10-24}$$

式中：γ_{RE}——承载力抗震调整系数，按表 10-12 采用；

S——结构构件内力组合的设计值，按公式 (10-16) 确定；

R——结构构件承载力设计值，按各有关设计规范的规定计算。

表 10-12　承载力抗震调整系数

材料	结构构件	受力状态	γ_{RE}
钢	柱、梁、支撑、节点板件、螺栓、焊缝柱、支撑	强度 稳定	0.75 0.80
砌体	两端均有构造柱、芯柱的抗震墙 其他抗震墙	受剪 受剪	0.9 1.0
混凝土	梁 轴压比小于 0.15 的柱 轴压比不小于 0.15 的柱 抗震墙 各类构件	受弯 偏压 偏压 偏压 受剪、偏拉	0.75 0.75 0.80 0.85 0.85

2. 抗震变形验算的设计表达式

① 多遇地震作用下，结构最大层间弹性位移验算：

$$\Delta u_e \leqslant [\theta_e]h \tag{10-25}$$

式中：$[\theta_e]$——弹性层间位移角限值；

h——计算楼层层高。

② 罕遇地震作用下，结构薄弱部位的弹塑性层间位移验算：

$$\Delta u_p \leqslant [\theta_p]h \tag{10-26}$$

式中：$[\theta_p]$——弹塑性层间位移角限值。

【例 10-1】某一屋面板，在各种荷载作用下的跨中弯矩标准值如下：永久荷载产生的弯矩 $M_G=2.5\text{kN}\cdot\text{m}$，上人屋面可变荷载产生的弯矩 $M_Q=1.5\text{kN}\cdot\text{m}$，风荷载产生的弯矩 $M_W=0.4\text{kN}\cdot\text{m}$，雪荷载产生的弯矩 $M_G=0.2\text{kN}\cdot\text{m}$，假设设计使用年限为 50 年，试求在承载能力极限状态下屋面板跨中弯矩设计值。

解：

$$\begin{aligned}M_1 &= \sum_{i\geqslant 1}\gamma_{G_i}S_{G_{ik}}+\gamma_P S_P+\gamma_{Q_1}\gamma_{L_1}S_{Q_{1k}}+\sum_{j>1}\gamma_{Q_j}\psi_{cj}\gamma_{L_j}S_{Q_{jk}}\\ &= 1.3\times 2.5+1.5\times 1.0\times 1.5+1.5\times 1.0\times 0.6\times 0.4\\ &= 5.86(\text{kN}\cdot\text{m})\end{aligned}$$

【例 10-2】某一屋面板，在各种荷载作用下的跨中弯矩标准值如下：永久荷载产生的弯矩 $M_G=2.0\text{kN}\cdot\text{m}$，不上人屋面可变荷载产生的弯矩为 $M_Q=1.1\text{kN}\cdot\text{m}$，积灰荷载产生的弯矩 $M_D=0.5\text{kN}\cdot\text{m}$，雪荷载产生的弯矩 $M_G=0.2\text{kN}\cdot\text{m}$，假设设计使用年限为 50 年，试求在承载能力极限状态下屋面板跨中弯矩设计值。

解：

$$\begin{aligned}M_1 &= \sum_{i\geqslant 1}\gamma_{G_i}S_{G_{ik}}+\gamma_P S_P+\gamma_{Q_1}\gamma_{L_1}S_{Q_{1k}}+\sum_{j>1}\gamma_{Q_j}\psi_{cj}\gamma_{L_j}S_{Q_{jk}}\\ &= 1.3\times 2.0+1.5\times 1.0\times 1.1+1.5\times 1.0\times 0.9\times 0.5\\ &= 4.925(\text{kN}\cdot\text{m})\end{aligned}$$

我国《建筑结构荷载规范》中规定：

① 不上人屋面均布活荷载，可不与雪荷载和风荷载同时组合。

不上人屋面的均布活荷载是针对检修或维修而规定的。该条文的具体含义是指不上人屋面（主要是指轻型屋面和大跨无盖结构）的均布活荷载，可以不与雪荷载或者风荷载同时考虑，即均布活荷载通常不与雪荷载同时考虑，计算时以不上人屋面可变荷载标准值与雪荷载标准值中较大值带入荷载效应组合公式中。

对于上人屋面，由于活荷载标准值普遍大于雪荷载，一般可不考虑雪荷载，特种大跨结构由于局部雪荷载较大，需慎重。

② 积灰荷载与雪荷载或不上人屋面均布活荷载两者中的较大值同时考虑。

有雪地区，积灰荷载应与雪荷载同时考虑。此外，考虑到雨季的积灰有可能接近饱和，为了偏于安全此时的积灰荷载的增值，可通过不上人屋面活荷载来补偿。

【例 10-3】 某教学楼中一简支梁，梁跨计算长度为 8m，荷载的标准值中永久荷载（包括梁自重）$g_k=1.2\text{kN/m}$，可变荷载 $q_k=2.4\text{kN/m}$，结构设计使用年限 100 年，试求此梁跨中弯矩设计值分别在承载能力极限状态下的基本组合值 M，在正常使用极限状态下的标准组合值 M_k、频域值 M_f 及准永久值 M_q。

解： 永久荷载引起的弯矩标准值：$M_g=\frac{g_k l^2}{8}=\frac{1.2\times 8^2}{8}=9.6(\text{kN}\cdot\text{m})$

可变荷载引起的弯矩标准值：$M_g=\frac{q_k l^2}{8}=\frac{2.4\times 8^2}{8}=19.2(\text{kN}\cdot\text{m})$

① 承载能力极限状态的基本组合：

$$\begin{aligned} M &= \sum_{i\geqslant 1}\gamma_{G_i}S_{G_{ik}}+\gamma_P S_P+\gamma_{Q_1}\gamma_{L_1}S_{Q_{1k}}+\sum_{j>1}\gamma_{Q_j}\psi_{cj}\gamma_{L_j}S_{Q_{jk}} \\ &= 1.3\times 9.6+1.5\times 1.0\times 19.2=41.28(\text{kN}\cdot\text{m}) \end{aligned}$$

② 正常使用极限状态的标准组合：

$$\begin{aligned} M_k &= \sum_{i\geqslant 1}S_{G_{ik}}+S_P+S_{Q_{1k}}+\sum_{j>1}\psi_{cj}S_{Q_{jk}} \\ &= 9.6+19.2=28.8(\text{kN}\cdot\text{m}) \end{aligned}$$

③ 正常使用极限状态的频遇组合：

$$\begin{aligned} M_f &= \sum_{i\geqslant 1}S_{G_{ik}}+S_P+\psi_{f1}S_{Q_{1k}}+\sum_{j>1}\psi_{qj}S_{Q_{jk}} \\ &= 9.6+0.6\times 19.2=21.12(\text{kN}\cdot\text{m}) \end{aligned}$$

④ 正常使用极限状态的准永久组合：

$$\begin{aligned} M_q &= \sum_{i\geqslant 1}S_{G_{ik}}+S_P+\sum_{j\geqslant 1}\psi_{qj}S_{Q_{jk}} \\ &= 9.6+0.5\times 19.2=19.2(\text{kN}\cdot\text{m}) \end{aligned}$$

思考题

1. 结构的功能要求有哪些？
2. 什么是工程结构的极限状态？极限状态有哪几类？
3. 试述现行规范采用的结构设计表达式中各类系数的含义。
4. 说明结构设计基准期与结构设计使用年限的区别。
5. 说明可靠指标的几何意义。

附录A　常用材料和构件的自重

项次	名称		自重	备注
1	木材（kN/m³）	杉木	4.0	随含水率而不同
		冷杉、云杉、红松、华山松、樟子松、铁杉、拟赤杨、红椿、杨木、枫杨	4.0～5.0	随含水率而不同
		马尾松、云南松、油松、赤松、广东松、桤木、枫香、柳木、檫木、秦岭落叶松、新疆落叶松	5.0～6.0	随含水率而不同
		东北落叶松、陆均松、榆木、桦木、水曲柳、苦楝、木荷、臭椿	6.0～7.0	随含水率而不同
		锥木（栲木）、石栎、槐木、乌墨	7.0～8.0	随含水率而不同
		青冈栎（楮木）、栎木（柞木）、桉树、木麻黄	8.0～9.0	随含水率而不同
		普通木板条、椽檩木料	5.0	随含水率而不同
		锯末	2.0～2.5	加防腐剂时为3kN/m³
		木丝板	4.0～5.0	—
		软木板	2.5	—
		刨花板	6.0	—
2	胶合板材（kN/m²）	胶合三夹板（杨木）	0.019	—
		胶合三夹板（椴木）	0.022	—
		胶合三夹板（水曲柳）	0.028	—
		胶合五夹板（杨木）	0.030	—
		胶合五夹板（椴木）	0.034	—
		胶合五夹板（水曲柳）	0.040	—
		甘蔗板（按10mm厚计）	0.030	常用厚度为13mm、15mm、19mm、25mm
		隔声板（按10mm厚计）	0.030	常用厚度为13mm、20mm
		木屑板（按10mm厚计）	0.120	常用厚度为6mm、10mm
3	金属矿产（kN/m³）	锻铁	77.5	—
		铁矿渣	27.6	—
		赤铁矿	25.0～30.0	—
		钢	78.5	—
		紫铜、赤铜	89.0	—
		黄铜、青铜	85.0	—
		硫化铜矿	42.0	—
		铝	27.0	—

续表

项次	名称		自重	备注
3	金属矿产（kN/m³）	铝合金	28.0	—
		锌	70.5	—
		亚锌矿	40.5	—
		铅	114.0	—
		方铅矿	74.5	—
		金	193.0	—
		白金	213.0	—
		银	105.0	—
		锡	73.5	—
		镍	89.0	—
		水银	136.0	—
		钨	189.0	—
		镁	18.5	—
		锑	66.6	—
		水晶	29.5	—
		硼砂	17.5	—
		硫矿	20.5	—
		石棉矿	21.4	—
		石棉	10.0	压实
		石棉	4.0	松散，含水量不大于15%
		石垩（高岭土）	22.0	—
		石膏矿	25.5	—
		石膏	13.0～14.5	粗块堆放 $\varphi=30°$
				细块堆放 $\varphi=40°$
		石膏粉	9.0	
4	土、砂、砂砾、岩石（kN/m³）	腐殖土	15.0～16.0	干，$\varphi=40°$；湿，$\varphi=35°$；很湿，$\varphi=25°$
		黏土	13.5	干，松，空隙比为1.0
		黏土	16.0	干，$\varphi=40°$，压实
		黏土	18.0	湿，$\varphi=35°$，压实
		黏土	20.0	很湿，$\varphi=25°$，压实
		砂土	12.2	干，松
		砂土	16.0	干，$\varphi=35°$，压实
		砂土	18.0	湿，$\varphi=35°$，压实
		砂土	20.0	很湿，$\varphi=25°$，压实
		砂土	14.0	干，细砂

续表

项次	名称		自重	备注
4	土、砂、砂砾、岩石（kN/m³）	砂土	17.0	干，粗砂
		卵石	16.0～18.0	干
		黏土夹卵石	17.0～18.0	干，松
		砂夹卵石	15.0～17.0	干，松
		砂夹卵石	16.0～19.2	干，压实
		砂夹卵石	18.9～19.2	湿
		浮石	6.0～8.0	干
		浮石填充料	4.0～6.0	—
		砂岩	23.6	—
		页岩	28.0	—
		页岩	14.8	片石堆置
		泥灰石	14.0	$\varphi=40°$
		花岗岩、大理石	28.0	—
		花岗岩	15.4	片石堆置
		石灰石	26.4	—
		石灰石	15.2	片石堆置
		贝壳石灰岩	14.0	—
		白云石	16.0	片石堆置 $\varphi=48°$
		滑石	27.1	—
		火石（燧石）	35.2	—
		云斑石	27.6	—
		玄武岩	29.5	—
		长石	25.5	—
		角闪石、绿石	30.0	—
		角闪石、绿石	17.1	片石堆置
		碎石子	14.0～15.0	堆置
		岩粉	16.0	黏土质或石灰质的
		多孔黏土	5.0～8.0	作填充料用，$\varphi=35°$
		硅藻土填充料	4.0～6.0	—
		辉绿岩板	29.5	—
5	砖及砌块（kN/m³）	普通砖	18.0	240×115×53mm（684块/m³）
		普通砖	19.0	机器制
		缸砖	21.0～21.5	230×110×65mm（609块/m³）
		红缸砖	20.4	—
		耐火砖	19.0～22.0	230×110×65mm（609块/m³）
		耐酸瓷砖	23.0～25.0	230×113×65mm（590块/m³）

续表

项次	名称		自重	备注
5	砖及砌块（kN/m³）	灰砂砖	18.0	砂：白灰=92：8
		煤渣砖	17.0～18.5	—
		矿渣砖	18.5	硬矿渣：烟灰：石灰=75：15：10
		焦渣砖	12.0～14.0	—
		烟灰砖	14.0～15.0	炉渣：电石渣：烟灰=30：40：30
		黏土坯	12.0～15.0	—
		锯末砖	9.0	—
		焦渣空心砖	10.0	290×290×140mm（85块/m³）
		水泥空心砖	9.8	290×290×140mm（85块/m³）
		水泥空心砖	10.3	300×250×110mm（121块/m³）
		水泥空心砖	9.6	300×250×160mm（83块/m³）
		蒸压粉煤灰砖	14.0～16.0	干重度
		陶粒空心砌块	5.0	长600mm、400mm，宽150mm、250mm，高250mm、200mm
			6.0	390×290×190mm
		粉煤灰轻渣空心砌块	7.0～8.0	390×290×190mm 390×240×190mm
		蒸压粉煤灰加气混凝土砌块	5.5	—
		混凝土空心小砌块	11.8	390×190×190mm
		碎砖	12.0	堆置
		水泥花砖	19.8	200×200×24mm（1042块/m³）
		瓷面砖	17.8	150×150×8mm（5556块/m³）
		陶瓷马赛克	0.12kN/m²	厚5mm
6	石灰、水泥、灰浆及混凝土（kN/m³）	生石灰块	11.0	堆置，$\varphi=30°$
		生石灰粉	12.0	堆置，$\varphi=35°$
		熟石灰膏	13.5	—
		石灰砂浆、混合砂浆	17.0	—
		水泥石灰焦渣砂浆	14.0	—
		石灰炉渣	10.0～12.0	—
		水泥炉渣	12.0～14.0	—
		石灰焦渣砂浆	13.0	—
		灰土	17.5	石灰：土=3：7，夯实
		稻草石灰泥	16.0	—
		纸筋石灰泥	16.0	—

续表

项次	名　称		自重	备　注
6	石灰、水泥、灰浆及混凝土（kN/m^3）	石灰锯末	3.4	石灰：锯末＝1：3
		石灰三合土	17.5	石灰、砂子、卵石
		水泥	12.5	轻质松散，$\varphi=20°$
		水泥	14.5	散装，$\varphi=30°$
		水泥	16.0	袋装压实，$\varphi=40°$
		矿渣水泥	14.5	—
		水泥砂浆	20.0	—
		水泥蛭石砂浆	5.0～8.0	—
		石棉水泥浆	19.0	—
		膨胀珍珠岩砂浆	7.0～15.0	—
		石膏砂浆	12.0	—
		碎砖混凝土	18.5	—
		素混凝土	22.0～24.0	振捣或不振捣
		矿渣混凝土	20.0	—
		焦渣混凝土	16.0～17.0	承重用
		焦渣混凝土	10.0～14.0	填充用
		铁屑混凝土	28.0～65.0	—
		浮石混凝土	9.0～14.0	—
		沥青混凝土	20.0	—
		无砂大孔混凝土	16.0～19.0	—
		泡沫混凝土	4.0～6.0	—
		加气混凝土	5.5～7.5	单块
		石灰粉煤灰加气混凝土	6.0～6.5	—
		钢筋混凝土	24.0～25.0	—
		碎砖钢筋混凝土	20.0	—
		钢丝网水泥	25.0	用于承重结构
		水玻璃耐酸混凝土	20.0～23.5	—
		粉煤灰陶砾混凝土	19.5	—
7	沥青、煤灰、油料（kN/m^3）	石油沥青	10.0～11.0	根据相对密度
		柏油	12.0	—
		煤沥青	13.4	—
		煤焦油	10.0	—
		无烟煤	15.5	整体
		无烟煤	9.5	块状堆放，$\varphi=30°$
		无烟煤	8.0	碎状堆放，$\varphi=35°$
		煤末	7.0	堆放，$\varphi=15°$

续表

项次	名 称		自重	备 注
7	沥青、煤灰、油料（kN/m³）	煤球	10.0	堆放
		褐煤	12.5	—
		褐煤	7.0～8.0	堆放
		泥炭	7.5	—
		泥炭	3.2～3.4	堆放
		木炭	3.0～5.0	—
		煤焦	12.0	—
		煤焦	7.0	堆放，$\varphi=45°$
		焦渣	10.0	—
		煤灰	6.5	—
		煤灰	8.0	压实
		石墨	20.8	—
		煤蜡	9.0	—
		油蜡	9.6	—
		原油	8.8	—
		煤油	8.0	—
		煤油	7.2	桶装，相对密度 0.82～0.89
		润滑油	7.4	—
		汽油	6.7	—
		汽油	6.4	桶装，相对密度 0.72～0.76
		动物油	9.3	—
		豆油	8.0	大铁桶装，每桶 360kg
8	杂项（kN/m³）	普通玻璃	25.6	—
		钢丝玻璃	26.0	—
		泡沫玻璃	3.0～5.0	—
		玻璃棉	0.5～1.0	作绝缘层填充料用
		岩棉	0.5～2.5	—
		沥青玻璃棉	0.8～1.0	导热系数 0.035～0.047［W/（m·K）］
		玻璃棉板（管套）	1.0～1.5	
		玻璃钢	14.0～22.0	—
		矿渣棉	1.2～1.5	松散，导热系数 0.031～0.044［W/（m·K）］
		矿渣棉制品（板、砖、管）	3.5～4.0	导热系数 0.047～0.070［W/（m·K）］
		沥青矿渣棉	1.2～1.6	导热系数 0.041～0.052［W/（m·K）］

续表

项次	名称		自重	备注
8	杂项（kN/m^3）	膨胀珍珠岩粉料	0.8～2.5	干，松散，导热系数0.052～0.076［W/（m·K）］
		水泥珍珠岩制品、憎水珍珠岩制品	3.5～4.0	强度$1N/m^2$；导热系数0.058～0.081［W/（m·K）］
		膨胀蛭石	0.8～2.0	导热系数0.052～0.070［W/（m·K）］
		沥青蛭石制品	3.5～4.5	导热系数0.081～0.105［W/（m·K）］
		水泥蛭石制品	4.0～6.0	导热系数0.093～0.140［W/（m·K）］
		聚氯乙烯板（管）	13.6～16.0	—
		聚苯乙烯泡沫塑料	0.5	导热系数不大于0.035［W/（m·K）］
		石棉板	13.0	含水率不大于3%
		乳化沥青	9.8～10.5	—
		软性橡胶	9.30	—
		白磷	18.30	—
		松香	10.70	—
		磁	24.00	—
		酒精	7.85	100%纯
		酒精	6.60	桶装，相对密度0.79～0.82
		盐酸	12.00	浓度40%
		硝酸	15.10	浓度91%
		硫酸	17.90	浓度87%
		火碱	17.00	浓度60%
		氯化铵	7.5	袋装堆放
		尿素	7.5	袋装堆放
		碳酸氢铵	8.00	袋装堆放
		水	10.00	温度4℃密度最大时
		冰	8.96	—
		书籍	5.00	书架藏置
		道林纸	10.00	—
		报纸	7.00	—
		宣纸类	4.00	—
		棉花、棉纱	4.00	压紧平均重量
		稻草	1.20	—
		建筑碎料（建筑垃圾）	15.00	—

续表

项次	名　称		自重	备　注
9	食品（kN/m³）	稻谷	6.00	$\varphi=35°$
		大米	8.5	散放
		豆类	7.50～8.00	$\varphi=20°$
		豆类	6.80	袋装
		小麦	8.00	$\varphi=25°$
		面粉	7.00	—
		玉米	7.80	$\varphi=28°$
		小米、高粱	7.00	散装
		小米、高粱	6.00	袋装
		芝麻	4.50	袋装
		鲜果	3.50	散装
		鲜果	3.00	箱装
		花生	2.00	袋装带壳
		罐头	4.50	箱装
		酒、酱、油、醋	4.00	成瓶箱装
		豆饼	9.00	圆饼放置，每块28kg
		矿盐	10.0	成块
		盐	8.60	细粒散装
		盐	8.10	袋装
		砂糖	7.50	散装
		砂糖	7.00	袋装
10	砌体（kN/m³）	浆砌细方石	26.4	花岗石，方整石块
		浆砌细方石	25.6	石灰石
		浆砌细方石	22.4	砂岩
		浆砌毛方石	24.8	花岗石，上下面大致平整
		浆砌毛方石	24.0	石灰石
		浆砌毛方石	20.8	砂岩
		干砌毛石	20.8	花岗石，上下面大致平整
		干砌毛石	20.0	石灰石
		干砌毛石	17.6	砂岩
		浆砌普通砖	18.0	—
		浆砌机砖	19.0	—
		浆砌缸砖	21.0	—
		浆砌耐火砖	22.0	—
		浆砌矿渣砖	21.0	—
		浆砌焦渣砖	12.5～14.0	—

续表

项次	名　称		自重	备　注
10	砌体（kN/m³）	土坯砖砌体	16.0	—
		黏土砖空斗砌体	17.0	中填碎瓦砾，一眠一斗
		黏土砖空斗砌体	13.0	全斗
		黏土砖空斗砌体	12.5	不能承重
		黏土砖空斗砌体	15.0	能承重
		粉煤灰泡沫砌块砌体	8.0～8.5	粉煤灰：电石渣：废石膏＝74：22：4
		三合土	17.0	灰：砂：土＝1：1：9～1：1：4
11	隔墙与墙面（kN/m²）	双面抹灰板条隔墙	0.9	每面抹灰厚16～24mm，龙骨在内
		单面抹灰板条隔墙	0.5	灰厚16～24mm，龙骨在内
		C形轻钢龙骨隔墙	0.27	两层12mm纸面石膏板，无保温层
			0.32	两层12mm纸面石膏板，中填岩棉保温板50mm
			0.38	三层12mm纸面石膏板，无保温层
			0.43	三层12mm纸面石膏板，中填岩棉保温板50mm
			0.49	四层12mm纸面石膏板，无保温层
		C形轻钢龙骨隔墙	0.54	四层12mm纸面石膏板，中填岩棉保温板50mm
		贴瓷砖墙面	0.50	包括水泥砂浆打底，共厚25mm
		水泥粉刷墙面	0.36	20mm厚，水泥粗砂
		水磨石墙面	0.55	25mm厚，包括打底
		水刷石墙面	0.50	25mm厚，包括打底
		石灰粗砂粉刷	0.34	20mm厚
		剁假石墙面	0.50	25mm厚，包括打底
		外墙拉毛墙面	0.70	包括25mm厚水泥砂浆打底
12	屋架、门窗（kN/m²）	木屋架	$0.07+0.007l$	按屋面水平投影面积计算，跨度l以m计算
		钢屋架	$0.12+0.011l$	无天窗，包括支撑，按屋面水平投影面积计算，跨度l以m计算
		木框玻璃窗	0.20～0.30	—

续表

项次	名称		自重	备注
12	屋架、门窗（kN/m²）	钢框玻璃窗	0.40～0.45	—
		木门	0.10～0.20	—
		钢铁门	0.40～0.45	—
13	屋顶（kN/m²）	黏土平瓦屋面	0.55	按实际面积计算，下同
		水泥平瓦屋面	0.50～0.55	—
		小青瓦屋面	0.90～1.10	—
		冷摊瓦屋面	0.50	—
		石板瓦屋面	0.46	厚 6.3mm
		石板瓦屋面	0.71	厚 9.5mm
		石板瓦屋面	0.96	厚 12.1mm
		麦秸泥灰顶	0.16	以 10mm 厚计
		石棉板瓦	0.18	仅瓦自重
		波形石棉瓦	0.20	1820×725×8mm
		镀锌薄钢板	0.05	24 号
		瓦楞铁	0.05	26 号
		彩色钢板波形瓦	0.12～0.13	0.6mm 厚彩色钢板
		拱形彩色钢板屋面	0.30	包括保温及灯具重 0.15kN/m²
		有机玻璃屋面	0.06	厚 1.0mm
		玻璃屋顶	0.30	9.5mm 夹丝玻璃，框架自重在内
		玻璃砖顶	0.65	框架自重在内
		油毡防水层（包括改性沥青防水卷材）	0.05	一层油毡刷油两遍
			0.25～0.30	四层做法，一毡二油上铺小石子
		油毡防水层（包括改性沥青防水卷材）	0.30～0.35	六层做法，二毡三油上铺小石子
			0.35～0.40	八层做法，三毡四油上铺小石子
		捷罗克防水层	0.10	厚 8mm
		屋顶天窗	0.35～0.40	9.5mm 夹丝玻璃，框架自重在内
14	顶棚（kN/m²）	钢丝网抹灰吊顶	0.45	—
		麻刀灰板条顶棚	0.45	吊木在内，平均灰厚 20mm
		砂子灰板条顶棚	0.55	吊木在内，平均灰厚 25mm
		苇箔抹灰顶棚	0.48	吊木龙骨在内
		松木板顶棚	0.25	吊木在内

续表

项次	名称		自重	备注
14	顶棚 (kN/m²)	三夹板顶棚	0.18	吊木在内
		马粪纸顶棚	0.15	吊木及盖缝条在内
		木丝板吊顶棚	0.26	厚25mm，吊木及盖缝条在内
		木丝板吊顶棚	0.29	厚30mm，吊木及盖缝条在内
		隔声纸板顶棚	0.17	厚10mm，吊木及盖缝条在内
		隔声纸板顶棚	0.18	厚13mm，吊木及盖缝条在内
		隔声纸板顶棚	0.20	厚20mm，吊木及盖缝条在内
		V形轻钢龙骨吊顶	0.12	一层9mm纸面石膏板，无保温层
			0.17	二层9mm纸面石膏板，有厚50mm的岩棉板保温层
			0.20	二层9mm纸面石膏板，无保温层
			0.25	三层9mm纸面石膏板，有厚50mm的岩棉板保温层
		V形轻钢龙骨及铝合金龙骨吊顶	0.10～0.12	一层矿棉吸声板厚15mm，无保温层
		顶棚上铺焦渣锯末绝缘层	0.20	厚50mm焦渣、锯末按1∶5混合
15	地面 (kN/m²)	地板格栅	0.20	仅格栅自重
		硬木地板	0.20	厚25mm，剪刀撑、钉子等自重在内，不包括格栅自重
		松木地板	0.18	—
		小瓷砖地面	0.55	包括水泥粗砂打底
		水泥花砖地面	0.60	砖厚25mm，包括水泥粗砂打底
		水磨石地面	0.65	10mm面层，20mm水泥砂浆打底
		油地毡	0.02～0.03	油地纸，地板表面用
		木块地面	0.70	加防腐油膏铺砌厚76mm
		菱苦土地面	0.28	厚20mm
		铸铁地面	4.00～5.00	60mm碎石垫层，60mm面层
		缸砖地面	1.70～2.10	60mm砂垫层，53mm面层，平铺
		缸砖地面	3.30	60mm砂垫层，115mm面层，侧铺
		黑砖地面	1.50	砂垫层，平铺
16	建筑用压型钢板 (kN/m²)	单波型V-300（S-30）	0.120	波高173mm，板厚0.8mm
		双波型W-500	0.110	波高130mm，板厚0.8mm
		三波型V-200	0.135	波高70mm，板厚1mm
		多波型V-125	0.065	波高35mm，板厚0.6mm
		多波型V-115	0.079	波高35mm，板厚0.6mm

续表

项次	名称			自重	备注
17	建筑墙板（kN/m^2）	彩色钢板金属幕墙板		0.11	两层，彩色钢板厚 0.6mm，聚苯乙烯芯材厚 25mm
		金属绝热材料（聚氨酯）复合板		0.14	板厚 40mm，钢板厚 0.6mm
				0.15	板厚 60mm，钢板厚 0.6mm
				0.16	板厚 80mm，钢板厚 0.6mm
		彩色钢板夹聚苯乙烯保温板		0.12～0.15	两层，彩色钢板厚 0.6mm，聚苯乙烯芯材板厚（50～250）mm
		彩色钢板岩棉夹芯板		0.24	板厚 100mm，两层彩色钢板，Z 型龙骨岩棉芯材
				0.25	板厚 120mm，两层彩色钢板，Z 型龙骨岩棉芯材
		GRC 增强水泥聚苯复合保温板		1.13	—
		GRC 空心隔墙板		0.30	长（2400～2800）mm，宽 600mm，厚 60mm
		GRC 内隔墙板		0.35	长（2400～2800）mm，宽 600mm，厚 60mm
		轻质 GRC 保温板		0.14	3000×600×60mm
		轻质 GRC 空心隔墙扳		0.17	3000×600×60mm
		轻质大型墙板（太空板系列）		0.70～0.90	6000×1500×120mm，高强水泥发泡芯材
		轻质条型墙板（太空板系列）	厚度 80m	0.40	标准规格 3000mm×1000（1200、1500）mm 高强水泥发泡
		轻质条型墙板（太空板系列）	厚度 100mm	0.45	芯材，按不同檩距及荷载配有不同钢骨架及冷拔钢丝网
			厚度 120mm	0.50	
		GRC 墙板		0.11	厚 10mm
		钢丝网岩棉夹芯复合板（GY 板）		1.10	岩棉芯材厚 50mm，双面钢丝网水泥砂浆各厚 25mm
		硅酸钙板		0.08	板厚 6mm
				0.10	板厚 8mm
				0.12	板厚 10mm
		泰柏板		0.95	板厚 10mm，钢丝网片夹聚苯乙烯保温层，每面抹水泥砂浆层 20mm
		蜂窝复合板		0.14	板厚 75mm
		石膏珍珠岩空心条板		0.45	长（2500～3000）mm，宽 600mm，厚 60mm
		加强型水泥石膏聚苯保温板		0.17	3000mm×600mm×60mm
		玻璃幕墙		1.00～1.50	一般可按单位面积玻璃自重增大 20%～30%采用

附录B 全国各城市的雪压、风压和基本气候

省市名	城市名	海拔高度（m）	风压（kN/m²）			雪压（kN/m²）			基本气温（℃）		雪荷载准永久值系数分区
			$R=10$	$R=50$	$R=100$	$R=10$	$R=50$	$R=100$	最低	最高	
北京	北京市	54.0	0.30	0.45	0.50	0.25	0.40	0.45	−13	36	Ⅱ
天津	天津市	3.3	0.30	0.50	0.60	0.25	0.40	0.45	−12	35	Ⅱ
	塘沽	3.2	0.40	0.55	0.65	0.20	0.35	0.40	−12	35	Ⅱ
上海	上海市	2.8	0.40	0.55	0.60	0.10	0.20	0.25	−4	36	Ⅲ
重庆	重庆市	259.1	0.25	0.40	0.45	—	—	—	1	37	—
	奉节	607.3	0.25	0.35	0.45	0.20	0.35	0.40	−1	35	Ⅲ
	梁平	454.6	0.20	0.30	0.35	—	—	—	−1	36	—
	万州	186.7	0.20	0.35	0.45	—	—	—	0	38	—
	涪陵	273.5	0.20	0.30	0.35	—	—	—	1	37	—
	金佛山	1905.9	—	—	—	0.35	0.50	0.60	−10	25	Ⅱ
河北	石家庄市	80.5	0.25	0.35	0.40	0.20	0.30	0.35	−11	36	Ⅱ
	蔚县	909.5	0.20	0.30	0.35	0.20	0.30	0.35	−24	33	Ⅱ
	邢台市	76.8	0.20	0.30	0.35	0.25	0.35	0.40	−10	36	Ⅱ
	丰宁	659.7	0.30	0.40	0.45	0.15	0.25	0.30	−22	33	Ⅱ
	围场	842.8	0.35	0.45	0.50	0.20	0.30	0.35	−23	32	Ⅱ
	张家口市	724.2	0.35	0.55	0.60	0.15	0.25	0.30	−18	34	Ⅱ
	怀来	536.8	0.25	0.35	0.40	0.15	0.20	0.25	−17	35	Ⅱ
	承德市	377.2	0.30	0.40	0.45	0.20	0.30	0.35	−19	35	Ⅱ
	遵化	54.9	0.30	0.40	0.45	0.25	0.40	0.50	−18	35	Ⅱ

续表

省市名	城市名	海拔高度（m）	风压（kN/m²）			雪压（kN/m²）			基本气温（℃）		雪荷载准永久值系数分区
			R=10	R=50	R=100	R=10	R=50	R=100	最低	最高	
河北	青龙	227.2	0.25	0.30	0.35	0.25	0.40	0.45	−19	34	Ⅱ
	秦皇岛市	2.1	0.35	0.45	0.50	0.15	0.25	0.30	−15	33	Ⅱ
	霸县	9.0	0.25	0.40	0.45	0.20	0.30	0.35	−14	36	Ⅱ
	唐山市	27.8	0.30	0.40	0.45	0.20	0.35	0.40	−15	35	Ⅱ
	乐亭	10.5	0.30	0.40	0.45	0.25	0.40	0.45	−16	34	Ⅱ
	保定市	17.2	0.30	0.40	0.45	0.20	0.35	0.40	−12	36	Ⅱ
	饶阳	18.9	0.30	0.35	0.40	0.20	0.30	0.35	−14	36	Ⅱ
	沧州市	9.6	0.30	0.40	0.45	0.20	0.30	0.35	—	—	Ⅱ
	黄骅	6.6	0.30	0.40	0.45	0.20	0.30	0.35	−13	36	Ⅱ
	南宫市	27.4	0.25	0.35	0.40	0.15	0.25	0.30	−13	37	Ⅱ
山西	太原市	778.3	0.30	0.40	0.45	0.25	0.35	0.40	−16	34	Ⅱ
	右玉	1345.8	—	—	—	0.20	0.30	0.35	−29	31	Ⅱ
	大同市	1067.2	0.35	0.55	0.65	0.15	0.25	0.30	−22	32	Ⅱ
	河曲	861.5	0.30	0.50	0.60	0.20	0.30	0.35	−24	35	Ⅱ
	五寨	1401.0	0.30	0.40	0.45	0.20	0.25	0.30	−25	31	Ⅱ
	兴县	1012.6	0.25	0.45	0.55	0.20	0.25	0.30	−19	34	Ⅱ
	原平	828.2	0.30	0.50	0.60	0.20	0.30	0.35	−19	34	Ⅱ
	离石	950.8	0.30	0.45	0.50	0.20	0.30	0.35	−19	34	Ⅱ
	阳泉市	741.9	0.30	0.40	0.45	0.20	0.35	0.40	−13	34	Ⅱ
	榆社	1041.4	0.20	0.30	0.35	0.20	0.30	0.35	−17	33	Ⅱ
	隰县	1052.7	0.25	0.35	0.40	0.20	0.30	0.35	−16	34	Ⅱ
	介休	743.9	0.25	0.40	0.45	0.20	0.30	0.35	−15	35	Ⅱ
	临汾市	449.5	0.25	0.40	0.45	0.15	0.25	0.30	−14	37	Ⅱ

续表

省市名	城市名	海拔高度(m)	风压（kN/m²）			雪压（kN/m²）			基本气温（℃）		雪荷载准永久值系数分区
			$R=10$	$R=50$	$R=100$	$R=10$	$R=50$	$R=100$	最低	最高	
山西	长治县	991.8	0.30	0.50	0.60	—	—	—	−15	32	—
	运城市	376.0	0.30	0.45	0.50	0.15	0.25	0.30	−11	38	Ⅱ
	阳城	659.5	0.30	0.45	0.50	0.20	0.30	0.35	−12	34	Ⅱ
内蒙古	呼和浩特市	1063.0	0.35	0.55	0.60	0.25	0.40	0.45	−23	33	Ⅱ
	额右旗拉布达林	581.4	0.35	0.50	0.60	0.35	0.45	0.50	−41	30	Ⅰ
	牙克石市图里河	732.6	0.30	0.40	0.45	0.40	0.60	0.70	−42	28	Ⅰ
	满洲里市	661.7	0.50	0.65	0.70	0.20	0.30	0.35	−35	30	Ⅰ
	海拉尔市	610.2	0.45	0.65	0.75	0.35	0.45	0.50	−38	30	Ⅰ
	鄂伦春小二沟	286.1	0.30	0.40	0.45	0.35	0.50	0.55	−40	31	Ⅰ
	新巴尔虎右旗	554.2	0.45	0.60	0.65	0.25	0.40	0.45	−32	32	Ⅰ
	新巴尔虎左旗阿木古郎	642.0	0.40	0.55	0.60	0.25	0.35	0.40	−34	31	Ⅰ
	牙克石市博克图	739.7	0.40	0.55	0.60	0.35	0.55	0.65	−31	28	Ⅰ
	扎兰屯市	306.5	0.30	0.40	0.45	0.35	0.55	0.65	−28	32	Ⅰ
	科右翼前旗阿尔山	1027.4	0.35	0.50	0.55	0.45	0.60	0.70	−37	27	Ⅰ
	科右翼前旗索伦	501.8	0.45	0.55	0.60	0.25	0.35	0.40	−30	31	Ⅰ
	乌兰浩特市	274.7	0.40	0.55	0.60	0.20	0.30	0.35	−27	32	Ⅰ
	东乌珠穆沁旗	838.7	0.35	0.55	0.65	0.20	0.30	0.35	−33	32	Ⅰ
	额济纳旗	940.5	0.40	0.60	0.70	0.05	0.10	0.15	−23	39	Ⅱ
	额济纳旗拐子湖	960.0	0.45	0.55	0.60	0.05	0.10	0.10	−23	39	Ⅱ
	阿左旗巴彦毛道	1328.1	0.40	0.55	0.60	0.10	0.15	0.20	−23	35	Ⅱ
	阿拉善右旗	1510.1	0.45	0.55	0.60	0.05	0.10	0.10	−20	35	Ⅱ
	二连浩特市	964.7	0.55	0.65	0.70	0.15	0.25	0.30	−30	34	Ⅱ
	那仁宝力格	1181.6	0.40	0.55	0.60	0.20	0.30	0.35	−33	31	Ⅰ

续表

省市名	城市名	海拔高度（m）	风压（kN/m²）			雪压（kN/m²）			基本气温（℃）		雪荷载准永久值系数分区
			R=10	R=50	R=100	R=10	R=50	R=100	最低	最高	
内蒙古	达茂旗满都拉	1225.2	0.50	0.75	0.85	0.15	0.20	0.25	−25	34	Ⅱ
	阿巴嘎旗	1126.1	0.35	0.50	0.55	0.30	0.45	0.50	−33	31	Ⅰ
	苏尼特左旗	1111.4	0.40	0.50	0.55	0.25	0.35	0.40	−32	33	Ⅰ
	乌拉特后旗海力素	1509.6	0.45	0.50	0.55	0.10	0.15	0.20	−25	33	Ⅱ
	苏尼特右旗海力素	1150.8	0.50	0.65	0.75	0.15	0.20	0.25	−26	33	Ⅱ
	乌拉特中旗海流图	1288.0	0.45	0.60	0.65	0.20	0.30	0.35	−26	33	Ⅱ
	百灵庙	1376.6	0.50	0.75	0.85	0.25	0.35	0.40	−27	32	Ⅱ
	四子王旗	1490.1	0.40	0.60	0.70	0.30	0.45	0.55	−26	30	Ⅱ
	化德	1482.7	0.45	0.75	0.85	0.15	0.25	0.30	−26	29	Ⅱ
	杭锦后旗陕坝	1056.7	0.30	0.45	0.50	0.15	0.20	0.25	—	—	Ⅱ
	包头市	1067.2	0.35	0.55	0.60	0.15	0.25	0.30	−23	34	Ⅱ
	集宁市	1419.3	0.40	0.60	0.70	0.25	0.35	0.40	−25	30	Ⅱ
	阿拉善左旗吉兰泰	1031.8	0.35	0.50	0.55	0.05	0.10	0.15	−23	37	Ⅱ
	临河市	1039.3	0.30	0.50	0.60	0.15	0.25	0.30	−21	35	Ⅱ
	鄂托克旗	1380.3	0.35	0.55	0.65	0.15	0.20	0.20	−23	33	Ⅱ
	东胜市	1460.4	0.30	0.50	0.60	0.25	0.35	0.40	−21	31	Ⅱ
	阿腾席连	1329.3	0.40	0.50	0.55	0.20	0.30	0.35	—	—	Ⅱ
	巴彦浩特	1561.4	0.40	0.6	0.70	0.15	0.20	0.25	−19	33	Ⅱ
	西乌珠穆沁旗	995.9	0.45	0.55	0.60	0.30	0.40	0.45	−30	30	Ⅰ
	扎鲁特鲁北	265.0	0.40	0.55	0.60	0.20	0.30	0.35	−23	34	Ⅱ
	巴林左旗林东	484.4	0.40	0.55	0.60	0.20	0.30	0.35	−26	32	Ⅱ
	锡林浩特市	989.5	0.40	0.55	0.60	0.20	0.40	0.45	−30	31	Ⅰ
	林西	799.0	0.45	0.60	0.70	0.25	0.40	0.45	−25	32	Ⅰ

续表

省市名	城市名	海拔高度（m）	风压（kN/m²）			雪压（kN/m²）			基本气温（℃）		雪荷载准永久值系数分区
			$R=10$	$R=50$	$R=100$	$R=10$	$R=50$	$R=100$	最低	最高	
内蒙古	开鲁	241.0	0.40	0.55	0.60	0.20	0.30	0.35	−25	34	Ⅱ
	通辽	178.5	0.40	0.55	0.60	0.20	0.30	0.35	−25	33	Ⅱ
	多伦	1245.4	0.40	0.55	0.60	0.20	0.30	0.35	−28	30	Ⅰ
	翁牛特旗乌丹	631.8	—	—	—	0.20	0.30	0.35	−23	32	Ⅱ
	赤峰市	571.1	0.30	0.55	0.65	0.20	0.30	0.35	−23	33	Ⅱ
	敖汉旗宝国图	400.5	0.40	0.50	0.55	0.25	0.40	0.45	−23	33	Ⅱ
辽宁	沈阳市	42.8	0.40	0.55	0.60	0.30	0.50	0.55	−24	33	Ⅰ
	彰武	79.4	0.35	0.45	0.50	0.20	0.30	0.35	−22	33	Ⅱ
	阜新市	144.0	0.40	0.60	0.70	0.25	0.40	0.45	−23	33	Ⅱ
	开原	98.2	0.30	0.45	0.50	0.35	0.45	0.55	−27	33	Ⅰ
	清原	234.1	0.25	0.40	0.45	0.45	0.70	0.80	−27	33	Ⅰ
	朝阳市	169.2	0.40	0.55	0.60	0.30	0.45	0.55	−23	35	Ⅱ
	建平县叶柏寿	421.7	0.30	0.35	0.40	0.25	0.35	0.40	−22	35	Ⅱ
	黑山	37.5	0.45	0.65	0.75	0.30	0.45	0.50	−21	33	Ⅱ
	锦州市	65.9	0.40	0.60	0.70	0.30	0.40	0.45	−18	33	Ⅱ
	鞍山市	77.3	0.30	0.50	0.60	0.30	0.45	0.55	−18	34	Ⅱ
	本溪市	185.2	0.35	0.45	0.50	0.40	0.55	0.60	−24	33	Ⅰ
	抚顺市章党	118.5	0.30	0.45	0.50	0.35	0.45	0.50	−28	33	Ⅰ
	桓仁	240.3	0.25	0.30	0.35	0.35	0.50	0.55	−25	32	Ⅰ
	绥中	15.3	0.25	0.40	0.45	0.25	0.35	0.40	−19	33	Ⅱ
	兴城市	8.8	0.35	0.45	0.50	0.20	0.30	0.35	−19	32	Ⅱ
	营口市	3.3	0.40	0.65	0.75	0.30	0.40	0.45	−20	33	Ⅱ
	盖县熊草河口	20.4	0.30	0.40	0.45	0.25	0.40	0.45	−22	33	Ⅱ

续表

省市名	城市名	海拔高度（m）	风压（kN/m²）			雪压（kN/m²）			基本气温（℃）		雪荷载准永久值系数分区
			R=10	R=50	R=100	R=10	R=50	R=100	最低	最高	
辽宁	本溪县草河口	233.4	0.25	0.45	0.55	0.35	0.55	0.60	—	—	Ⅰ
	岫岩	79.3	0.30	0.45	0.50	0.35	0.50	0.55	−22	33	Ⅱ
	宽甸	260.1	0.30	0.50	0.60	0.40	0.60	0.70	−26	32	Ⅱ
	丹东市	15.1	0.35	0.55	0.65	0.30	0.40	0.45	−18	32	Ⅱ
	瓦房店市	29.3	0.35	0.50	0.55	0.20	0.30	0.35	−17	32	Ⅱ
	新金县皮口	43.2	0.35	0.50	0.55	0.20	0.30	0.35	—	—	Ⅱ
	庄河	34.8	0.35	0.50	0.55	0.25	0.35	0.40	−19	32	Ⅱ
	大连市	91.5	0.40	0.65	0.75	0.25	0.40	0.45	−13	32	Ⅱ
吉林	长春市	236.8	0.45	0.65	0.75	0.30	0.45	0.50	−26	32	Ⅰ
	白城市	155.4	0.45	0.65	0.75	0.15	0.20	0.25	−29	33	Ⅱ
	乾安	146.3	0.35	0.45	0.55	0.15	0.20	0.23	−28	33	Ⅱ
	前郭尔罗斯	134.7	0.30	0.45	0.50	0.15	0.25	0.30	−28	33	Ⅱ
	通榆	149.5	0.35	0.50	0.55	0.15	0.25	0.30	−28	33	Ⅱ
	长岭	189.3	0.30	0.45	0.50	0.15	0.20	0.25	−27	32	Ⅱ
	扶余市三岔河	196.6	0.40	0.60	0.70	0.25	0.35	0.40	−29	32	Ⅰ
	双辽	114.9	0.35	0.50	0.55	0.20	0.30	0.35	−27	33	Ⅰ
	四平市	164.2	0.40	0.55	0.60	0.20	0.35	0.40	−24	33	Ⅰ
	磐石县烟筒山	271.6	0.30	0.40	0.45	0.25	0.40	0.45	−31	31	Ⅰ
	吉林市	183.4	0.40	0.50	0.55	0.30	0.45	0.50	−31	32	Ⅰ
	蛟河	295.0	0.30	0.45	0.50	0.50	0.75	0.85	−31	32	Ⅰ
	敦化市	523.7	0.30	0.45	0.50	0.30	0.50	0.60	−29	30	Ⅰ
	梅河口市	339.9	0.30	0.40	0.45	0.30	0.45	0.50	−27	32	Ⅰ
	桦甸	263.8	0.30	0.40	0.45	0.40	0.65	0.75	−33	32	Ⅰ

续表

省市名	城市名	海拔高度（m）	风压（kN/m²）			雪压（kN/m²）			基本气温（℃）		雪荷载准永久值系数分区
			R=10	R=50	R=100	R=10	R=50	R=100	最低	最高	
吉林	靖宇	549.2	0.25	0.35	0.40	0.40	0.60	0.70	−32	31	Ⅰ
	抚松县东岗	774.2	0.30	0.45	0.55	0.80	1.15	1.30	−27	30	Ⅰ
	延吉市	176.8	0.35	0.50	0.55	0.35	0.55	0.65	−26	32	Ⅰ
	通化市	402.9	0.30	0.50	0.60	0.50	0.80	0.90	−27	32	Ⅰ
	浑江市临江	332.7	0.20	0.30	0.30	0.45	0.70	0.80	−27	33	Ⅰ
	集安市	177.7	0.20	0.30	0.35	0.45	0.70	0.80	−26	33	Ⅰ
	长白	1016.7	0.35	0.45	0.50	0.40	0.60	0.70	−28	29	Ⅰ
黑龙江	哈尔滨市	142.3	0.35	0.55	0.70	0.30	0.45	0.50	−31	32	Ⅰ
	漠河	296.0	0.25	0.35	0.40	0.60	0.75	0.85	−42	30	Ⅰ
	塔河	357.4	0.25	0.30	0.35	0.50	0.65	0.75	−38	30	Ⅰ
	新林	494.6	0.25	0.35	0.40	0.50	0.65	0.75	−40	29	Ⅰ
	呼玛	177.4	0.30	0.50	0.60	0.45	0.60	0.70	−40	31	Ⅰ
	加格达奇	371.7	0.25	0.35	0.40	0.45	0.65	0.70	−38	30	Ⅰ
	黑河市	166.4	0.35	0.50	0.55	0.60	0.75	0.85	−35	31	Ⅰ
	嫩江	242.2	0.40	0.55	0.60	0.40	0.55	0.60	−39	31	Ⅰ
	孙吴	234.5	0.40	0.60	0.70	0.45	0.60	0.70	−40	31	Ⅰ
	北安市	269.7	0.30	0.50	0.60	0.40	0.55	0.60	−36	31	Ⅰ
	克山	234.6	0.30	0.45	0.50	0.30	0.50	0.55	−34	31	Ⅰ
	富裕	162.4	0.30	0.40	0.45	0.25	0.35	0.40	−34	32	Ⅰ
	齐齐哈尔	145.9	0.35	0.45	0.50	0.25	0.40	0.45	−30	32	Ⅰ
	海伦	239.2	0.35	0.55	0.65	0.30	0.40	0.45	−32	31	Ⅰ
	明水	249.2	0.35	0.45	0.50	0.25	0.40	0.45	−30	31	Ⅰ
	伊春市	240.9	0.25	0.35	0.40	0.50	0.65	0.75	−36	31	Ⅰ

续表

省市名	城市名	海拔高度(m)	风压（kN/m²）			雪压（kN/m²）			基本气温（℃）		雪荷载准永久值系数分区
			R=10	R=50	R=100	R=10	R=50	R=100	最低	最高	
黑龙江	鹤岗市	227.9	0.30	0.40	0.45	0.45	0.65	0.70	−27	31	Ⅰ
	富锦	64.2	0.30	0.45	0.50	0.40	0.55	0.60	−30	31	Ⅰ
	泰来	149.5	0.30	0.45	0.50	0.20	0.30	0.35	−28	33	Ⅰ
	绥化市	179.6	0.35	0.55	0.65	0.35	0.50	0.60	−32	31	Ⅰ
	安达市	149.3	0.35	0.55	0.65	0.20	0.30	0.35	−31	32	Ⅰ
	铁力	210.5	0.25	0.35	0.40	0.50	0.75	0.85	−34	31	Ⅰ
	佳木斯市	81.2	0.40	0.65	0.75	0.60	0.85	0.95	−30	32	Ⅰ
	依兰	100.1	0.45	0.65	0.75	0.30	0.45	0.50	−29	32	Ⅰ
	宝清	83.0	0.30	0.40	0.45	0.55	0.85	1.00	−30	31	Ⅰ
	通河	108.6	0.35	0.50	0.55	0.50	0.75	0.85	−33	32	Ⅰ
	尚志	189.7	0.35	0.55	0.60	0.40	0.55	0.60	−32	32	Ⅰ
	鸡西市	233.6	0.40	0.55	0.65	0.45	0.65	0.75	−27	32	Ⅰ
	虎林	100.2	0.35	0.45	0.50	0.95	1.40	1.60	−29	31	Ⅰ
	牡丹江市	241.4	0.35	0.50	0.55	0.50	0.75	0.85	−28	32	Ⅰ
	绥芬河市	496.7	0.40	0.60	0.70	0.60	0.75	0.85	−30	29	Ⅰ
山东	济南市	51.6	0.30	0.45	0.50	0.20	0.30	0.35	−9	36	Ⅱ
	德州市	21.2	0.30	0.45	0.50	0.20	0.35	0.40	−11	36	Ⅱ
	惠民	11.3	0.40	0.50	0.55	0.25	0.35	0.40	−13	36	Ⅱ
	寿光县羊角沟	4.4	0.30	0.45	0.50	0.15	0.25	0.30	−11	36	Ⅱ
	龙口市	4.8	0.45	0.60	0.65	0.25	0.35	0.40	−11	35	Ⅱ
	烟台市	46.7	0.40	0.55	0.60	0.30	0.40	0.45	−8	32	Ⅱ
	威海市	46.6	0.45	0.65	0.75	0.30	0.50	0.50	−8	32	Ⅱ
	荣成市成山头	47.7	0.60	0.70	0.75	0.25	0.40	0.45	−7	30	Ⅱ

续表

省市名	城市名	海拔高度（m）	风压（kN/m²）			雪压（kN/m²）			基本气温（℃）		雪荷载准永久值系数分区
			$R=10$	$R=50$	$R=100$	$R=10$	$R=50$	$R=100$	最低	最高	
山东	莘县朝城	42.7	0.35	0.45	0.50	0.25	0.35	0.40	−12	36	Ⅱ
	泰安市泰山	1533.7	0.65	0.85	0.95	0.40	0.55	0.60	−16	25	Ⅱ
	泰安市	128.8	0.30	0.40	0.45	0.20	0.35	0.40	−12	33	Ⅱ
	淄博市张店	34.0	0.30	0.40	0.45	0.30	0.45	0.50	−12	36	Ⅱ
	沂源	304.5	0.30	0.35	0.40	0.20	0.30	0.35	−13	35	Ⅱ
	潍坊市	44.1	0.30	0.40	0.45	0.25	0.35	0.40	−12	36	Ⅱ
	莱阳市	30.5	0.30	0.40	0.45	0.15	0.25	0.30	−13	35	Ⅱ
	青岛市	76.0	0.45	0.60	0.70	0.15	0.20	0.25	−9	33	Ⅱ
	海阳	65.2	0.40	0.55	0.60	0.10	0.15	0.15	−10	33	Ⅱ
	荣城市石岛	33.7	0.40	0.55	0.65	0.10	0.15	0.15	−8	31	Ⅱ
	菏泽市	49.7	0.25	0.40	0.45	0.20	0.30	0.35	−10	36	Ⅱ
	兖州	51.7	0.25	0.40	0.45	0.25	0.35	0.45	11	36	Ⅱ
	营县	107.4	0.25	0.35	0.40	0.20	0.35	0.40	11	35	Ⅱ
	临沂	87.9	0.30	0.40	0.45	0.25	0.40	0.45	10	35	Ⅱ
	日照市	16.1	0.30	0.40	0.45	—	—	—	−8	33	—
江苏	南京市	8.9	0.25	0.40	0.45	0.40	0.65	0.75	−6	37	Ⅱ
	徐州市	41.0	0.25	0.35	0.40	0.25	0.35	0.40	−8	35	Ⅱ
	赣榆	2.1	0.30	0.45	0.50	0.25	0.35	0.40	−8	35	Ⅱ
	盱眙	34.5	0.25	0.35	0.40	0.20	0.30	0.35	−7	36	Ⅱ
	淮阳市	17.5	0.25	0.40	0.45	0.25	0.40	0.45	−7	35	Ⅱ
	射阳	2.0	0.30	0.40	0.45	0.15	0.20	0.25	−7	35	Ⅲ
	镇江	26.5	0.30	0.40	0.45	0.25	0.35	0.40	—	—	Ⅲ
	无锡	6.7	0.30	0.45	0.50	0.30	0.40	0.45	—	—	Ⅲ

续表

省市名	城市名	海拔高度（m）	风压（kN/m²）			雪压（kN/m²）			基本气温（℃）		雪荷载准永久值系数分区
			R=10	R=50	R=100	R=10	R=50	R=100	最低	最高	
江苏	泰州	6.6	0.25	0.40	0.45	0.25	0.35	0.40	—	—	Ⅲ
	连云港	3.7	0.35	0.55	0.65	0.25	0.40	0.45	—	—	Ⅱ
	盐城	3.6	0.25	0.45	0.55	0.20	0.35	0.40	—	—	Ⅲ
	高邮	5.4	0.25	0.40	0.45	0.20	0.35	0.40	−6	6	Ⅲ
	东台市	4.3	0.30	0.40	0.45	0.20	0.30	0.35	−6	36	Ⅲ
	南通市	5.3	0.30	0.45	0.50	0.15	0.25	0.30	−4	36	Ⅲ
	启东县吕泗	5.5	0.35	0.50	0.55	0.10	0.20	0.25	−4	35	Ⅲ
	常州市	4.9	0.25	0.40	0.45	0.20	0.35	0.40	−4	37	Ⅲ
	溧阳	7.2	0.25	0.40	0.45	0.30	0.50	0.55	−5	37	Ⅲ
	吴县东山	17.5	0.30	0.45	0.50	0.25	0.40	0.45	−5	6	Ⅲ
浙江	杭州市	41.7	0.30	0.45	0.50	0.30	0.45	0.50	−4	38	Ⅲ
	临安县天目山	1505.9	0.55	0.75	0.85	1.00	1.60	1.85	−11	28	Ⅱ
	平湖县乍浦	5.4	0.35	0.45	0.50	0.25	0.35	0.40	−5	36	Ⅲ
	慈溪市	7.1	0.30	0.45	0.50	0.25	0.35	0.40	−4	37	Ⅲ
	嵊泗	79.6	0.85	1.30	1.55	—	—	—	−2	34	—
	嵊泗县嵊山	124.6	1.00	1.65	1.95	—	—	—	0	30	—
	舟山市	35.7	0.50	0.85	1.00	0.30	0.50	0.60	−2	35	Ⅲ
	金华市	62.6	0.25	0.35	0.40	0.35	0.55	0.65	−3	39	Ⅲ
	嵊县	104.3	0.25	0.40	0.50	0.35	0.55	0.65	−3	39	Ⅲ
	宁波市	4.2	0.30	0.50	0.60	0.20	0.30	0.35	−3	37	Ⅲ
	象山县石浦	128.4	0.75	1.20	1.45	0.20	0.30	0.35	−2	35	Ⅲ
	衢州市	66.9	0.25	0.35	0.40	0.30	0.50	0.60	−3	38	Ⅲ
	丽水市	60.8	0.20	0.30	0.35	0.30	0.45	0.50	−3	39	Ⅲ

续表

省市名	城市名	海拔高度（m）	风压（kN/m²）			雪压（kN/m²）			基本气温（℃）		雪荷载准永久值系数分区
			$R=10$	$R=50$	$R=100$	$R=10$	$R=50$	$R=100$	最低	最高	
浙江	龙泉	198.4	0.20	0.30	0.35	0.35	0.55	0.65	−2	38	Ⅲ
	临海市括苍山	1383.1	0.60	0.90	1.05	0.40	0.60	0.70	−8	29	Ⅲ
	温州市	6.0	0.35	0.60	0.70	0.25	0.35	0.40	0	36	Ⅲ
	椒江市洪家	1.3	0.35	0.55	0.65	0.20	0.30	0.35	−2	36	Ⅲ
	椒江市下大陈	86.2	0.95	1.45	1.75	0.25	0.35	0.40	−1	33	Ⅲ
	玉环县坎门	95.9	0.70	1.20	1.45	0.20	0.35	0.40	0	34	Ⅲ
	瑞安市北麂	42.3	1.00	1.80	2.20	—	—	—	−2	33	—
安徽	合肥市	27.9	0.25	0.35	0.40	0.40	0.60	0.70	−6	37	Ⅱ
	砀山	43.2	0.25	0.35	0.40	0.25	0.40	0.45	−9	36	Ⅱ
	亳州市	37.7	0.25	0.45	0.55	0.25	0.40	0.45	−8	37	Ⅱ
	宿县	25.9	0.25	0.40	0.50	0.25	0.40	0.45	−8	36	Ⅱ
	寿县	22.7	0.25	0.35	0.40	0.30	0.50	0.55	−7	35	Ⅱ
	蚌埠市	18.7	0.25	0.35	0.40	0.30	0.45	0.55	−6	36	Ⅱ
	滁县	25.3	0.25	0.35	0.40	0.30	0.50	0.60	−6	36	Ⅱ
	六安市	60.5	0.20	0.35	0.40	0.35	0.55	0.60	−5	37	Ⅱ
	霍山	68.1	0.20	0.35	0.40	0.45	0.65	0.75	−6	37	Ⅱ
	巢县	22.4	0.25	0.35	0.40	0.30	0.45	0.50	−5	37	Ⅱ
	安庆市	19.8	0.25	0.40	0.45	0.20	0.35	0.40	−3	36	Ⅲ
	宁国	89.4	0.25	0.35	0.40	0.30	0.50	0.55	−6	38	Ⅲ
	黄山	1840.4	0.50	0.70	0.80	0.35	0.45	0.50	−11	24	Ⅲ
	黄山市	142.7	0.25	0.35	0.40	0.30	0.45	0.50	−3	38	Ⅲ
	阜阳市	30.6	—	—	—	0.35	0.55	0.60	−7	36	Ⅱ

续表

省市名	城市名	海拔高度(m)	风压(kN/m²)			雪压(kN/m²)			基本气温(℃)		雪荷载准永久值系数分区
			R=10	R=50	R=100	R=10	R=50	R=100	最低	最高	
江西	南昌市	46.7	0.30	0.45	0.55	0.30	0.45	0.50	−3	38	Ⅲ
	修水	146.8	0.20	0.30	0.35	0.25	0.40	0.50	−4	37	Ⅲ
	宜春市	131.3	0.20	0.30	0.35	0.25	0.40	0.45	−3	38	Ⅲ
	吉安	76.4	0.25	0.30	0.35	0.25	0.35	0.45	−2	38	Ⅲ
	宁冈	263.1	0.20	0.30	0.35	0.30	0.45	0.50	−3	38	Ⅲ
	遂川	126.1	0.20	0.30	0.35	0.30	0.45	0.55	−1	38	Ⅲ
	赣州市	123.8	0.20	0.30	0.35	0.20	0.35	0.40	0	38	Ⅲ
	九江	36.1	0.25	0.35	0.40	0.30	0.40	0.45	−2	38	Ⅲ
	庐山	1164.5	0.40	0.55	0.60	0.60	0.95	1.05	−9	29	Ⅲ
	波阳	40.1	0.25	0.40	0.45	0.35	0.60	0.70	−3	38	Ⅲ
	景德镇市	61.5	0.25	0.35	0.40	0.25	0.35	0.40	−3	38	Ⅲ
	樟树市	30.4	0.20	0.30	0.35	0.25	0.40	0.45	−3	38	Ⅲ
	贵溪	51.2	0.20	0.30	0.35	0.35	0.50	0.60	−2	38	Ⅲ
	玉山	116.3	0.20	0.30	0.35	0.35	0.55	0.65	−3	38	Ⅲ
	南城	80.8	0.25	0.30	0.35	0.20	0.35	0.40	−3	37	Ⅲ
	广昌	143.8	0.20	0.30	0.35	0.30	0.45	0.50	−2	38	Ⅲ
	寻乌	303.9	0.25	0.30	0.35	—	—	—	−0.3	37	—
福建	福州市	83.8	0.40	0.70	0.85	—	—	—	3	37	—
	邵武市	191.5	0.20	0.30	0.35	0.25	0.35	0.40	−1	37	Ⅲ
	铅山县七仙山	1401.9	0.55	0.70	0.80	0.40	0.60	0.70	−5	28	Ⅲ
	浦城	276.9	0.20	0.30	0.35	0.35	0.55	0.70	−2	37	Ⅲ
	建阳	196.9	0.25	0.35	0.40	0.35	0.50	0.55	−2	38	Ⅲ
	建瓯	154.9	0.25	0.35	0.40	0.25	0.35	0.40	0	38	Ⅲ

续表

省市名	城市名	海拔高度（m）	风压（kN/m²）			雪压（kN/m²）			基本气温（℃）		雪荷载准永久值系数分区
			R=10	R=50	R=100	R=10	R=50	R=100	最低	最高	
福建	福鼎	36.2	0.35	0.70	0.90	—	—	—	1	37	—
	泰宁	342.9	0.20	0.30	0.35	0.30	0.50	0.60	−2	37	Ⅲ
	南平市	125.6	0.20	0.35	0.45	—	—	—	2	38	—
	福鼎县台山	106.6	0.75	1.00	1.10	—	—	—	4	30	—
	长汀	310.0	0.20	0.35	0.40	0.15	0.25	0.30	0	36	Ⅲ
	上杭	197.9	0.25	0.30	0.35	—	—	—	2	36	—
	永安市	206.0	0.25	0.40	0.45	—	—	—	2	38	—
	龙岩市	342.3	0.20	0.35	0.45	—	—	—	3	36	—
	德化县九仙山	1653.5	0.60	0.80	0.90	0.25	0.40	0.50	−3	25	Ⅲ
	屏南	896.5	0.20	0.30	0.35	0.25	0.45	0.50	−2	32	Ⅲ
	平潭	32.4	0.75	1.30	1.60	—	—	—	4	34	—
	崇武	21.8	0.55	0.85	1.05	—	—	—	5	33	—
	厦门市	139.4	0.50	0.80	0.95	—	—	—	5	35	—
	东山	53.3	0.80	1.25	1.45	—	—	—	7	34	—
陕西	西安市	397.5	0.25	0.35	0.40	0.20	0.25	0.30	−9	37	Ⅱ
	榆林市	1057.5	0.25	0.40	0.45	0.20	0.25	0.30	−22	35	Ⅱ
	吴旗	1272.6	0.25	0.40	0.50	0.15	0.20	0.20	−20	33	Ⅱ
	横山	1111.0	0.30	0.40	0.45	0.15	0.25	0.30	−21	35	Ⅱ
	绥德	929.7	0.30	0.40	0.45	0.20	0.35	0.40	−19	35	Ⅱ
	延安市	957.8	0.25	0.35	0.40	0.15	0.25	0.30	−17	34	Ⅱ
	长武	1206.5	0.20	0.30	0.35	0.20	0.30	0.35	−15	32	Ⅱ
	洛川	1158.3	0.25	0.35	0.40	0.25	0.35	0.40	−15	32	Ⅱ
	铜川市	978.9	0.20	0.35	0.40	0.15	0.20	0.25	−12	33	Ⅱ

续表

省市名	城市名	海拔高度（m）	风压（kN/m²）			雪压（kN/m²）			基本气温（℃）		雪荷载准永久值系数分区
			$R=10$	$R=50$	$R=100$	$R=10$	$R=50$	$R=100$	最低	最高	
陕西	宝鸡市	612.4	0.20	0.35	0.40	0.15	0.20	0.25	−8	37	Ⅱ
	武功	447.8	0.20	0.35	0.40	0.20	0.25	0.30	−9	37	Ⅱ
	华阴县华山	2064.9	0.40	0.50	0.55	0.50	0.70	0.75	−15	25	Ⅱ
	略阳	794.2	0.25	0.35	0.40	0.10	0.15	0.15	−6	34	Ⅲ
	汉中市	508.4	0.20	0.30	0.35	0.15	0.20	0.25	−5	34	Ⅲ
	佛坪	1087.7	0.25	0.30	0.45	0.15	0.25	0.30	−8	33	Ⅲ
	商州市	742.2	0.25	0.30	0.35	0.20	0.30	0.35	−8	35	Ⅱ
	镇安	693.7	0.20	0.35	0.40	0.20	0.30	0.35	−7	36	Ⅲ
	石泉	484.9	0.20	0.30	0.35	0.20	0.30	0.35	−5	35	Ⅲ
	安康市	290.8	0.30	0.45	0.50	0.10	0.15	0.20	−4	37	Ⅲ
甘肃	兰州市	1517.2	0.20	0.30	0.35	0.10	0.15	0.20	−15	34	Ⅱ
	吉诃德	966.5	0.45	0.55	0.60	—	—	—	—	—	—
	安西	1170.8	0.40	0.55	0.60	0.10	0.20	0.25	−22	37	Ⅱ
	酒泉市	1477.2	0.40	0.55	0.60	0.20	0.30	0.35	−21	33	Ⅱ
	张掖市	1482.7	0.30	0.50	0.60	0.05	0.10	0.15	−22	34	Ⅱ
	武威市	1530.9	0.35	0.55	0.65	0.15	0.20	0.25	−20	33	Ⅱ
	民勤	1367.0	0.40	0.50	0.55	0.05	0.10	0.10	−21	35	Ⅱ
	乌鞘岭	3045.1	0.35	0.40	0.45	0.35	0.55	0.60	−22	21	Ⅱ
	景泰	1630.5	0.25	0.40	0.45	0.10	0.15	0.20	−18	33	Ⅱ
	靖远	1398.2	0.20	0.30	0.35	0.15	0.20	0.25	−18	33	Ⅱ
	临夏市	1917.0	0.20	0.30	0.35	0.15	0.25	0.30	−18	30	Ⅱ
	临洮	1886.6	0.20	0.30	0.35	0.30	0.50	0.55	−19	30	Ⅱ
	华家岭	2450.6	0.30	0.40	0.45	0.25	0.40	0.45	−17	24	Ⅱ

续表

省市名	城市名	海拔高度(m)	风压(kN/m²)			雪压(kN/m²)			基本气温(℃)		雪荷载准永久值系数分区
			$R=10$	$R=50$	$R=100$	$R=10$	$R=50$	$R=100$	最低	最高	
甘肃	环县	1255.6	0.20	0.30	0.35	0.15	0.25	0.30	−18	33	Ⅱ
	平凉市	1346.6	0.25	0.30	0.35	0.15	0.25	0.30	−14	32	Ⅱ
	西峰镇	1421.0	0.20	0.30	0.35	0.25	0.40	0.45	−14	31	Ⅱ
	玛曲	3471.4	0.25	0.30	0.35	0.15	0.20	0.25	−23	21	Ⅱ
	夏河县合作	2910.0	0.25	0.30	0.35	0.25	0.40	0.45	−23	24	Ⅱ
	武都	1079.1	0.25	0.35	0.40	0.05	0.10	0.15	−5	35	Ⅲ
	天水市	1141.7	0.20	0.35	0.40	0.15	0.20	0.25	−11	34	Ⅱ
	马宗山	1962.7	—	—	—	0.10	0.15	0.20	−25	32	Ⅱ
	敦煌	1139.0	—	—	—	0.10	0.15	0.20	−20	37	Ⅱ
	玉门市	1526.0	—	—	—	0.15	0.20	0.25	−21	33	Ⅱ
	金塔县鼎新	1177.4	—	—	—	0.05	0.10	0.15	−21	36	Ⅱ
	高台	1332.2	—	—	—	0.10	0.15	0.20	−21	34	Ⅱ
	山丹	1764.6	—	—	—	0.15	0.20	0.25	−21	32	Ⅱ
	永昌	1976.1	—	—	—	0.10	0.15	0.20	−22	29	Ⅱ
	榆中	1874.1	—	—	—	0.15	0.20	0.25	−19	30	Ⅱ
	会宁	2012.2	—	—	—	0.20	0.30	0.35	—	—	Ⅱ
	岷县	2315.0	—	—	—	0.10	0.15	0.20	−19	27	Ⅱ
宁夏	银川市	1111.4	0.40	0.65	0.75	0.15	0.20	0.25	−19	34	Ⅱ
	惠农	1091.0	0.45	0.65	0.70	0.05	0.10	0.10	−20	35	Ⅱ
	陶乐	1101.6	—	—	—	0.05	0.10	0.10	−20	35	Ⅱ
	中卫	1225.7	0.30	0.45	0.50	0.05	0.10	0.15	−18	33	Ⅱ
	中宁	1183.3	0.30	0.35	0.40	0.10	0.15	0.20	−18	34	Ⅱ
	盐池	1347.8	0.30	0.40	0.45	0.20	0.30	0.35	−20	34	Ⅱ

续表

省市名	城市名	海拔高度（m）	风压（kN/m²）			雪压（kN/m²）			基本气温（℃）		雪荷载准永久值系数分区
			$R=10$	$R=50$	$R=100$	$R=10$	$R=50$	$R=100$	最低	最高	
宁夏	海源	1854.2	0.25	0.35	0.40	0.25	0.40	0.45	−17	30	Ⅱ
	同心	1343.9	0.20	0.30	0.35	0.10	0.10	0.15	−18	34	Ⅱ
	固原	1753.0	0.25	0.35	0.40	0.30	0.40	0.45	−20	29	Ⅱ
	西吉	1916.5	0.20	0.30	0.35	0.15	0.20	0.20	−20	29	Ⅱ
青海	西宁	2261.2	0.25	0.35	0.40	0.15	0.20	0.25	−19	29	Ⅱ
	茫崖	3138.5	0.30	0.40	0.45	0.05	0.10	0.10	—	—	Ⅱ
	冷湖	2733.0	0.40	0.55	0.60	0.05	0.10	0.10	−26	29	Ⅱ
	祁连县托勒	3367.0	0.30	0.40	0.45	0.20	0.25	0.30	−32	22	Ⅱ
	祁连县野牛沟	3180.0	0.30	0.40	0.45	0.15	0.20	0.20	−31	21	Ⅱ
	祁连县	2787.4	0.30	0.35	0.40	0.10	0.15	0.15	−25	25	Ⅱ
	格尔木市小灶火	2767.0	0.30	0.40	0.45	0.05	0.10	0.10	−25	30	Ⅱ
	大柴旦	3173.2	0.30	0.40	0.45	0.10	0.15	0.15	−27	26	Ⅱ
	德令哈市	2918.5	0.25	0.35	0.40	0.10	0.15	0.20	−22	28	Ⅱ
	刚察	3301.5	0.25	0.35	0.40	0.20	0.25	0.30	−26	21	Ⅱ
	门源	2850.0	0.25	0.35	0.40	0.20	0.30	0.30	−27	24	Ⅱ
	格尔木市	2807.6	0.30	0.40	0.45	0.10	0.20	0.25	−21	29	Ⅱ
	都兰县诺木洪	2790.4	0.35	0.50	0.60	0.05	0.10	0.10	−22	30	Ⅱ
	都兰	3191.1	0.30	0.45	0.55	0.20	0.25	0.30	−21	26	Ⅱ
	乌兰县茶卡	3087.6	0.25	0.35	0.40	0.15	0.20	0.25	−25	25	Ⅱ
	共和县恰卜恰	2835.0	0.25	0.35	0.40	0.10	0.15	0.20	−22	26	Ⅱ
	贵德	2237.1	0.25	0.30	0.35	0.05	0.10	0.10	−18	30	Ⅱ
	民和	1813.9	0.20	0.30	0.35	0.10	0.10	0.15	−17	31	Ⅱ
	唐古拉山五道梁	4612.2	0.35	0.45	0.50	0.20	0.25	0.30	−29	17	Ⅱ

续表

省市名	城市名	海拔高度（m）	风压（kN/m²）			雪压（kN/m²）			基本气温（℃）		雪荷载准永久值系数分区
			R=10	R=50	R=100	R=10	R=50	R=100	最低	最高	
青海	兴海	3323.2	0.25	0.35	0.40	0.15	0.20	0.20	−25	23	Ⅱ
	同德	3289.4	0.25	0.35	0.40	0.20	0.30	0.35	−28	23	Ⅱ
	泽库	3662.8	0.25	0.30	0.35	0.20	0.40	0.45	—	—	Ⅱ
	格尔木市托托河	4533.1	0.40	0.50	0.55	0.25	0.35	0.40	−33	19	Ⅰ
	治多	4179.0	0.25	0.30	0.35	0.15	0.20	0.25	—	—	Ⅱ
	杂多	4066.4	0.25	0.35	0.40	0.20	0.25	0.30	−25	22	Ⅰ
	曲麻莱	4231.2	0.25	0.35	0.40	0.15	0.25	0.30	−28	20	Ⅰ
	玉树	3681.2	0.20	0.30	0.35	0.15	0.20	0.25	−20	24.4	Ⅱ
	玛多	4273.3	0.30	0.40	0.45	0.25	0.35	0.40	−33	18	Ⅰ
	称多县清水河	4415.4	0.25	0.30	0.35	0.25	0.30	0.35	−33	17	Ⅰ
	玛沁县仁峡姆	4211.1	0.30	0.35	0.40	0.20	0.30	0.35	−33	18	Ⅰ
	达日县吉迈	3967.5	0.25	0.35	0.40	0.20	0.25	0.30	−27	20	Ⅰ
	河南	3500.0	0.25	0.40	0.45	0.20	0.25	0.30	−29	21	Ⅱ
	久治	3628.5	0.20	0.30	0.35	0.20	0.25	0.30	−24	21	Ⅱ
	昂欠	3643.7	0.25	0.30	0.35	0.10	0.20	0.25	−18	25	Ⅱ
	班玛	3750.0	0.20	0.30	0.35	0.15	0.20	0.25	−20	22	Ⅱ
新疆	乌鲁木齐市	917.9	0.40	0.60	0.70	0.65	0.90	1.00	−23	34	Ⅰ
	阿勒泰市	735.3	0.40	0.70	0.85	1.20	1.65	1.85	−28	32	Ⅰ
	阿拉山口市	284.8	0.95	1.35	1.55	0.20	0.30	0.35	−25	39	Ⅰ
	克拉玛依市	427.3	0.65	0.90	1.00	0.20	0.30	0.35	−27	38	Ⅰ
	伊宁市	662.5	0.40	0.60	0.70	1.00	1.40	1.55	−23	35	Ⅰ
	昭苏	1851.0	0.25	0.40	0.45	0.65	0.85	0.95	−23	26	Ⅰ
	达板城	1103.5	0.55	0.80	0.90	0.15	0.20	0.20	−21	32	Ⅰ

续表

省市名	城市名	海拔高度（m）	风压（kN/m²）			雪压（kN/m²）			基本气温（℃）		雪荷载准永久值系数分区
			$R=10$	$R=50$	$R=100$	$R=10$	$R=50$	$R=100$	最低	最高	
新疆	巴音布鲁克	2458	0.25	0.35	0.40	0.55	0.75	0.85	−40	22	Ⅰ
	吐鲁番市	34.5	0.50	0.85	1.00	0.15	0.20	0.25	−20	44	Ⅱ
	阿克苏市	1103.8	0.30	0.45	0.50	0.15	0.25	0.30	−20	36	Ⅱ
	库车	1099.0	0.35	0.50	0.60	0.15	0.25	0.30	−19	36	Ⅱ
	库尔勒	931.5	0.30	0.45	0.50	0.15	0.25	0.30	−18	37	Ⅱ
	乌恰	2175.7	0.25	0.35	0.40	0.35	0.50	0.60	−20	31	Ⅱ
	喀什	1288.7	0.35	0.55	0.65	0.30	0.45	0.50	−17	36	Ⅱ
	阿合市	1984.9	0.25	0.35	0.40	0.25	0.35	0.40	−21	31	Ⅱ
	皮山	1375.4	0.20	0.30	0.35	0.15	0.20	0.25	−18	37	Ⅱ
	和田	1374.6	0.25	0.40	0.45	0.10	0.20	0.25	−15	37	Ⅱ
	民丰	1409.3	0.20	0.30	0.35	0.10	0.15	0.15	−19	37	Ⅱ
	安德河	1262.8	0.20	0.30	0.35	0.05	0.05	0.05	−23	39	Ⅱ
	于田	1422.0	0.20	0.30	0.35	0.10	0.15	0.15	−17	36	Ⅱ
	哈密	737.2	0.40	0.60	0.70	0.15	0.20	0.25	−23	38	Ⅱ
	哈巴河	532.6	—	—	—	0.55	0.75	0.85	−26	33.6	Ⅰ
	吉木乃	984.1	—	—	—	0.85	1.15	1.35	−24	31	Ⅰ
	福海	500.9	—	—	—	0.30	0.45	0.50	−31	34	Ⅰ
	富蕴	807.5	—	—	—	0.95	1.35	1.50	−33	34	Ⅰ
	塔城	534.9	—	—	—	1.10	1.55	1.75	−23	35	Ⅰ
	和布克赛尔	1291.6	—	—	—	0.25	0.40	0.45	−23	30	Ⅰ
	青河	1218.2	—	—	—	0.90	1.30	1.45	−35	31	Ⅰ
	托里	1077.8	—	—	—	0.55	0.75	0.85	−24	32	Ⅰ
	北塔山	1653.7	—	—	—	0.55	0.65	0.70	−25	28	Ⅰ

续表

省市名	城市名	海拔高度（m）	风压（kN/m²）			雪压（kN/m²）			基本气温（℃）		雪荷载准永久值系数分区
			R=10	R=50	R=100	R=10	R=50	R=100	最低	最高	
新疆	温泉	1354.6	—	—	—	0.35	0.45	0.50	−25	30	Ⅰ
	精河	320.1	—	—	—	0.20	0.30	0.35	−27	38	Ⅰ
	乌苏	478.7	—	—	—	0.40	0.55	0.60	−26	37	Ⅰ
	石家子	442.9	—	—	—	0.50	0.70	0.80	−28	37	Ⅰ
	蔡家湖	440.5	—	—	—	0.40	0.50	0.55	−32	38	Ⅰ
	奇台	793.5	—	—	—	0.55	0.75	0.85	−31	34	Ⅰ
	巴仑台	1752.5	—	—	—	0.20	0.30	0.35	−20	30	Ⅱ
	七角井	873.2	—	—	—	0.05	0.10	0.15	−23	38	Ⅱ
	库米什	922.4	—	—	—	0.10	0.15	0.15	−25	38	Ⅱ
	焉耆	1055.8	—	—	—	0.15	0.20	0.25	−24	35	Ⅱ
	拜城	1229.2	—	—	—	0.20	0.30	0.35	−26	34	Ⅱ
	轮台	976.1	—	—	—	0.15	0.20	0.30	−19	38	Ⅱ
	吐尔格特	3504.4	—	—	—	0.40	0.55	0.65	−27	18	Ⅱ
	巴楚	1116.5	—	—	—	0.10	0.15	0.20	−19	38	Ⅱ
	柯坪	1161.8	—	—	—	0.05	0.10	0.15	−20	37	Ⅱ
	阿拉尔	1012.2	—	—	—	0.05	0.10	0.10	−20	36	Ⅱ
	铁干里克	846.0	—	—	—	0.10	0.15	0.15	−20	39	Ⅱ
	若羌	888.3	—	—	—	0.10	0.15	0.20	−18	40	Ⅱ
	塔吉克	3090.9	—	—	—	0.15	0.25	0.30	−28	28	Ⅱ
	莎车	1231.2	—	—	—	0.15	0.20	0.25	−17	37	Ⅱ
	且末	1247.5	—	—	—	0.10	0.15	0.20	−20	37	Ⅱ
	红柳河	1700.0	—	—	—	0.10	0.15	0.15	−25	35	Ⅱ

续表

省市名	城市名	海拔高度（m）	风压（kN/m²）			雪压（kN/m²）			基本气温（℃）		雪荷载准永久值系数分区
			R=10	R=50	R=100	R=10	R=50	R=100	最低	最高	
河南	郑州市	110.4	0.30	0.45	0.50	0.25	0.40	0.45	−8	36	Ⅱ
	安阳市	75.5	0.25	0.45	0.55	0.25	0.40	0.45	−8	36	Ⅱ
	新乡市	72.7	0.30	0.40	0.45	0.20	0.30	0.35	−8	36	Ⅱ
	三门峡市	410.1	0.25	0.40	0.45	0.15	0.20	0.25	−8	36	Ⅱ
	卢氏	568.8	0.20	0.30	0.35	0.20	0.30	0.35	−10	35	Ⅱ
	孟津	323.3	0.30	0.45	0.50	0.30	0.40	0.50	−8	35	Ⅱ
	洛阳市	137.1	0.25	0.40	0.45	0.25	0.35	0.40	−6	36	Ⅱ
	栾川	750.1	0.20	0.30	0.35	0.25	0.40	0.45	−9	34	Ⅱ
	许昌市	66.8	0.30	0.40	0.45	0.25	0.40	0.45	−8	36	Ⅱ
	开封市	72.5	0.30	0.45	0.50	0.20	0.30	0.35	−8	36	Ⅱ
	西峡	250.3	0.25	0.35	0.40	0.20	0.30	0.35	−6	36	Ⅱ
	南阳市	129.2	0.25	0.35	0.40	0.30	0.45	0.50	−7	36	Ⅱ
	宝丰	136.4	0.25	0.35	0.40	0.20	0.30	0.35	−8	36	Ⅱ
	西华	52.6	0.25	0.45	0.55	0.30	0.45	0.50	−8	37	Ⅱ
	驻马店市	82.7	0.25	0.40	0.45	0.30	0.45	0.50	−8	36	Ⅱ
	信阳市	114.5	0.25	0.35	0.40	0.35	0.55	0.65	−6	36	Ⅱ
	商丘市	50.1	0.20	0.35	0.45	0.30	0.45	0.50	−8	36	Ⅱ
	固始	57.1	0.20	0.35	0.40	0.35	0.55	0.65	−6	36	Ⅱ
湖北	武汉市	23.3	0.25	0.35	0.40	0.30	0.50	0.60	−5	37	Ⅱ
	郧县	201.9	0.20	0.30	0.35	0.25	0.40	0.45	−3	37	Ⅱ
	房县	434.4	0.20	0.30	0.35	0.20	0.30	0.35	−7	35	Ⅲ
	老河口市	90.0	0.20	0.30	0.35	0.25	0.35	0.40	−6	36	Ⅱ
	枣阳	125.5	0.25	0.40	0.45	0.25	0.40	0.45	−6	36	Ⅱ

续表

省市名	城市名	海拔高度（m）	风压（kN/m²）			雪压（kN/m²）			基本气温（℃）		雪荷载准永久值系数分区
			R=10	R=50	R=100	R=10	R=50	R=100	最低	最高	
湖北	巴东	294.5	0.15	0.30	0.35	0.15	0.20	0.25	−2	38	Ⅲ
	钟祥	65.8	0.20	0.30	0.35	0.25	0.35	0.40	−4	36	Ⅱ
	麻城市	59.3	0.20	0.35	0.35	0.35	0.55	0.65	−4	37	Ⅱ
	恩施市	457.1	0.20	0.30	0.35	0.15	0.20	0.25	−2	36	Ⅲ
	巴东县绿葱坡	1819.3	0.30	0.35	0.40	0.65	0.95	1.10	−10	26	Ⅲ
	五峰县	908.4	0.20	0.30	0.35	0.25	0.35	0.40	−5	34	Ⅲ
	宜昌市	133.1	0.20	0.30	0.35	0.20	0.30	0.35	−3	37	Ⅲ
	荆州	32.6	0.20	0.30	0.35	0.25	0.40	0.45	−4	36	Ⅱ
	天门市	34.1	0.20	0.30	0.35	0.25	0.35	0.45	−5	36	Ⅱ
	来凤	459.5	0.20	0.30	0.35	0.15	0.20	0.25	−3	35	Ⅲ
	嘉鱼	36.0	0.20	0.35	0.45	0.25	0.35	0.40	−3	37	Ⅲ
	英山	123.8	0.20	0.30	0.35	0.25	0.40	0.45	−5	37	Ⅲ
	黄石市	19.6	0.25	0.35	0.40	0.25	0.35	0.40	−3	38	Ⅲ
湖南	长沙市	44.9	0.25	0.35	0.40	0.30	0.45	0.50	−3	38	Ⅲ
	桑植	322.2	0.20	0.30	0.35	0.25	0.35	0.40	−3	36	Ⅲ
	石门	116.9	0.25	0.30	0.35	0.25	0.35	0.40	−3	36	Ⅲ
	南县	36.0	0.25	0.40	0.50	0.3	0.45	0.50	−3	36	Ⅲ
	岳阳市	53.0	0.25	0.40	0.45	0.35	0.55	0.65	−2	36	Ⅲ
	吉首市	206.6	0.20	0.30	0.35	0.20	0.30	0.35	−2	36	Ⅲ
	沅陵	151.6	0.20	0.30	0.35	0.20	0.35	0.40	−3	37	Ⅲ
	常德市	35.0	0.25	0.40	0.50	0.30	0.50	0.60	−3	36	Ⅱ
	安化	128.3	0.20	0.30	0.35	0.30	0.45	0.50	−3	38	Ⅱ
	沅江市	36.0	0.25	0.40	0.45	0.35	0.55	0.65	−3	37	Ⅲ

续表

省市名	城市名	海拔高度（m）	风压（kN/m²）			雪压（kN/m²）			基本气温（℃）		雪荷载准永久值系数分区
			$R=10$	$R=50$	$R=100$	$R=10$	$R=50$	$R=100$	最低	最高	
湖南	平江	106.3	0.20	0.30	0.35	0.25	0.40	0.45	−4	37	Ⅲ
	芷江	272.2	0.20	0.30	0.35	0.25	0.35	0.45	−3	36	Ⅲ
	雪峰山	1404.9	—	—	—	0.50	0.75	0.85	−8	27	Ⅱ
	邵阳市	248.6	0.20	0.30	0.35	0.20	0.30	0.35	−3	37	Ⅲ
	双峰	100.0	0.20	0.30	0.35	0.25	0.40	0.45	−4	38	Ⅲ
	南岳	1265.9	0.60	0.75	0.85	0.50	0.75	0.85	−8	28	Ⅲ
	通道	397.5	0.25	0.30	0.35	0.15	0.25	0.30	−3	35	Ⅲ
	武岗	341.0	0.20	0.30	0.35	0.20	0.30	0.35	−3	36	Ⅲ
	零陵	172.6	0.25	0.40	0.45	0.15	0.25	0.30	−2	37	Ⅲ
	衡阳市	103.2	0.25	0.40	0.45	0.20	0.35	0.40	−2	38	Ⅲ
	道县	192.2	0.25	0.35	0.40	0.15	0.20	0.25	−1	37	Ⅲ
	郴州市	184.9	0.20	0.30	0.35	0.20	0.30	0.35	−2	38	Ⅲ
广东	广州市	6.6	0.30	0.50	0.60	—	—	—	6	36	—
	南雄	133.8	0.20	0.30	0.35	—	—	—	1	37	—
	连县	97.6	0.20	0.30	0.35	—	—	—	2	37	—
	韶关	69.3	0.20	0.35	0.45	—	—	—	2	37	—
	佛岗	67.8	0.20	0.30	0.35	—	—	—	4	36	—
	连平	214.5	0.20	0.30	0.35	—	—	—	2	36	—
	梅县	87.8	0.20	0.30	0.35	—	—	—	4	37	—
	广宁	56.8	0.20	0.30	0.35	—	—	—	4	36	—
	高要	7.1	0.30	0.50	0.60	—	—	—	6	36	—
	河源	40.6	0.20	0.30	0.35	—	—	—	5	36	—
	惠阳	22.4	0.35	0.55	0.60	—	—	—	6	36	—

续表

省市名	城市名	海拔高度（m）	风压（kN/m²）			雪压（kN/m²）			基本气温（℃）		雪荷载准永久值系数分区
			R=10	R=50	R=100	R=10	R=50	R=100	最低	最高	
广东	五华	120.9	0.20	0.30	0.35	—	—	—	4	36	—
	汕头市	1.1	0.50	0.80	0.95	—	—	—	6	35	—
	惠来	12.9	0.45	0.75	0.90	—	—	—	7	35	—
	南澳	7.2	0.50	0.80	0.95	—	—	—	9	32	—
	信宜	84.6	0.35	0.60	0.70	—	—	—	7	36	—
	罗定	53.3	0.20	0.30	0.35	—	—	—	6	37	—
	台山	32.7	0.35	0.55	0.65	—	—	—	6	35	—
	深圳市	18.2	0.45	0.75	0.90	—	—	—	8	35	—
	汕尾	4.6	0.50	0.85	1.00	—	—	—	7	34	—
	湛江市	25.3	0.50	0.80	0.95	—	—	—	9	36	—
	阳江	23.3	0.45	0.75	0.90	—	—	—	7	35	—
	电白	11.8	0.45	0.70	0.80	—	—	—	8	35	—
	台山县上川岛	21.5	0.75	1.05	1.20	—	—	—	8	35	—
	徐闻	67.9	0.45	0.75	0.90	—	—	—	10	36	—
广西	南宁市	73.1	0.25	0.35	0.40	—	—	—	6	36	—
	桂林市	164.4	0.20	0.30	0.35	—	—	—	1	36	—
	柳州市	96.8	0.20	0.30	0.35	—	—	—	3	36	—
	蒙山	145.7	0.20	0.30	0.35	—	—	—	2	36	—
	贺山	108.8	0.20	0.30	0.35	—	—	—	2	36	—
	百色市	173.5	0.25	0.45	0.55	—	—	—	5	37	—
	靖西	739.4	0.20	0.30	0.35	—	—	—	4	32	—
	桂平	42.5	0.20	0.30	0.35	—	—	—	5	36	—
	梧州市	114.8	0.20	0.30	0.35	—	—	—	4	36	—

续表

省市名	城市名	海拔高度（m）	风压（kN/m²）			雪压（kN/m²）			基本气温（℃）		雪荷载准永久值系数分区
			$R=10$	$R=50$	$R=100$	$R=10$	$R=50$	$R=100$	最低	最高	
广西	龙州	128.8	0.20	0.30	0.35	—	—	—	7	36	—
	灵山	66.0	0.20	0.30	0.35	—	—	—	5	35	—
	玉林	81.8	0.20	0.30	0.35	—	—	—	5	36	—
	东兴	18.2	0.45	0.75	0.90	—	—	—	8	34	—
	北海市	15.3	0.45	0.75	0.90	—	—	—	7	35	—
	涠州岛	55.2	0.70	1.10	1.30	—	—	—	9	34	—
海南	海口市	14.1	0.45	0.75	0.90	—	—	—	10	37	—
	东方	8.4	0.55	0.85	1.00	—	—	—	10	37	—
	儋县	168.7	0.40	0.70	0.85	—	—	—	9	37	—
	琼中	250.9	0.30	0.45	0.55	—	—	—	8	36	—
	琼海	24.0	0.50	0.85	1.05	—	—	—	10	37	—
	三亚市	5.5	0.50	0.85	1.05	—	—	—	14	36	—
	陵水	13.9	0.50	0.85	1.05	—	—	—	12	36	—
	西沙岛	4.7	1.05	1.80	2.20	—	—	—	18	35	—
	珊瑚岛	4.0	0.70	1.10	1.30	—	—	—	16	36	—
四川	成都市	506.1	0.20	0.30	0.35	0.10	0.10	0.15	−1	34	Ⅲ
	石渠	4200.0	0.25	0.30	0.35	0.35	0.50	0.60	−28	19	Ⅱ
	若尔盖	3439.6	0.25	0.30	0.35	0.30	0.40	0.45	−24	21	Ⅱ
	甘孜	3393.5	0.35	0.45	0.50	0.30	0.50	0.55	−17	25	Ⅱ
	都江堰市	706.7	0.20	0.35	0.35	0.15	0.25	0.30	—	—	Ⅲ
	绵阳市	470.8	0.20	0.30	0.35	—	—	—	−3	35	—
	雅安市	627.6	0.20	0.30	0.35	0.10	0.20	0.20	0	34	Ⅲ
	资阳	357.0	0.20	0.30	0.35	—	—	—	1	33	—

续表

省市名	城市名	海拔高度(m)	风压（kN/m²）			雪压（kN/m²）			基本气温（℃）		雪荷载准永久值系数分区
			$R=10$	$R=50$	$R=100$	$R=10$	$R=50$	$R=100$	最低	最高	
四川	康定	2615.7	0.30	0.35	0.40	0.30	0.50	0.55	−10	23	Ⅱ
	汉源	795.9	0.20	0.30	0.35	—	—	—	2	34	—
	九龙	2987.3	0.20	0.30	0.35	0.15	0.20	0.20	−10	25	Ⅲ
	越西	1659.0	0.25	0.30	0.35	0.15	0.25	0.30	−4	31	Ⅲ
	昭觉	2132.4	0.25	0.30	0.35	0.25	0.35	0.40	−6	28	Ⅲ
	雷波	1474.9	0.20	0.30	0.40	0.20	0.30	0.35	−4	29	Ⅲ
	宜宾市	340.8	0.20	0.30	0.35	—	—	—	2	35	—
	盐源	2545.0	0.20	0.30	0.35	0.20	0.30	0.35	−6	27	Ⅲ
	西昌市	1590.9	0.20	0.30	0.35	0.20	0.30	0.35	−1	32	Ⅲ
	会理	1787.1	0.20	0.30	0.35	—	—	—	−4	30	—
	万源	674.0	0.20	0.30	0.35	0.05	0.10	0.15	−3	35	Ⅲ
	阆中	382.6	0.20	0.30	0.35	—	—	—	−1	36	—
	巴中	358.9	0.20	0.30	0.35	—	—	—	−1	36	—
	达县市	310.4	0.20	0.35	0.45	—	—	—	0	37	—
	遂宁市	278.2	0.20	0.30	0.35	—	—	—	0	36	—
	南充市	309.3	0.20	0.30	0.35	—	—	—	0	36	—
	内江市	347.1	0.25	0.40	0.50	—	—	—	0	36	—
	泸州市	334.8	0.20	0.30	0.35	—	—	—	1	36	—
	叙永	377.5	0.20	0.30	0.35	—	—	—	1	36	—
	德格	3201.2	—	—	—	0.15	0.20	0.25	−15	26	Ⅲ
	色达	3893.9	—	—	—	0.30	0.40	0.45	−24	21	Ⅲ
	道孚	2957.2	—	—	—	0.15	0.20	0.25	−16	28	Ⅲ
	阿坝	3275.1	—	—	—	0.25	0.40	0.45	−19	22	Ⅲ

续表

省市名	城市名	海拔高度（m）	风压（kN/m²）			雪压（kN/m²）			基本气温（℃）		雪荷载准永久值系数分区
			R=10	R=50	R=100	R=10	R=50	R=100	最低	最高	
四川	马尔康	2664.4	—	—	—	0.15	0.25	0.30	−12	29	Ⅲ
	红原	3491.6	—	—	—	0.25	0.40	0.45	−26	22	Ⅱ
	小金	2369.2	—	—	—	0.10	0.15	0.15	−8	31	Ⅱ
	松潘	2850.7	—	—	—	0.20	0.30	0.35	−16	26	Ⅱ
	新龙	3000.0	—	—	—	0.10	0.15	0.15	−16	27	Ⅱ
	理塘	3948.9	—	—	—	0.35	0.50	0.60	−19	21	Ⅱ
	稻城	3727.7	—	—	—	0.20	0.30	0.30	−19	23	Ⅲ
	峨眉山	3047.4	—	—	—	0.40	0.55	0.60	−15	19	Ⅱ
贵州	贵阳市	1074.3	0.20	0.30	0.35	0.10	0.20	0.25	−3	32	Ⅲ
	威宁	2237.5	0.25	0.35	0.40	0.25	0.35	0.40	−6	26	Ⅲ
	盘县	1515.2	0.25	0.35	0.40	0.25	0.35	0.45	−3	30	Ⅲ
	桐梓	972.0	0.20	0.30	0.35	0.10	0.15	0.20	−4	33	Ⅲ
	习水	1180.2	0.20	0.30	0.35	0.15	0.20	0.25	−5	31	Ⅲ
	毕节	1510.6	0.20	0.30	0.35	0.15	0.25	0.30	−4	30	Ⅲ
	遵义市	843.9	0.20	0.30	0.35	0.1	0.15	0.20	−2	34	Ⅲ
	湄潭	791.8	—	—	—	0.15	0.20	0.25	−3	34	Ⅲ
	思南	416.3	0.20	0.30	0.35	0.10	0.20	0.25	−1	36	Ⅲ
	铜仁	279.7	0.20	0.30	0.35	0.20	0.30	0.35	−2	37	Ⅲ
	黔西	1251.8	—	—	—	0.15	0.20	0.25	−4	32	Ⅲ
	安顺市	1392.9	0.20	0.30	0.35	0.20	0.30	0.35	−3	30	Ⅲ
	凯里市	720.3	0.20	0.30	0.35	0.15	0.20	0.25	−3	34	Ⅲ
	三穗	610.5	—	—	—	0.20	0.30	0.35	−4	34	Ⅲ
	兴仁	1378.5	0.20	0.30	0.35	0.20	0.35	0.40	−2	30	Ⅲ

续表

省市名	城市名	海拔高度（m）	风压（kN/m²）			雪压（kN/m²）			基本气温（℃）		雪荷载准永久值系数分区
			R=10	R=50	R=100	R=10	R=50	R=100	最低	最高	
贵州	罗甸	440.3	0.20	0.30	0.35	—	—	—	−1	37	—
	独山	1013.3	—	—	—	0.20	0.30	0.35	−3	32	Ⅲ
	榕江	285.7	—	—	—	0.10	0.15	0.20	−1	37	Ⅲ
云南	昆明市	1891.4	0.20	0.30	0.35	0.20	0.30	0.35	−1	28	Ⅲ
	德钦	3485.0	0.25	0.35	0.40	0.60	0.90	1.05	−12	22	Ⅱ
	贡山	1591.3	0.20	0.30	0.35	0.45	0.75	0.90	−3	30	Ⅱ
	中甸	3276.1	0.20	0.30	0.35	0.50	0.80	0.90	−15	22	Ⅱ
	维西	2325.6	0.20	0.30	0.35	0.45	0.65	0.75	−6	28	Ⅲ
	昭通市	1949.5	0.25	0.35	0.40	0.15	0.25	0.30	−6	28	Ⅲ
	丽江	2393.2	0.25	0.30	0.35	0.20	0.30	0.35	−5	27	Ⅲ
	华坪	1244.8	0.30	0.45	0.55	—	—	—	−1	35	—
	会泽	2109.5	0.25	0.35	0.40	0.25	0.35	0.40	−4	26	Ⅲ
	腾冲	1654.6	0.20	0.30	0.35	—	—	—	−3	27	—
	泸水	1804.9	0.20	0.30	0.35	—	—	—	1	26	—
	保山市	1653.5	0.20	0.30	0.35	—	—	—	−2	29	—
	大理市	1990.5	0.45	0.65	0.75	—	—	—	−2	28	—
	元谋	1120.2	0.25	0.35	0.40	—	—	—	2	35	—
	楚雄市	1772.0	0.20	0.35	0.40	—	—	—	−2	29	—
	曲靖市沾益	1898.7	0.25	0.30	0.35	0.25	0.40	0.45	−1	28	Ⅲ
	瑞丽	776.6	0.20	0.30	0.35	—	—	—	3	32	—
	景东	1162.3	0.20	0.30	0.35	—	—	—	1	32	—
	玉溪	1636.7	0.20	0.30	0.35	—	—	—	−1	30	—
	宜良	1532.1	0.25	0.45	0.55	—	—	—	1	28	—

续表

省市名	城市名	海拔高度(m)	风压（kN/m²）			雪压（kN/m²）			基本气温（℃）		雪荷载准永久值系数分区
			$R=10$	$R=50$	$R=100$	$R=10$	$R=50$	$R=100$	最低	最高	
云南	泸西	1704.3	0.25	0.30	0.35	—	—	—	−2	29	—
	孟定	511.4	0.25	0.40	0.45	—	—	—	−5	32	—
	临沧	1502.4	0.20	0.30	0.35	—	—	—	0	29	—
	澜沧	1054.8	0.20	0.30	0.35	—	—	—	1	32	—
	景洪	552.7	0.20	0.40	0.50	—	—	—	7	35	—
	思茅	1302.1	0.25	0.45	0.55	—	—	—	3	30	—
	元江	400.9	0.25	0.30	0.35	—	—	—	7	37	—
	勐腊	631.9	0.20	0.30	0.35	—	—	—	7	34	—
	江城	1119.5	0.20	0.40	0.50	—	—	—	4	30	—
	蒙自	1300.7	0.25	0.30	0.45	—	—	—	3	31	—
	屏边	1414.1	0.20	0.40	0.35	—	—	—	2	28	—
	文山	1271.6	0.20	0.30	0.35	—	—	—	3	31	—
	广南	1249.6	0.25	0.35	0.40	—	—	—	0	31	—
西藏	拉萨市	3658.0	0.20	0.30	0.35	0.10	0.15	0.20	−13	27	Ⅲ
	班戈	4700.0	0.35	0.55	0.65	0.20	0.25	0.30	−22	18	Ⅰ
	安多	4800.0	0.45	0.75	0.90	0.25	0.40	0.45	−28	17	Ⅰ
	那曲	4507.0	0.30	0.45	0.50	0.30	0.40	0.45	−25	19	Ⅰ
	日喀则市	3836.0	0.20	0.30	0.35	0.10	0.15	0.15	−17	25	Ⅲ
	乃东县泽当	3551.7	0.20	0.30	0.35	0.10	0.15	0.15	−12	26	Ⅲ
	隆子	3860.0	0.30	0.45	0.50	0.10	0.15	0.20	−18	24	Ⅲ
	索县	4022.8	0.30	0.40	0.50	0.20	0.25	0.30	−23	22	Ⅰ
	昌都	3306.0	0.20	0.30	0.35	0.15	0.20	0.20	−15	27	Ⅱ
	林芝	3000.0	0.25	0.35	0.45	0.10	0.15	0.15	−9	25	Ⅲ

续表

省市名	城市名	海拔高度（m）	风压（kN/m²）			雪压（kN/m²）			基本气温（℃）		雪荷载准永久值系数分区
			$R=10$	$R=50$	$R=100$	$R=10$	$R=50$	$R=100$	最低	最高	
西藏	葛尔	4278.0	—	—	—	0.10	0.15	0.15	−27	25	Ⅰ
	改则	4414.9	—	—	—	0.20	0.30	0.35	−29	23	Ⅰ
	普兰	3900.0	—	—	—	0.50	0.70	0.80	−21	25	Ⅰ
	申扎	4672.0	—	—	—	0.15	0.20	0.20	−22	19	Ⅰ
	当雄	4200.0	—	—	—	0.30	0.45	0.50	−23	21	Ⅱ
	尼木	3809.4	—	—	—	0.15	0.20	0.25	−17	26	Ⅲ
	聂拉木	3810.0	—	—	—	2.00	3.30	3.75	−13	18	Ⅰ
	定日	4300.0	—	—	—	0.15	0.25	0.30	−22	23	Ⅱ
	江孜	4040.0	—	—	—	0.10	0.10	0.15	−19	24	Ⅲ
	错那	4280.0	—	—	—	0.60	0.90	1.00	−24	16	Ⅲ
	帕里	4300.0	—	—	—	0.95	1.50	1075	−23	16	Ⅱ
	丁青	3873.1	—	—	—	0.25	0.35	0.40	−17	22	Ⅱ
	波密	2736.0	—	—	—	0.25	0.35	0.40	−9	27	Ⅲ
	察隅	2327.6	—	—	—	0.35	0.55	0.65	−4	29	Ⅲ
台湾	台北	8.0	0.40	0.70	0.85	—	—	—	—	—	—
	新竹	8.0	0.50	0.80	0.95	—	—	—	—	—	—
	宜兰	9.0	1.10	1.85	2.30	—	—	—	—	—	—
	台中	78.0	0.50	0.80	0.90	—	—	—	—	—	—
	花莲	14.0	0.40	0.70	0.85	—	—	—	—	—	—
	嘉义	20.0	0.50	0.80	0.95	—	—	—	—	—	—
	马公	22.0	0.85	1.30	1.55	—	—	—	—	—	—
	台东	10.0	0.65	0.90	1.05	—	—	—	—	—	—
	冈山	10.0	0.55	0.80	0.95	—	—	—	—	—	—

续表

省市名	城市名	海拔高度（m）	风压（kN/m^2）			雪压（kN/m^2）			基本气温（℃）		雪荷载准永久值系数分区
			R=10	R=50	R=100	R=10	R=50	R=100	最低	最高	
台湾	恒春	24.0	0.70	1.05	1.20	—	—	—	—	—	—
	阿里山	2406.0	0.25	0.35	0.40	—	—	—	—	—	—
	台南	14.0	0.60	0.85	1.00	—	—	—	—	—	—
香港	香港	50.0	0.80	0.90	0.95	—	—	—	—	—	—
	横澜岛	55.0	0.95	1.25	1.40	—	—	—	—	—	—
澳门	澳门	57.0	0.75	0.85	0.90	—	—	—	—	—	—

附录C　屋面积雪分布系数

<table>
<tr><th>项次</th><th>类别</th><th>屋面形式及积雪分布系数 μ_r</th><th>备注</th></tr>
<tr><td>1</td><td>单跨单坡屋面</td><td>μ_r
α
<table><tr><td>α</td><td>≤25°</td><td>30°</td><td>35°</td><td>40°</td><td>45°</td><td>50°</td><td>55°</td><td>≥60°</td></tr><tr><td>μ_r</td><td>1.0</td><td>0.85</td><td>0.7</td><td>0.55</td><td>0.4</td><td>0.25</td><td>0.1</td><td>0</td></tr></table></td><td>—</td></tr>
<tr><td>2</td><td>单跨双坡屋面</td><td>均匀分布的情况 μ_r
不均匀分布的情况 $0.75\mu_r$ $1.25\mu_r$
α</td><td>μ_r 按第1项规定采用</td></tr>
<tr><td>3</td><td>拱形屋面</td><td>均匀分布的情况 μ_r
不均匀分布的情况 $0.5\mu_{r,m}$ $\mu_{r,m}$
$l_c/4$ $l_c/4$ $l_c/4$ $l_c/4$
60° l_c
$\mu_r=l/(8f)$
$(0.4\leqslant\mu_r\leqslant1.0)$
60° f
l
$\mu_{r,m}=0.2+10f/l\ (\mu_{r,m}\leqslant2.0)$</td><td>—</td></tr>
<tr><td>4</td><td>带天窗的坡屋面</td><td>均匀分布的情况 1.0
不均匀分布的情况 1.1 0.8 1.1
α</td><td>—</td></tr>
<tr><td>5</td><td>带天窗有挡风板的坡屋面</td><td>均匀分布的情况 1.0
不均匀分布的情况 1.0 1.4 0.8 1.4 1.0
α</td><td>—</td></tr>
</table>

续表

项次	类别	屋面形式及积雪分布系数 μ_r	备注
6	多跨单坡屋面（锯齿形屋面）	均匀分布的情况 1.0 不均匀分布的情况1 0.6 1.4 0.6 1.4 0.6 1.4 $l/2$ $l/2$ 不均匀分布的情况2 2.0 μ_r 2.0 μ_r 2.0 μ_r $l/2$ $l/2$ α l l	μ_r 按第1项规定采用
7	双跨双坡或拱形屋面	均匀分布的情况 1.0 不均匀分布的情况1 μ_r 1.4 μ_r 不均匀分布的情况2 μ_r 2.0 μ_r α f l l	μ_r 按第 1 项或第 3 项规定采用
8	高低屋面	情况1: 1.0 $\mu_{r,m}$ 1.0 a；1.0 $\mu_{r,m}$ a 情况2: 1.0 2.0 1.0 a；1.0 2.0 a h b_1 b_2；h b_1 $b_2<a$ $a=2h$ ($4m<a<8m$) $\mu_{r,m}=(b_1+b_2)/2h$ ($2.0\leqslant\mu_{r,m}\leqslant4.0$)	—
9	有女儿墙及其他凸出物的屋面	$\mu_{r,m}$ μ_r $\mu_{r,m}$ a a h $a=2h$ $\mu_{r,m}=1.5h/s_0$ ($1.0\leqslant\mu_{r,m}\leqslant2.0$)	—
10	大跨屋面（l>100m）	0.8 μ_r 1.2 μ_r 0.8 μ_r $l/4$ $l/2$ $l/4$ l	1. 还应同时考虑第 2 项、第 3 项的积雪分布； 2. μ_r 按第 1 项或第 3 项规定采用

附录 D　风荷载体型系数

项次	类别	体型及体型系数 μ_s	备注
1	封闭式落地双坡屋面	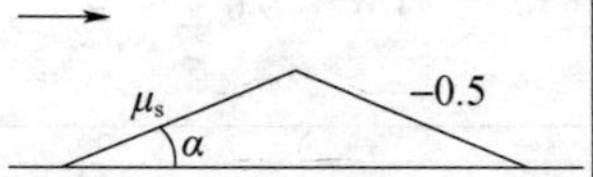 μ_s　α　−0.5 α / μ_s：0° / 0；30° / +0.2；≥60° / +0.8	中间值按线性插值法计算
2	封闭式双坡屋面	μ_s　α　−0.5　+0.8　−0.5 −0.7　+0.8　−0.5　−0.7 α / μ_s：≤15° / −0.6；30° / 0；≥60° / +0.8	1. 中间值按线性插值法计算； 2. μ_s 的绝对值不小于 0.1
3	封闭式落地拱形屋面	−0.8　μ_s　f　−0.5　l f/l / μ_s：0.1 / +0.1；0.2 / +0.2；0.5 / +0.6	中间值按线性插值法计算
4	封闭式拱形屋面	−0.8　μ_s　f　−0.5　+0.8　−0.5　l f/l / μ_s：0.1 / −0.8；0.2 / 0；0.5 / +0.6	1. 中间值按线性插值法计算； 2. μ_s 的绝对值不小于 0.1

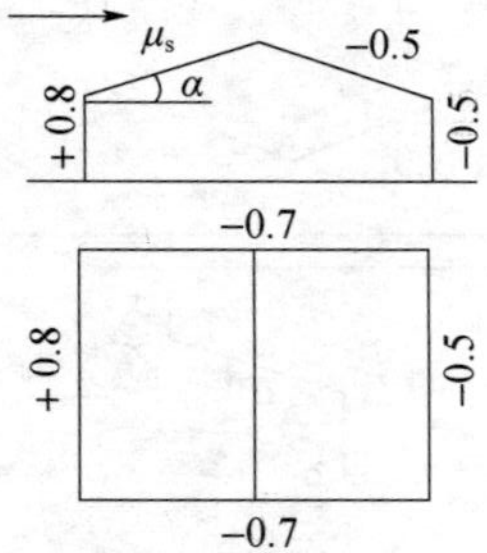

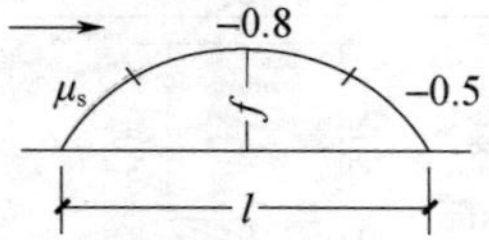

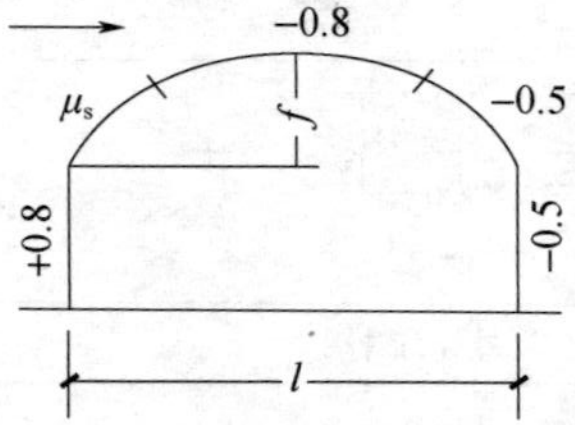

续表

项次	类别	体型及体型系数 μ_s	备注
5	封闭式单坡屋面	μ_s α +0.8 −0.5；−0.5 +0.8 −0.5	迎风坡面的 μ_s 按第 2 项采用
6	封闭式高低 双坡屋面	μ_s −0.6 α −0.6 +0.8 −0.5；+0.6 −0.2 −0.5 +0.8 −0.5	迎风坡面的 μ_s 按第 2 项采用
7	封闭式带天窗 双坡屋面	−0.7 +0.6 −0.2 +0.8 −0.6 −0.6 −0.5	带天窗的拱形屋面可按照本图采用
8	封闭式双跨 双坡屋面	μ_s α −0.5 −0.4 −0.4 +0.8 −0.4	迎风坡面的 μ_s 按第 2 项采用
9	封闭式不等高 不等跨的双跨 双坡屋面	μ_s α −0.6 −0.6 −0.6 −0.4 +0.8 −0.4；μ_s α −0.6 −0.6 −0.2 −0.5 +0.8 −0.4	迎风坡面的 μ_s 按第 2 项采用
10	封闭式不等高 不等跨的三跨 双坡屋面	μ_s α −0.6 +0.8 μ_{s1} h h_1 −0.2 −0.5 −0.5 −0.5 −0.4 −0.4	1. 迎风坡面的 μ_s 按第 2 项采用； 2. 中跨上部迎风墙面的 μ_{s1} 按下式采用： $\mu_{s1}=0.6(1-2h_1/h)$ 当 $h_1=h$，取 $\mu_{s1}=-0.6$

续表

项次	类别	体型及体型系数 μ_s	备注
11	封闭式带天窗带坡的双坡屋面	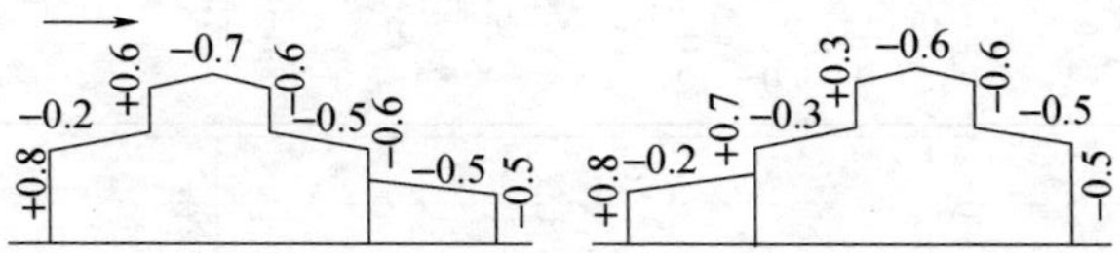 +0.8 −0.2 +0.6 −0.7 −0.6 −0.5 −0.6 −0.5 −0.5 +0.8 −0.2 +0.7 −0.3 +0.3 −0.6 −0.6 −0.5 −0.5	—
12	封闭式带天窗带双坡的双坡屋面	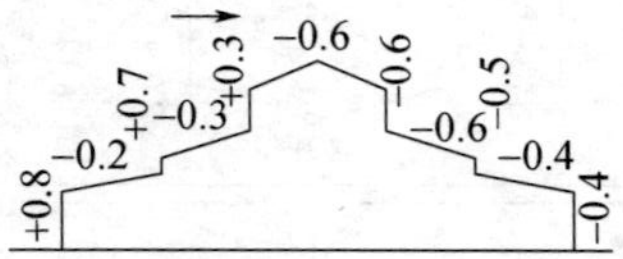 +0.8 −0.2 +0.7 −0.3 +0.3 −0.6 −0.6 −0.5 −0.6 −0.4 −0.4	—
13	封闭式不等高不等跨且中跨带天窗的三跨双坡屋面	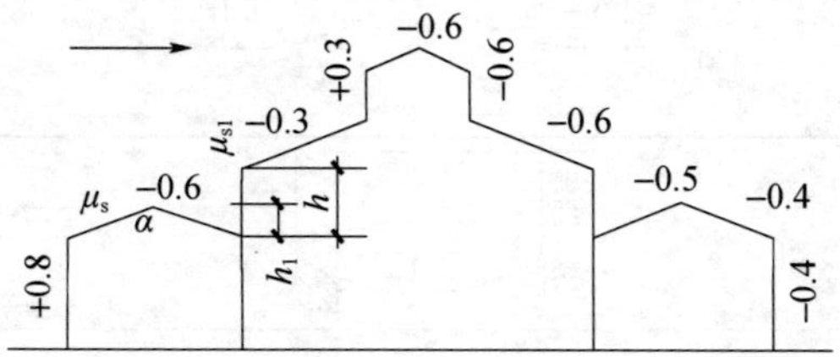 +0.8 μ_s α −0.6 μ_{s1} −0.3 h_1 h +0.3 −0.6 −0.6 −0.6 −0.5 −0.4 −0.4	1. 迎风坡面的 μ_s 按第 2 项采用； 2. 中跨上部迎风墙面的 μ_{s1} 按下式采用： $\mu_{s1}=0.6\ (1-2h_1/h)$ 当 h_1/h，取 $\mu_{s1}=-0.6$
14	封闭式带天窗的双跨双坡屋面	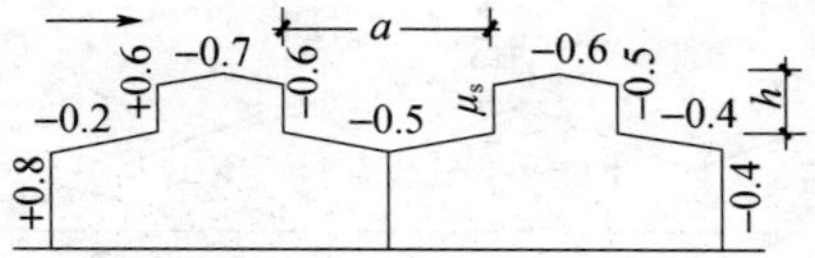 +0.8 −0.2 +0.6 −0.7 −0.6 a −0.5 μ_s −0.6 −0.5 −0.4 h −0.4	迎风面第 2 跨天窗面的 μ_s 按下列规定采用： 1. 当 $\alpha\leqslant 4h$，取 $\mu_s=0.2$； 2. 当 $\alpha>4h$，取 $\mu_s=0.6$
15	封闭式带女儿墙的双坡屋面	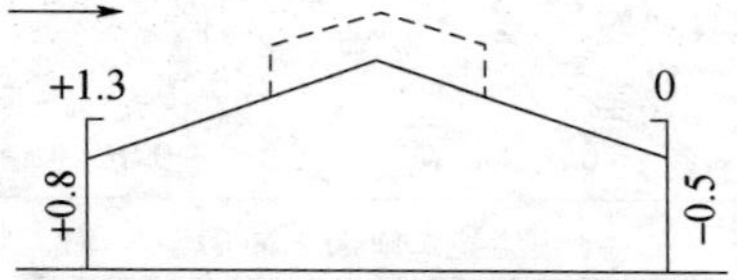 +1.3 +0.8 0 −0.5	当屋面坡度不大于 15°时，屋面上的体型系数可按无女儿墙的屋面采用

续表

项次	类别	体型及体型系数 μ_s	备注
16	封闭式带雨篷的双坡屋面	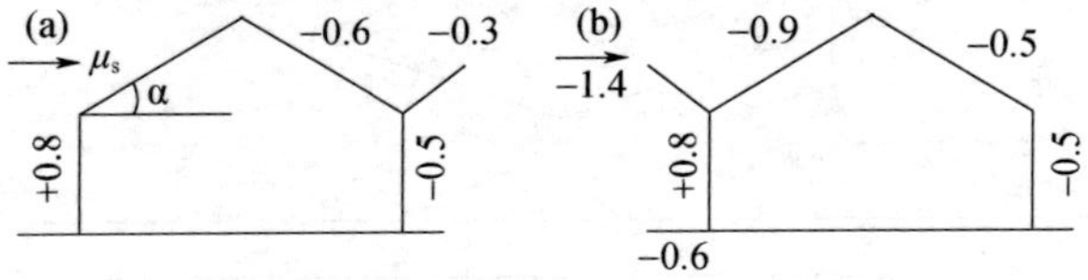 (a) μ_s α −0.6 −0.3 +0.8 −0.5 (b) −1.4 −0.9 −0.5 +0.8 −0.5 −0.6	迎风坡面的 μ_s 按第 2 项采用
17	封闭式对立两个带雨篷的双坡屋面	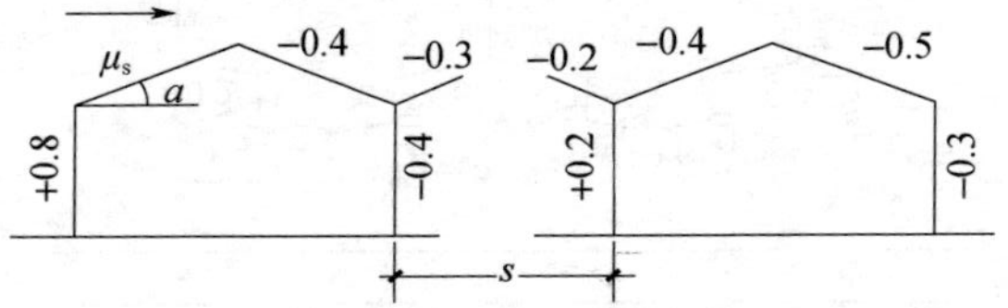 μ_s α −0.4 −0.3 +0.8 −0.4 −0.2 −0.4 −0.5 +0.2 −0.3 s	1. 本图适用于 s 为 8～20m 范围内； 2. 迎风坡面的 μ_s 按第 2 项采用
18	封闭式带下沉天窗的双坡屋面或拱形屋面	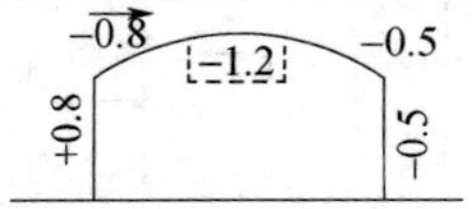 −0.8 −1.2 −0.5 +0.8 −0.5	—
19	封闭式带下沉天窗的双跨双坡或拱形屋面	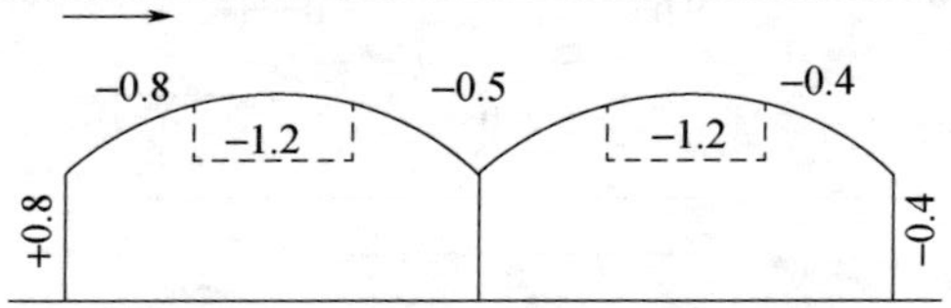 −0.8 −1.2 −0.5 −1.2 −0.4 +0.8 −0.4	—
20	封闭式带天窗挡风板的坡屋面	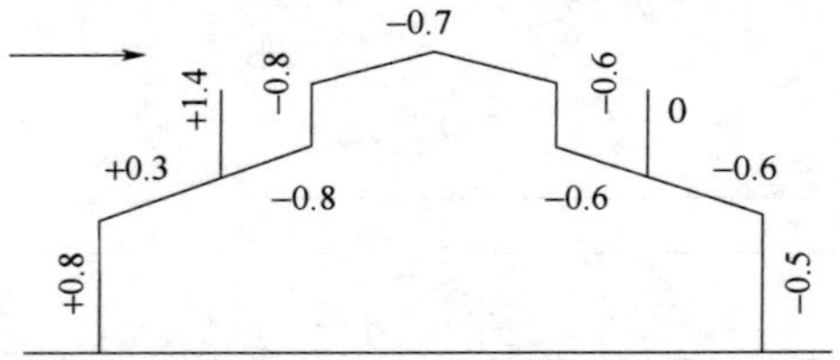 −0.7 +1.4 −0.8 −0.6 0 +0.3 −0.8 −0.6 −0.6 +0.8 −0.5	—
21	封闭式带天窗挡风板的双坡屋面	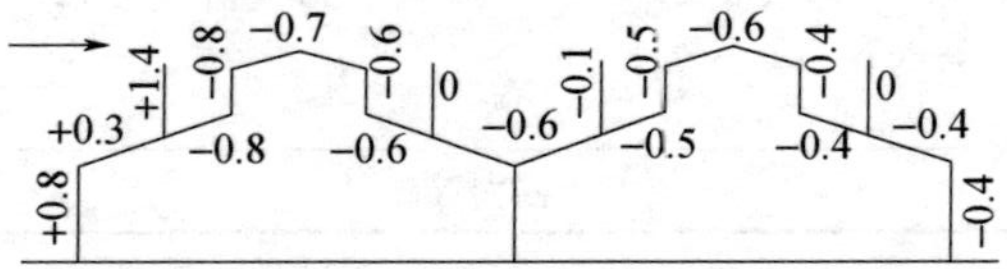 +1.4 −0.8 −0.7 −0.6 0 −0.1 −0.5 −0.6 −0.4 0 +0.3 −0.8 −0.6 −0.6 −0.5 −0.4 −0.4 +0.8 −0.4	—

续表

项次	类别	体型及体型系数 μ_s	备注
22	封闭式锯齿形屋面	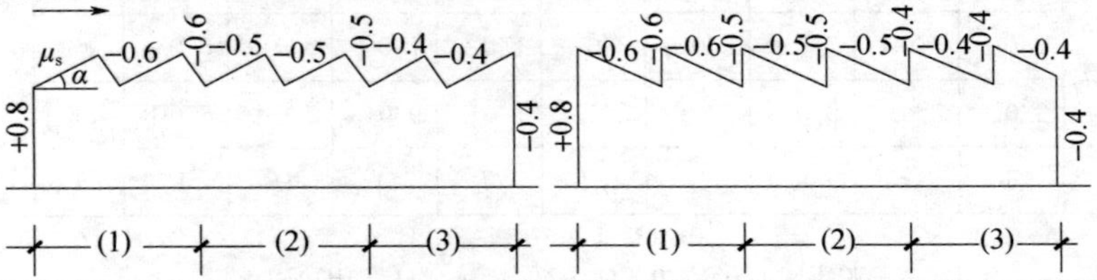 μ_s α +0.8 −0.6 −0.6 −0.5 −0.5 −0.5 −0.4 −0.4 −0.4 −0.4 +0.8 −0.6 −0.6 −0.6 −0.5 −0.5 −0.5 −0.5 −0.4 −0.4 −0.4 −0.4 −0.4 (1) (2) (3) (1) (2) (3)	1. 迎风坡面的 μ_s 按第 2 项采用； 2. 齿面增多或减少时，可均匀地在（1）、（2）、（3）三个区段内调节
23	封闭式复杂多跨屋面	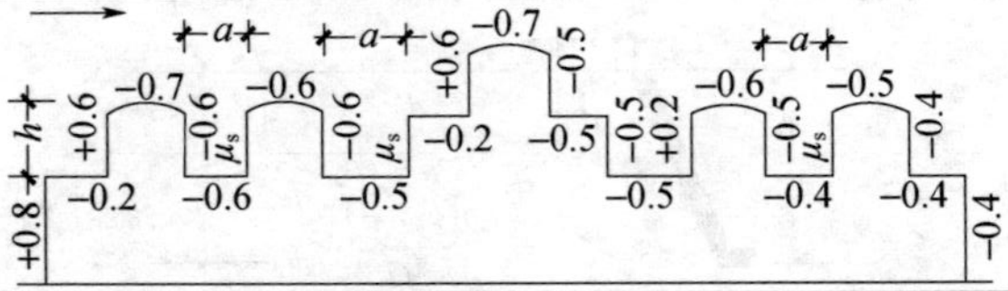 a a a h +0.8 +0.6 −0.2 −0.7 −0.6 μ_s −0.6 −0.6 −0.6 μ_s −0.5 +0.6 −0.2 −0.7 −0.5 −0.5 −0.5 +0.2 −0.5 −0.6 −0.5 μ_s −0.4 −0.5 −0.4 −0.4 −0.4	天窗面的 μ_s 按下列规定采用： 1. 当 $\alpha \leqslant 4h$，取 $\mu_s=0.2$； 2. 当 $\alpha > 4h$，取 $\mu_s=0.6$
24	靠山封闭式双坡屋面	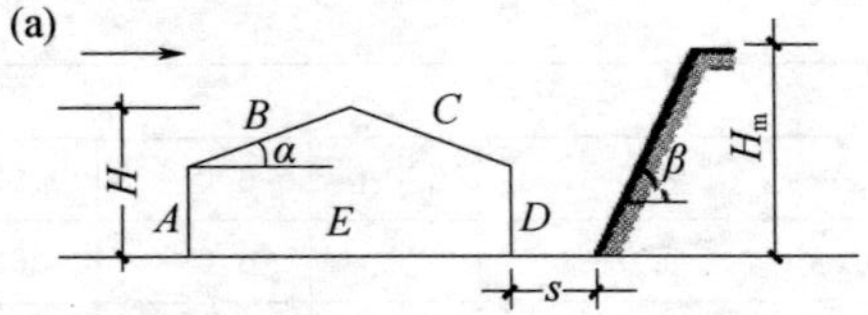 (a) H A B α C E D s β H_m 本图适用于 $H_m/H \geqslant 2$ 及 $s/H=0.2 \sim 0.4$ 的情况 体型系数 μ_s 按下表采用	—

β	α	A	B	C	D	E
30°	15°	+0.9	−0.4	0	+0.2	−0.2
	30°	+0.9	+0.2	−0.2	−0.2	−0.3
	60°	+1.0	+0.7	−0.4	−0.2	−0.5
60°	15°	+1.0	+0.3	+0.4	+0.5	+0.4
	30°	+1.0	+0.4	+0.3	+0.4	+0.2
	60°	+1.0	+0.8	−0.3	0	−0.5
90°	15°	+1.0	+0.5	+0.7	+0.8	+0.6
	30°	+1.0	+0.6	+0.8	+0.9	+0.7
	60°	+1.0	+0.9	−0.1	+0.2	−0.4

续表

<table>
<tr><th>项次</th><th>类别</th><th>体型及体型系数 μ_s</th><th>备注</th></tr>
<tr><td>24</td><td>靠山封闭式
双坡屋面</td><td> 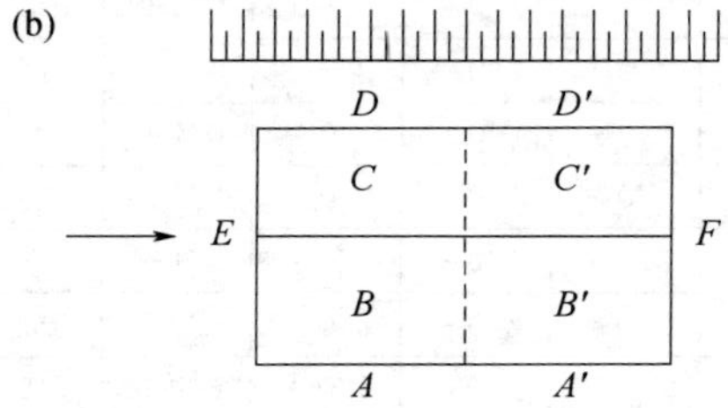(b)
D D′ C C′ E F B B′ A A′
体型系数 μ_s 按下表采用
<table>
<tr><th>β</th><th>$ABCD$</th><th>E</th><th>$A'B'C'D'$</th><th>F</th></tr>
<tr><td>15°</td><td>−0.8</td><td>+0.9</td><td>−0.2</td><td>−0.2</td></tr>
<tr><td>30°</td><td>−0.9</td><td>+0.9</td><td>−0.2</td><td>−0.2</td></tr>
<tr><td>60°</td><td>−0.9</td><td>+0.9</td><td>−0.2</td><td>−0.2</td></tr>
</table></td><td>—</td></tr>
<tr><td>25</td><td>靠山封闭式带
天窗的双坡屋面</td><td>D D′ C C′ B B′ H α A E A′ β H_m s
本图适用于 $H_m/H \geqslant 2$ 及 $s/H=0.2 \sim 0.4$ 的情况
体型系数 μ_s 按下表采用
<table>
<tr><th>β</th><th>A</th><th>B</th><th>C</th><th>D</th><th>D'</th><th>C'</th><th>B'</th><th>A'</th><th>E</th></tr>
<tr><td>30°</td><td>+0.9</td><td>+0.2</td><td>−0.6</td><td>−0.4</td><td>−0.3</td><td>−0.3</td><td>−0.3</td><td>−0.2</td><td>−0.5</td></tr>
<tr><td>60°</td><td>+0.9</td><td>+0.6</td><td>+0.1</td><td>+0.1</td><td>+0.2</td><td>+0.2</td><td>+0.2</td><td>+0.4</td><td>+0.1</td></tr>
<tr><td>90°</td><td>+1.0</td><td>+0.8</td><td>+0.6</td><td>+0.2</td><td>+0.6</td><td>+0.6</td><td>+0.6</td><td>+0.8</td><td>+0.6</td></tr>
</table></td><td>—</td></tr>
</table>

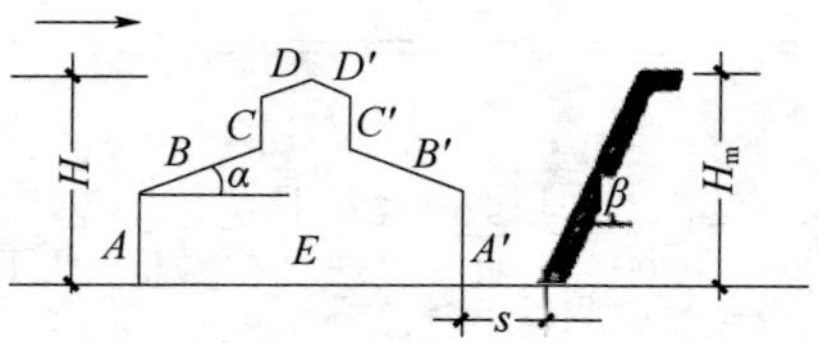

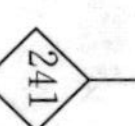

续表

项次	类别	体型及体型系数 μ_s	备注
26	单面开敞式 双坡屋面	μ_s −0.8 −1.3 −1.3 −1.5 −1.3 −1.5 α (a)开口迎风 μ_s +0.5 0 +1.3 −0.2 +1.3 −0.2 α (b)开口背风	迎风坡面的 μ_s 按第 2 项采用
27	双面开敞及 四面开敞式 双坡屋面	μ_{s1} μ_{s2} α (a)两端有山墙 μ_{s1} μ_{s2} α (b)四面开敞 体型系数 μ_s α: ⩽10°, 30°; μ_{s1}: −1.3, +1.6; μ_{s2}: −0.7, +0.4	1. 中间值按线性插值法计算； 2. 本图屋面对风作用敏感，风压时正时负，设计时应考虑 μ_s 值变号的情况； 3. 纵向风荷载对屋面所引起的总水平力，当 $\alpha \geqslant 30°$ 时，为 $0.05Aw_h$；当 $\alpha < 30°$ 时，为 $0.10Aw_h$；其中，A 为屋面的水平投影面积，w_h 为屋面高度 h 处的风压； 4. 当室内堆放物品或房屋处于山坡时，屋面吸力应增大，可按第 26 项（a）采用
28	前后纵墙半 开敞双坡屋面	μ_s −0.3 −0.8 α +0.5 −0.8	1. 迎风坡面的 μ_s 按第 2 项采用； 2. 本图适用于墙的上部集中开阔面积⩾10%且＜50%的房屋； 3. 当开敞面积达 50%时，背风墙面的系数改为−1.1

体型系数 μ_s（第 27 项）

α	μ_{s1}	μ_{s2}
⩽10°	−1.3	−0.7
30°	+1.6	+0.4

续表

<table>
<tr><th>项次</th><th>类别</th><th>体型及体型系数 μ_s</th><th>备注</th></tr>
<tr><td>29</td><td>单坡及双坡顶盖</td><td>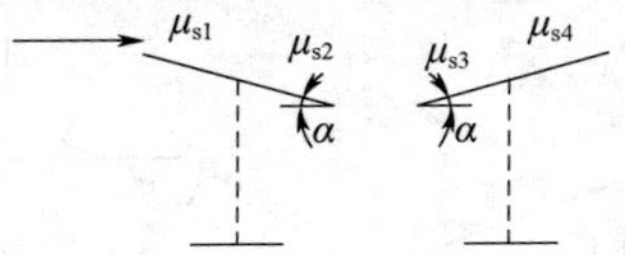

(a)

α	μ_{s1}	μ_{s2}	μ_{s3}	μ_{s4}
≤10° 30°	−1.3 −1.4	−0.5 −0.6	+1.3 +1.4	+0.5 +0.6

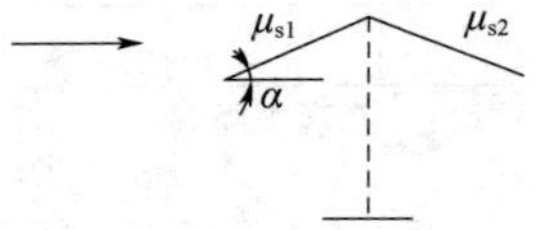

(b)

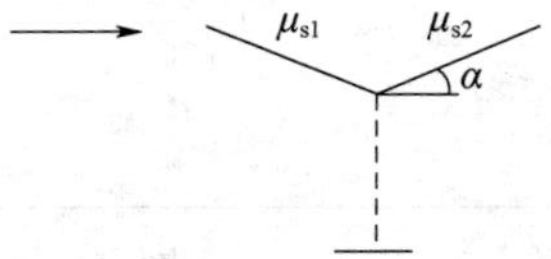

(c)

α	μ_{s1}	μ_{s2}
≤10° 30°	+1.0 −1.6	+0.7 −0.4
</td><td>1. 中间值按线性插值法计算；
2. (b) 项体型系数按第 27 项采用；
3. (b)、(c) 应考虑第 27 项注 2 和注 3</td></tr>
<tr><td>30</td><td>封闭式房屋和构筑物</td><td>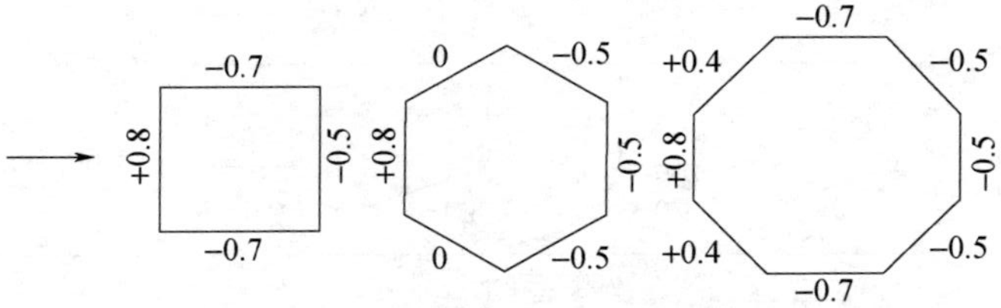

(a) 正多边形（包括矩形）平面</td><td>—</td></tr>
</table>

续表

项次	类别	体型及体型系数 μ_s	备注
30	封闭式房屋和构筑物	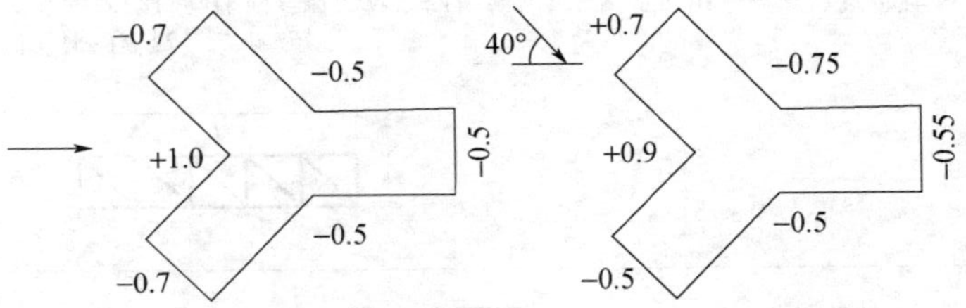 −0.7 −0.5 +1.0 −0.5 −0.5 −0.7 40° +0.7 −0.75 +0.9 −0.55 −0.5 −0.5 (b) Y形平面 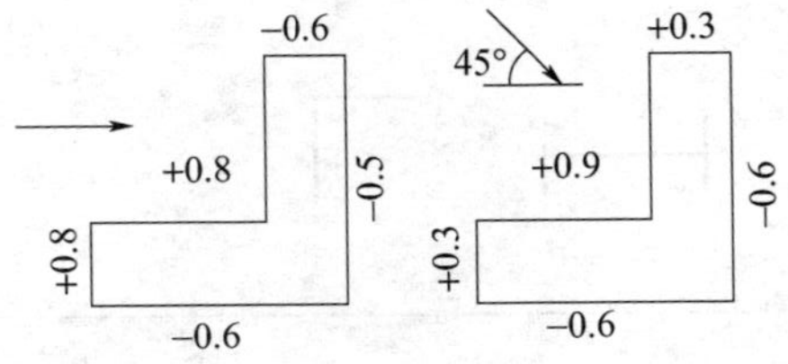 −0.6 +0.8 −0.5 +0.8 −0.6 45° +0.3 +0.9 −0.6 +0.3 −0.6 (c) L形平面 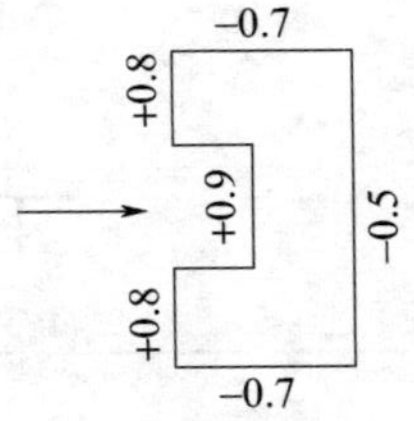 −0.7 +0.8 +0.9 −0.5 +0.8 −0.7 (d) ∏形平面 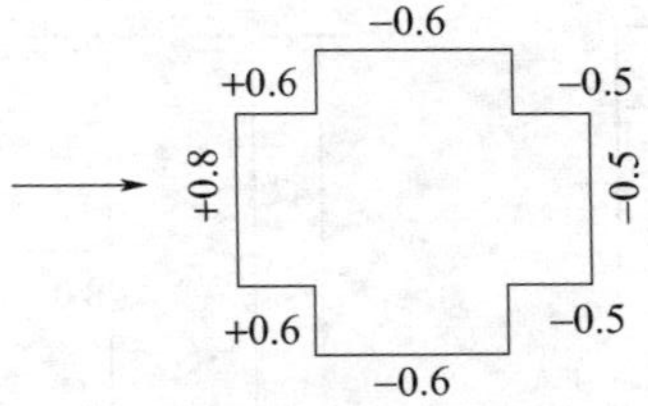 −0.6 +0.6 −0.5 +0.8 −0.5 +0.6 −0.5 −0.6 (e) 十字形平面 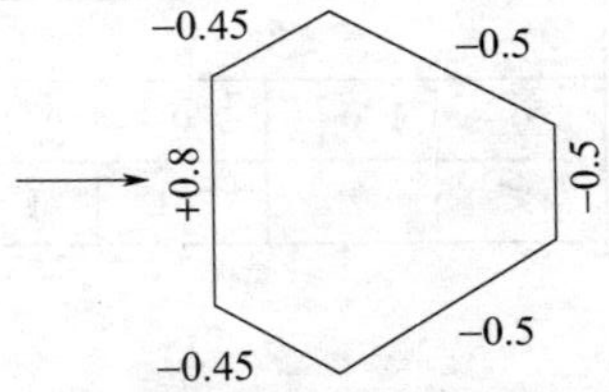 −0.45 −0.5 +0.8 −0.5 −0.5 −0.45 (f) 截角三角形平面	—

续表

<table>
<tr><th>项次</th><th>类别</th><th>体型及体型系数 μ_s</th><th>备注</th></tr>
<tr><td>31</td><td>高度超过 45m 的矩形截面高层建筑</td><td> 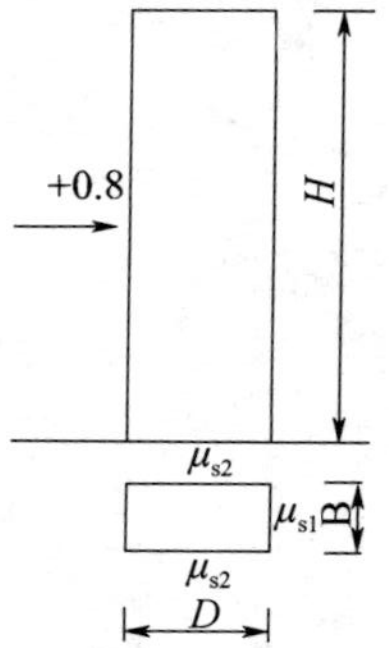+0.8 H μ_{s2} μ_{s1} B μ_{s2} D

| D/B | ≤1 | 1.2 | 2 | ≥4 |
| μ_{s1} | −0.6 | −0.5 | −0.4 | −0.3 |
| μ_{s2} | −0.7 | | | |</td><td>—</td></tr>
<tr><td>32</td><td>各种截面的杆件</td><td>$\mu=+1.3$</td><td>—</td></tr>
<tr><td>33</td><td>桁架</td><td>(a) l
单榀桁架的体型系数：$\mu_{st}=\phi\mu_s$
式中：μ_s 为桁架构件的体型系数，对型钢构件按第 32 项采用，对圆管杆件按第 37（b）项采用；
$\phi=A_n/A$ 为桁架的挡风系数；
A_n 为桁架杆件和节点挡风的净投影面积；
$A=hl$ 为桁架的轮廓面积。</td><td>—</td></tr>
</table>

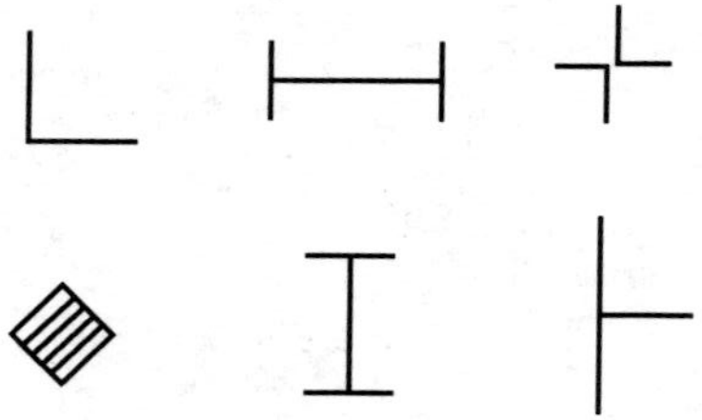

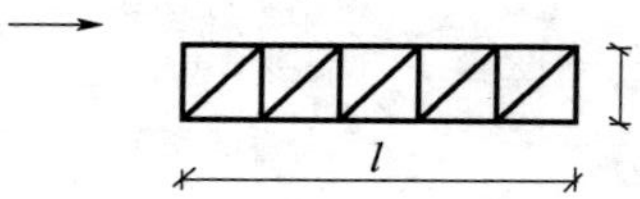

续表

<table>
<tr><th>项次</th><th>类别</th><th>体型及体型系数 μ_s</th><th>备注</th></tr>
<tr><td>33</td><td>桁架</td><td>(b)
b b b h
n 榀平行桁架的整体体型系数：$\mu_{stw}=\mu_{st}\frac{1-\eta^n}{1-\eta}$
式中：μ_{st} 为单榀桁架的体型系数；
η 系数按下表采用。
<table>
<tr><th>ϕ \ b/h</th><th>≤1</th><th>2</th><th>4</th><th>6</th></tr>
<tr><td>≤0.1</td><td>1.00</td><td>1.00</td><td>1.00</td><td>1.00</td></tr>
<tr><td>0.2</td><td>0.85</td><td>0.90</td><td>0.93</td><td>0.97</td></tr>
<tr><td>0.3</td><td>0.66</td><td>0.75</td><td>0.80</td><td>0.85</td></tr>
<tr><td>0.4</td><td>0.50</td><td>0.60</td><td>0.67</td><td>0.73</td></tr>
<tr><td>0.5</td><td>0.33</td><td>0.45</td><td>0.53</td><td>0.62</td></tr>
<tr><td>0.6</td><td>0.15</td><td>0.30</td><td>0.40</td><td>0.50</td></tr>
</table></td><td>—</td></tr>
<tr><td>34</td><td>独立墙壁及围墙</td><td>+1.3</td><td>—</td></tr>
<tr><td>35</td><td>塔架</td><td>① ② ③ ④ ⑤
（a）角钢塔架整体计算时的体型系数 μ_s 按下表采用</td><td>中间值按线性插值法计算</td></tr>
</table>

续表

<table>
<tr><th>项次</th><th>类别</th><th>体型及体型系数 μ_s</th><th>备注</th></tr>
<tr><td>35</td><td>塔架</td><td>
<table>
<tr><td rowspan="3">挡风系数 ϕ</td><td colspan="3">方　形</td><td rowspan="3">三角形风向
③④⑤</td></tr>
<tr><td rowspan="2">风向①</td><td colspan="2">风向②</td></tr>
<tr><td>单角钢</td><td>组合角钢</td></tr>
<tr><td>≤0.1</td><td>2.6</td><td>2.9</td><td>3.1</td><td>2.4</td></tr>
<tr><td>0.2</td><td>2.4</td><td>2.7</td><td>2.9</td><td>2.2</td></tr>
<tr><td>0.3</td><td>2.2</td><td>2.4</td><td>2.7</td><td>2.0</td></tr>
<tr><td>0.4</td><td>2.0</td><td>2.2</td><td>2.4</td><td>1.8</td></tr>
<tr><td>0.5</td><td>1.9</td><td>1.9</td><td>2.0</td><td>1.6</td></tr>
</table>
(b) 管子及圆钢塔架整体计算时的体型系数 μ_s
当 $\mu_z w_0 d^2$ 不大于 0.002 时，μ_s 按角钢塔架的 μ_s 值乘以 0.8 采用；
当 $\mu_z w_0 d^2$ 不小于 0.015 时，μ_s 按角钢塔架的 μ_s 值乘以 0.6 采用
</td><td>中间值按线性插值法计算</td></tr>
<tr><td>36</td><td>旋转壳顶</td><td>
(a) $f/l>\frac{1}{4}$
$\mu_s=0.5\sin^2\phi\sin\psi-\cos^2\phi$
(b) $f/l\leqslant\frac{1}{4}$
$\mu_s=-\cos^2\phi$
式中：ψ 为平面角，ϕ 为仰角。
</td><td>—</td></tr>
</table>

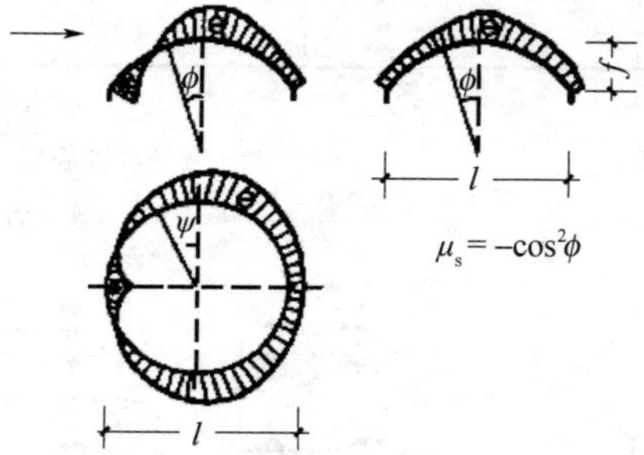

续表

项次	类别	体型及体型系数 μ_s	备注
37	圆截面构筑物（包括烟囱、塔桅等）	（a）局部计算时表面分布的体型系数；（b）整体计算时的体型系数	1.（a）项局部计算用表中的值适用于 $\mu_z w_0 d^2$ 大于 0.015 的表面光滑情况，其中 w_0 以 kN/m^2 计，d 以 m 计。 2.（b）项整体计算用表中的中间值按线性插值法计算，Δ 为表面凸出高度

（a）局部计算时表面分布的体型系数

	$H/d \geqslant 25$	$H/d=7$	$H/d=1$
0°	+1.0	+1.0	+1.0
15°	+0.8	+0.8	+0.8
30°	+0.1	+0.1	+0.1
45°	−0.9	−0.8	−0.7
60°	−1.9	−1.7	−1.2
75°	−2.5	−2.2	−1.5
90°	−2.6	−2.2	−1.7
105°	−1.9	−1.7	−1.2
120°	−0.9	−0.8	−0.7
135°	−0.7	−0.6	−0.5
150°	−0.6	−0.5	−0.4
165°	−0.6	−0.5	−0.4
180°	−0.6	−0.5	−0.4

（b）整体计算时的体型系数

$\mu_z w_0 d^2$	表面情况	$H/d \geqslant 25$	$H/d=7$	$H/d=1$
≥0.015	$\Delta \approx 0$	0.6	0.5	0.5
	$\Delta = 0.02d$	0.9	0.8	0.7
	$\Delta = 0.08d$	1.2	1.0	0.8
≤0.002		1.2	0.8	0.7

续表

<table>
<tr><th>项次</th><th>类别</th><th>体型及体型系数 μ_s</th><th>备注</th></tr>
<tr><td>38</td><td>架空管道</td><td>
(a) 上下双管

μ_s μ_s d s d

<table>
<tr><td>s/d</td><td>≤0.25</td><td>0.5</td><td>0.75</td><td>1.0</td><td>1.5</td><td>2.0</td><td>≥3.0</td></tr>
<tr><td>μ_s</td><td>+1.2</td><td>+0.9</td><td>+0.75</td><td>+0.7</td><td>+0.65</td><td>+0.63</td><td>+0.6</td></tr>
</table>

(b) 前后双管

μ_s d s d

<table>
<tr><td>s/d</td><td>≤0.25</td><td>0.5</td><td>1.5</td><td>3.0</td><td>4.0</td><td>6.0</td><td>8.0</td><td>≥10.0</td></tr>
<tr><td>μ_s</td><td>+0.68</td><td>+0.86</td><td>+0.94</td><td>+0.99</td><td>+1.08</td><td>+1.11</td><td>+1.14</td><td>+1.2</td></tr>
</table>

(c) 密排多管

μ_s

$\mu_s=+1.4$
</td><td>
1. 本图适用于 $\mu_z w_0 d^2 \geqslant 0.015$ 的情况。
2. (b) 项前后双管的 μ_s 值为前后两管之和，其中前管为 0.6。
3. (c) 项密排多管的 μ_s 值为各管之总和
</td></tr>
<tr><td>39</td><td>拉索</td><td>
ω_x ω_y α

风荷载水平分量 w_x 的体型系数 μ_{sx} 及垂直分量 w_y 的体型系数 μ_{sy} 按下表采用：

<table>
<tr><th>α</th><th>μ_{sx}</th><th>μ_{sy}</th><th>α</th><th>μ_{sx}</th><th>μ_{sy}</th></tr>
<tr><td>0°</td><td>0</td><td>0</td><td>50°</td><td>0.60</td><td>0.40</td></tr>
<tr><td>10°</td><td>0.05</td><td>0.05</td><td>60°</td><td>0.85</td><td>0.40</td></tr>
<tr><td>20°</td><td>0.10</td><td>0.10</td><td>70°</td><td>1.10</td><td>0.30</td></tr>
<tr><td>30°</td><td>0.20</td><td>0.25</td><td>80°</td><td>1.20</td><td>0.20</td></tr>
<tr><td>40°</td><td>0.35</td><td>0.40</td><td>90°</td><td>1.25</td><td>0</td></tr>
</table>
</td><td>—</td></tr>
</table>

参考文献

[1] 中华人民共和国国家标准．建筑结构荷载规范（GB 50009—2012）[S]．北京：中国建筑工业出版社，2012.

[2] 中华人民共和国国家标准．工程结构可靠度设计统一标准（GB 50153—2008）[S]．北京：中国建筑工业出版社，2008.

[3] 中华人民共和国国家标准．建筑抗震设计规范（GB 50011—2010）[S]．北京：中国建筑工业出版社，2010.

[4] 中华人民共和国国家标准．城市桥梁设计规范（CJJ 11—2011）[S]．北京：中国建筑工业出版社，2011.

[5] 中华人民共和国行业标准．公路桥涵设计通用规范（JTG D60—2015）[S]．北京：人民交通出版社，2015.

[6] 中华人民共和国行业标准．城市桥梁设计规范（CJJ 11—2011）[S]．北京：中国建筑工业出版社，2011.

[7] 中华人民共和国行业标准．铁路桥涵设计规范（TB 10002—2017）[S]．北京：中国铁道出版社，2017.

[8] 中华人民共和国国家标准．建筑地基基础设计规范（GB 50007—2012）[S]．北京：中国建筑工业出版社，2012.

[9] 中华人民共和国行业标准．高层建筑混凝土结构技术规程（JGJ 3—2010）[S]．北京：中国建筑工业出版社，2010.

[10] 中华人民共和国国家标准．建筑结构可靠度设计统一标准（GB 50068—2018）[S]．北京：中国建筑工业出版社，2018.

[11] 中华人民共和国国家标准．混凝土结构设计规范（GB 50010—2010）[S]．北京：中国建筑工业出版社，2011.

[12] 中华人民共和国国家标准．建筑工程抗震设防分类标准（GB 50223—2008）[S]．北京：中国建筑工业出版社，2008.

[13] 中华人民共和国国家标准．砌体结构设计规范（GB 50003—2011）[S]．北京：中国建筑工业出版社，2011.

[14] 中华人民共和国行业标准．建筑地基处理技术规范（JGJ 79—2012）[S]．北京：中国建筑工业出版社，2012.

[15] 中华人民共和国行业标准．城市桥梁抗震设计规范（CJJ 166—2011）[S]．北京：中国建筑工业出版社，2011.

[16] 白国良，薛建阳等．工程荷载与可靠度设计原理 [M]．北京：中国建筑工业出版社，2012.

[17] 郭继武．建筑抗震设计 [M]．北京：中国建筑工业出版社，2011.

[18] 季静，罗旗帜，张学文．工程结构与结构设计方法 [M]．北京：中国建筑工业出版社，2013.

[19] 郭楠．荷载与结构设计方法 [M]．北京：中国建筑工业出版社，2014.

[20] 柳炳康，王辉．工程荷载与可靠度设计原理 [M]．重庆：重庆大学出版社，2011.

[21] 金新阳．建筑结构荷载规范理解与应用 [M]．北京：中国建筑工业出版社，2013.

[22] 李国强，黄宏伟等．工程结构荷载与可靠度设计原理 [M]．北京：中国建筑工业出版社，2016.